长输管道焊接工程师培训教程

尹长华　宋　鹏　魏秦文　隋永莉
闫　臣　　李烨铮　　杨柳青　编著

机 械 工 业 出 版 社

本书结合长输管道工程实情，主要介绍了长输管道施工工艺、长输管道焊接方法与技术、长输管道工程用材料、管线钢焊接性分析、长输管道常用焊接工艺及工艺评定、长输管道工程焊工培训考试及管理、长输管道工程常见缺陷成因及控制、长输管道工程焊接质量检验、射线照相底片评定、长输管道工程现场焊接质量控制等内容。

本书可作为长输管道焊接工程技术人员、质控人员的继续教育培训教材，也可作为应用型本科、高职高专焊接专业师生的参考书。

图书在版编目（CIP）数据

长输管道焊接工程师培训教程/尹长华等编著. —北京：机械工业出版社，2016. 10

ISBN 978-7-111-54862-1

Ⅰ. ①长… Ⅱ. ①尹… Ⅲ. ①长输管道 - 管道焊接 - 技术培训 - 教材 Ⅳ. ①TG457. 6

中国版本图书馆 CIP 数据核字（2016）第 222724 号

机械工业出版社（北京市百万庄大街 22 号 邮政编码 100037）
策划编辑：吕德齐 责任编辑：吕德齐 王彦青
责任校对：潘 蕊 封面设计：陈 沛
责任印制：常天培
北京机工印刷厂印刷（三河市南杨庄国丰装订厂装订）
2016 年 10 月第 1 版第 1 次印刷
169mm × 239mm · 16. 5 印张 · 330 千字
0 001—3 000 册
标准书号：ISBN 978-7-111-54862-1
定价：49. 00 元

凡购本书，如有缺页、倒页、脱页，由本社发行部调换

电话服务	网络服务
服务咨询热线：010-88361066	机 工 官 网：www. cmpbook. com
读者购书热线：010-68326294	机 工 官 博：weibo. com/cmp1952
010-88379203	金 书 网：www. golden-book. com
封面无防伪标均为盗版	教育服务网：www. cmpedu. com

前　言

随着经济的平稳快速增长，我国对能源的需求量也日益增加，继而进一步加快了我国管道工程建设的步伐。按照规划，预计到2025年前后，我国需新建油气长输管道里程约10万km。

长输管道是由一根根钢管焊接而成的，焊接是长输管道工程施工中最重要的工序。随着长输管道向着大口径、高钢级、厚壁化的方向发展，一些新的焊接材料、焊接设备、焊接工艺和焊接技术也不断应用到长输管道焊接施工中。长输管道焊接质量控制涉及焊接性试验分析、焊接工艺评定、焊接作业工艺文件编制、焊工的培训考试及管理、焊接材料管理、焊接设备管理、焊接质量检验、焊接缺陷预防、现场焊接质量管理、施工标准和工艺文件的理解及执行情况等环节，这其中的每一环节都会对工程的质量和工期产生直接的影响，这就要求参加长输管道施工的焊接技术人员以及施工管理人员对上述内容要有深刻而全面的认识和掌握。

本书是为了适应长输管道焊接技术发展需要而编写的。编者在总结多年长输管道焊接技术实践经验的基础上，以必需和够用为原则进行了取材和撰写，主要介绍了长输管道施工工艺、长输管道焊接方法与技术、长输管道工程用材料、管线钢焊接性分析、长输管道常用焊接工艺及工艺评定、长输管道工程焊工培训考试及管理、长输管道工程常见缺陷成因及控制、长输管道工程焊接质量检验、射线照相底片评定、长输管道工程现场焊接质量控制等，共10章内容。

本书由中国石油天然气管道科学研究院尹长华高级工程师组织编写。第一章由宋鹏编写，第二章由隋永莉编写，第三、四、五、十章由尹长华撰写，第六章由李烨铮编写，第七章由闫臣编写，第八章由杨柳青编写，第九章由魏秦文编写。全书由尹长华、魏秦文进行统稿。

全书由中国石油天然气管道科学研究院王鲁军教授级高工、中国石油天然气管道局科技中心李彦民教授级高工分别审阅。

本书是从事长输管道工程施工的焊接技术人员的培训教材，还可作为长输管道工程施工管理人员、焊接质量控制人员和大专院校相关专业师生的参考用书。

由于编者水平有限，书中定有不当之处，敬请广大读者及同行专家批评指正。

编　者

目　录

第一章 长输管道施工工艺简介

第一节　长输管道施工工艺流程

管道运输与公路运输、铁路运输、水路运输和空中运输称为五大运输方式。液态和气态的物质通常采用管道运输的方式。当运量大且运量又较为稳定的情况下，采用管道运输的方式运送液态和气态的物质，运输成本最低。但管道运输也存在如下缺点：一是，通常只能运输液态和气态的物质（经过改造后也可运输煤浆和矿浆等）；二是，运量必须足够大，而且运量也应比较稳定。随着人类对能源的需求量越来越大，特别是对石油和天然气需求量的增加，管道的建设也在迅速地增加。管道在向着大口径、长距离、高压力和高强度钢材的方向发展，对管道的建设质量和建设速度的要求越来越高。管道自动焊接机械化流水作业如图 1-1 所示。

图 1-1　管道自动焊接机械化流水作业

由于管道输送介质、施工方法、施工地形的不同，长输管道的施工工艺流程存在着一定的差异。长输管道一般地段的施工采用的工序是先进行管道的组装焊接，后进行管沟的开挖；而石方地段、山区地段，由于管沟的爆破和管道整体下沟困难等原因，采用的是先开管沟，后组装焊接的工序；输送气体介质的管道，需对管道进行干燥处理；输送液体的管道一般不需要对管道进行干燥处理。长输管道施工工艺流程如图 1-2 所示。

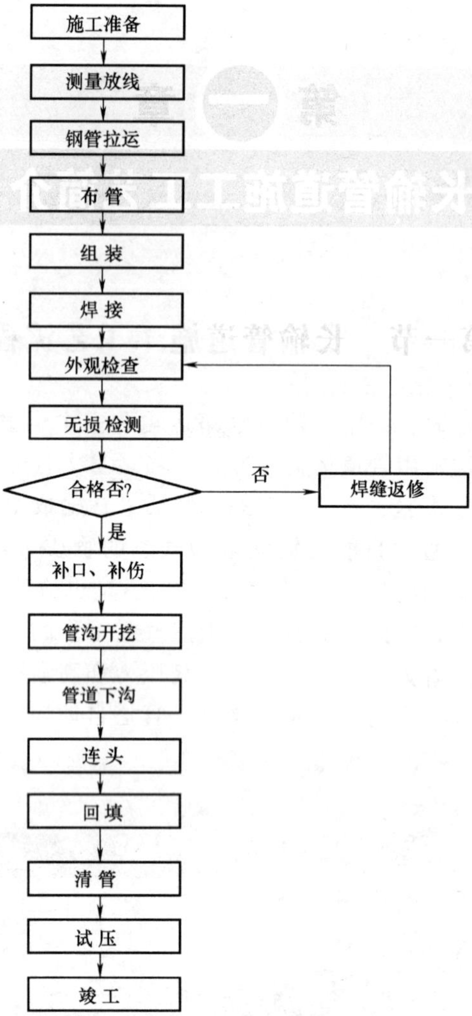

图 1-2 长输管道施工工艺流程

第二节 施工准备

施工准备是指在工程开工前，为工程施工做的所有工作。施工准备是一项非常重要的工作，一定要认真细致地做好各项准备工作。施工准备工作直接影响着工程质量、施工安全和施工进度。

一、公共关系准备

1. 处理好与地方政府和上级主管部门的关系

调查地方政府和上级主管部门下发的与本工程施工有关的法规、文件等，并认真阅读，将重要条款摘录下来严格遵守。

与地方政府和上级主管部门签订与工程施工有关的合同、协议。

积极与地方政府和上级主管部门进行沟通和联系，征求他们的意见和建议，争取他们的理解和支持。

2. 民俗民情调查

调查当地居民的风俗习惯、生活和生产情况，避免违背风俗习惯的事情发生。在施工过程中，尽量减轻对居民生活和生产的影响。

3. 当地资源调查

对劳动力资源和物资资源进行调查，以备工程需要时进行征用。

4. 办理水、电、路和通信使用证

水包括生活用水和施工用水，电包括生活用电和施工用电，道路的通行许可，通信的使用许可，都需要办理相应的手续和准用证。

5. 办理施工许可证

一个施工企业不论到哪里施工，都需到工程所在地办理施工许可证。无施工许可证，绝不允许施工。

6. 办理开工报告

工程开工前必须办理开工报告，并经有关部门批准后方能开工。

二、人员准备

1）根据工程需要编制劳动力组织计划。

2）对所有参加施工的人员进行身体检查。

3）对施工人员进行培训：①对所有人员进行 HSE（Health Safety and Environment，健康、安全与环境）知识的培训；②对特种作业人员，进行安全技术的培训，并应取得相应的资格证书；③对焊工进行技术培训，并应经考试取得与工程焊接相适应的焊工资格证书。

三、设备及物资准备

1）根据工程情况编制设备需用计划和物资供应计划。

2）对设备进行维护、维修和保养。

3）对计量器具、仪表等进行检定。

4）采购急需用料及开工初期的工程用料。

5）非标件的加工。

四、编制施工进度计划及对施工任务进行划分

1）编制施工进度计划。

2）设置里程碑事件。

3）编制详细的施工准备计划。

4）编制人力组织计划。

5）编制设备采购及调遣计划。

6）编制物料供应计划。

7）对施工任务进行分解。

8）编制横道图、网络计划。

五、技术准备

1）编制施工组织设计。

2）备齐施工用的各项法律、法规和施工标准。

3）备齐施工用的各种表格。

4）进行焊接试验和焊接工艺评定，编制焊接工艺规程。

5）对焊工进行培训和考试。

6）对采用的新材料、新设备、新工艺进行试验、检定和人员培训。

7）组织相关人员认真学习法规和标准，学习设计说明和设计要求，掌握本工程的技术要求和工程特点。

8）对设计图样进行会审。

9）对工程中重点、难点的施工方案进行讨论研究。

六、对施工地区的自然状况进行调查

（1）对降雨情况进行调查　由于管道施工是野外作业，所以降雨对工程的施工影响较大。应尽量避免在雨期施工，特别应避免在雨期进行管道的焊接。

（2）对风季进行调查　对一年中影响焊接作业的风季时间进行调查。尽量避免在大风天施工，如果由于工期紧，无法避免在风季施工，则需采取防风措施。

（3）对气温进行调查　高温季节会降低施工人员的劳动生产率。低温季节施工除降低施工人员的劳动生产率外，还会对施工设备和焊接质量等产生不良影响。

（4）对施工地形进行调查　施工地点是平原、山地、水网还是沙漠、戈壁，各种不同的地形需采取不同的施工措施。

（5）对交通条件进行调查　交通条件主要影响钢管和施工机械的运输。应根据交通条件的具体情况，采取相应的运输措施。

（6）对水源进行调查　主要是管道试压用水的水源。对水源的水质、储量和距用水点的距离及是否准许取用等情况进行调查。

七、营地建设

1）根据工程量的大小和社会依托等条件，一般设立一个主营地和几个分营地。营地距施工地点的最远距离不应超过50km。

2）主营地应设在施工管道的中间，社会依托条件好、交通方便、通信条件好、供水供电条件好的位置。

3）主营地应设立职工宿舍、食堂、卫生间、办公室、会议室、职工文体活动室、医务所、材料库（场）和停车场等。

4）分营地一般设立职工宿舍、食堂、卫生间和简易办公室即可。分营地的生活用品和生产材料由主营地负责供应。

第三节　测量放线及作业带清理

测量放线是长输管道工程正式施工的第一道工序，它决定着管道的敷设位置是否符合设计要求。为了方便管道工程的施工，必须对作业带进行清理。

一、接桩

这里所说的“桩”是管道设计单位把管道的走向、管道特征、管道里程、管道所经过的地下障碍物等，用木制、水泥、石制等的标志物将管道经过的实际位置标出，这些标志物就是“桩”。

接桩就是施工单位从设计单位处接收管道的桩的位置、性质等信息。

二、补桩

1）把设计上有，但实际上由于各种原因而丢失的桩补齐。

2）增设加密桩，设计单位给的桩的距离一般比较远。施工单位为了方便管道的施工，在原有的桩间增加加密桩。

3）在管道转角处，设计上一般只给一个转角桩。而管道在这里的实际走向是一个圆弧。这里的桩要增补得更密些，以保证管道按正确的走向敷设。

三、测量放线及设立标志桩

1. 管道的中心线

管道的中心线，即管道轴心所通过的线，这是管道敷设的基准线。在管道的直线段，管道的中心桩就是管道的中心线。而在管道的曲线段，转角桩处并不是管道的中心线，管道的中心线是在其内侧相距一个外矢矩的位置。曲线段管道中心线的位置，应根据设计的曲率半径确定曲线段的起点、顶点和终点三桩，在三桩的中间加设间距不大于 10m 的中心桩。

2. 作业带边界线

施工作业带的宽度，应根据敷设管径的大小、管道的埋设深度和施工方法等因素来确定。作业带的边界线分为管沟堆土一侧和组装焊接一侧。堆土一侧的宽度，以能堆放管沟挖出的土的宽度再加 1m。其余部分的宽度就是管道组装焊接一侧的宽度。

另外，每隔1~2km应设一个回车场，回车场的占地宽度以车辆能顺利回车为准。

3. 管沟边线

应根据设计的沟底宽度、沟深以及不同的地质条件确定的边坡比来确定沟顶的宽度。从管道的中心线向两侧各加半个沟顶宽度，就是管沟的两条边线。管沟边线的直线段要直，曲线段要按曲率半径圆滑过渡。

4. 管道特征标志

管道根据通过地区不同的地质条件、人口居住区情况、穿越道路、河流及建筑物等情况，其钢管的材质、壁厚、防腐等级和焊缝检测等级等均可能有所不同。在这些发生变化的位置，要设置标志明确的特征桩。

5. 里程桩和测试桩

按设计要求确定里程桩和测试桩的位置。

6. 地下障碍物标志桩

根据设计图样和现场勘察到的要穿越的原有管道、电缆及其他障碍物等的管道，都应设标志桩，以便施工时采取相应的措施。

四、移桩

管沟在开挖前，应将管沟开挖范围内的管道中线桩、特征桩、里程桩、标志桩等平移到管沟的一侧，以便核对管道敷设的位置。

五、施工作业带的清理

（1）作业带上附着物的清除　施工作业带上一切影响施工的农作物、树木、杂草和构筑物等均应清除。

（2）作业带的平整　施工作业带的平整，是为了方便钢管和施工用料的运输及工程的施工。作业带平整得好，有利于提高管道工程的施工效率，保证工程的施工质量。

六、施工便道的修筑

施工便道是施工过程中为运输工程材料、设备及施工人员上下班修筑的临时性道路，其修筑原则是：

1）尽量利用原有的道路，如果原有道路的宽度不够应对其进行加宽。

2）施工便道应每1km，加修一个回车道。

3）施工便道应具有较强的承载能力。

4）对道路原有的小桥，要进行承载能力核算和安全评估。对承载能力不足的应进行加固。

5）施工便道通过小河、沟渠时，应修筑临时的涵桥或涵管，以满足水的流量为准。

6）修筑施工便道还应考虑地下的构筑物，不会因车辆的重压而造成破坏。应考虑到地上的构筑物（如动力电缆、通信电缆、架空的管道等）的高度是否影响车辆的通行。

第四节 管道的组装焊接

一、布管

将钢管以一定的距离放置在作业带上就是布管。

钢管要布成如图1-3所示的形式，钢管的首尾间不能直接相连，要错开钢管直径 $D+(200\sim300\text{mm})$ 的距离。这便于坡口的加工、管内杂物的清理、坡口的清理和修整。

图1-3 布管示意图

二、钢管的组装

1. 组装前的清理

钢管组装前应将管内的杂物清理干净。坡口及两侧的油、锈及其他杂物清理干净，坡口及两侧20mm范围内应见金属光泽。

2. 坡口的检查及修整

管口组装前应检查坡口角度、钝边等尺寸，存在缺陷应进行修整。如果采用自动焊管机进行焊接，建议采用坡口机现场加工坡口，尽量做到当天加工的坡口当天焊接。这样可有效地保证坡口的质量。

3. 组装

管道的组装应采用对口器，对口器分为内对口器和外对口器。当管径大于300mm时，应采用内对口器组装管口；当管径不大于300mm或连头的管口，应采用外对口器进行组装。

钢管上的制管焊缝必须错开100mm以上。当采用直缝管时，制管焊缝应放置在圆的上半周。

按焊接工艺规程的要求调整组装间隙。当管口存在不可避免的错边时，应尽量将错边均布在整个圆周上。

三、钢管的焊接

1. 根焊焊道的焊接

管与管、管与管件及管件与管件间的第一层焊道称为根焊焊道。

当采用定位焊缝固定时，定位焊缝的焊接应采用正式焊接所用的焊接设备、焊接材料和焊接工艺。当焊接工艺规程要求预热时，焊前应对管口进行预热，达到预热温度后方可进行定位焊缝的焊接。

当采用内对口器时，应将根焊道全部焊完后，方可撤去对口器。当钢管的强度等级高、壁厚大、施焊环境温度低时，应在焊完热焊焊道后，方可撤去对口器。

当采用外对口器时，至少应焊接完成根焊焊道的50%，且焊道应均布在圆周上，对口器方能撤去。

2. 热焊道的焊接

为防止根焊焊道产生裂纹，根焊焊道完成后，在尽可能短的时间内焊接根焊后的第一层焊道，这一层焊道就称为热焊焊道。

根焊焊道焊接完成后，应尽快对根焊焊道进行清理。一般采用砂轮机和钢丝刷将熔渣及飞溅清理干净，但不要伤及坡口和钢管的表面。根焊焊道与热焊焊道的间隔时间应控制在10min内。

热焊焊道的焊接应采用大电流、快焊速的方式，在短时间内完成热焊焊道的焊接。

3. 填充焊道的焊接

热焊焊道后，盖面焊道前的所有焊道均称为填充焊道。

填充焊道采用窄、薄和快速的焊接原则。向下焊的焊道宽度一般不超过10mm，向上焊的焊道宽度一般不超过15mm。

4. 盖面焊道的焊接

焊缝的最后一层露在表面的焊道称为盖面焊道。

管道向下焊盖面焊道的宽度应控制在15mm范围内，当焊缝宽度超过15mm时应采用多道焊；管道向上焊盖面焊道的宽度应控制在18mm范围内，当焊缝宽度超过18mm时应采用多道焊。

四、表面的清理及外观检查

1. 表面清理

盖面焊道完成后应对焊缝的表面及焊缝两侧的焊渣、飞溅等进行清理。

2. 焊缝的外观检查

焊缝的外观应符合下列要求：焊缝及两侧应清洁；焊缝的宽度、余高应符合技术要求，焊缝的表面应与母材圆滑过渡；焊缝的表面无裂纹、未熔合、气孔、夹渣等缺陷；焊缝的咬边深度和长度应符合技术要求。

3. 焊缝表面的修磨

当焊缝表面存在余高超标或不能圆滑过渡的现象时，应对焊缝的表面进行修磨，使之达到技术要求。焊缝修磨时应避免伤及管表面。

4. 焊缝表面的修补

经外观检查存在除裂纹和未熔合外的其他焊接缺陷，应将缺陷清除后进行修补。修补后的表面焊道应进行修磨，修磨至与原焊道和管表面圆滑过渡。

五、焊接接头的无损检测

1. 无损检测方法

长输管道常用的无损检测方法是射线检测和超声波检测两种。

2. 无损检测标准

主要检测标准如下：

1）SY/T 4109—2013《石油天然气钢质管道无损检测》。

2）SY/T 4103—2006《钢质管道焊接及验收》。

3）GB/T 50818—2013《石油天然气管道工程全自动超声波检测技术规范》。

3. 无损检测人员资格

从事无损检测的人员必须持有国家技术监督部门颁发的并与其工作内容相适应的无损检测人员资格证书。

六、焊缝的返修

经无损检测发现的超标缺陷或外观检查发现的裂纹、未熔合，应对其进行返修。

1. 缺陷位置和尺寸的确定

根据射线胶片和评片记录、超声波检测记录、外观检查记录确定焊接缺陷的位置和尺寸。

2. 制定焊缝返修工艺

根据焊缝返修焊接工艺规程，并结合缺陷的性质、尺寸及存在的位置，制定详细的返修焊接工艺。返修焊接工艺至少应包括下列内容：焊工资格、焊接设备、焊接材料、返修尺寸、返修次数、预热要求、缺陷的清除方法和焊后检验要求等。

3. 焊缝的返修

从事返修工作的焊工应持有与其相适应的焊工资格证，整个返修过程应严格按照返修工艺的要求进行。

返修后的焊缝表面应修磨至与原焊缝和母材圆滑过渡，返修焊缝经外观检查合格后应按原无损检测标准进行检测。经外观检查或无损检测不合格的焊缝应重新进行返修，但同一部位的返修次数不应超过两次。

第五节 管道的防腐补口

一、金属腐蚀的基本原理和分类

1. 腐蚀的定义

物质的表面因发生化学或电化学反应而受到破坏的现象称为腐蚀。

2. 腐蚀的分类

（1）按腐蚀的机理分类　分为化学腐蚀、电化学腐蚀和物理腐蚀等。

1）化学腐蚀：金属表面与非金属电解质直接发生纯化学作用而引起的破坏。

2）电化学腐蚀：金属表面与离子导电的介质发生电化学作用而产生的破坏。

3）物理腐蚀：单纯的物理溶解作用而引起的破坏。

（2）按腐蚀的环境分类　分为化学介质腐蚀、大气腐蚀、海水腐蚀、土壤腐蚀、电流腐蚀、细菌腐蚀、磨损腐蚀、应力腐蚀和接触腐蚀等。

二、埋地管道的腐蚀

1. 土壤腐蚀

埋地金属管道的腐蚀属于电化学腐蚀，按照电化学腐蚀的机理，电化学腐蚀反应有阳极反应和阴极反应，并由金属内部电子和电解质中的离子导电构成电流的循环回路。阳极反应是金属失去电子变为离子转移到介质中，即氧化反应；阴极反应则为介质中的离子吸收电子的还原过程。

土壤是具有固、液、气三相的毛细管多孔性的胶质体，土壤的孔隙中充满空气和水，而土壤中的水含有一定的盐，使土壤具有离子导电性，成为电解质。土壤的理化不均匀性加上钢材的电化学不均匀性，就构成了腐蚀电池的条件。对土壤腐蚀性影响较大的因素如下：

（1）土壤的电阻率　土壤的电阻越小，腐蚀性越强；土壤的电阻越大，腐蚀性越弱。

（2）土壤中的氧　由于土壤的结构和湿度的不同，其含氧量有很大的区别，这就会形成氧浓差电池腐蚀。

（3）土壤的 pH 值　一般来说酸性土壤比碱性土壤腐蚀性强。

（4）土壤中的微生物　土壤中的微生物对金属的腐蚀影响很大。

2. 细菌腐蚀

在一些缺氧的土壤中，细菌参与了腐蚀过程。这些细菌主要是硫酸盐还原菌，它是一种厌氧的微生物，广泛存在于土壤、海水、河水、地下管道以及油气井等缺氧环境中。它参加电极反应的作用是将可溶的硫酸盐、亚硫酸盐、硫代硫酸盐等还原为硫化氢，并和铁作用生成硫化亚铁。

3. 杂散电流腐蚀

杂散电流是在地下流动的设计之外的电流，如电气化电路、各种用电设备接地等散布的电流都可称为杂散电流。这种电流也能对地下的金属管道产生腐蚀。

三、防腐前对钢管表面的处理

对钢管表面的处理方法主要有：清洗、工具除锈、喷射除锈、酸洗几种。

四、管道防腐的常用涂料

管道防腐的常用涂料有如下几种：

1）防锈漆和底漆。

2）油脂漆和天然树脂漆。

3）生物漆和酚树脂漆。

4）醇酸树脂漆。

5）酚醛树脂漆。

6）沥青漆。

7）过氧乙烯漆。

8）乙烯树脂漆。

9）环氧树脂漆。

10）聚氨基甲酸酯漆。

11）有机硅漆。

12）无机富锌漆。

五、防腐涂层的主要特性

防腐涂层主要应具有良好的电绝缘性、足够的机械强度、良好的稳定性。

六、管道防腐补口的一般步骤

以热收缩套（或带）为例，管道防腐补口的一般步骤如下：

1）对管表面进行处理，一般采用喷砂除锈的方法。

2）对钢管进行预热，预热温度应符合标准和厂家的技术要求，整个管口的预热温度应均匀一致。

3）将收缩套（或带）放在管口的中央，两侧与管原防腐层的搭接宽度应基本相等。

4）用火焰从中间沿环向均匀加热，使中间部位先收缩，然后再向两边均匀加热。用辊子碾压挤出空气，直至端部有胶溢出。

5）一侧加热收缩完成后，再用相同的方法加热另一侧。

七、管道防腐的一般要求

对管道防腐的要求如下：

1）防腐材料必须有质量证明书和合格证。

2）应对管表面进行清理，做到无锈及其他污物。

3）经防腐的管表面应光滑平整，无气泡、鼓包、针眼、褶皱，搭边应结合良好。

第六节　管沟的开挖、管道的下沟回填及地貌恢复

一、管沟的开挖

1. 管沟的位置及几何尺寸

在开挖前应重新核对管沟的位置是否正确。管沟的开挖者要掌握管沟的几何形状和尺寸，并根据地质状况控制好边坡比。

2. 选择开挖方法

根据地质状况、地形状况、气候状况、设备状况及地下障碍物等因素确定开挖方法。常见地质条件下采用的开挖方法如下：

1）沙漠地段，通常采用推土机和单斗挖土机进行管沟的开挖。

2）对于较软，又能较好成沟的地段，可采用轮斗挖土机进行管沟的开挖。

3）对于较硬的地段，一般采用单斗挖土机进行管沟的开挖。

4）冻土地段，采用松土机和单斗挖土机进行管沟的开挖。

5）岩石地段，采用爆破的方法进行管沟的开挖。

二、管道的下沟

目前管道施工通常采用沟上组装焊接、防腐补口后再将管道整体下沟的施工方法。

管道下沟前，应完成焊缝的焊接，焊缝经外观检查和无损检测合格，并完成防腐补口后方能进行管道的下沟。

一般采用吊管机进行管道的下沟，应根据管径的大小选择吊管机的起重能力和台数。下沟用吊管机的台数一般不应少于 3 台。

三、管道的回填及地貌的恢复

管道下沟后应检查管子的标高是否符合设计要求，检查合格后方可进行管道的下沟。回填土的粒径应符合要求，管道的四周必须垫有一定厚度的细土或细沙。细土或细沙垫好后，一般采用推土机加填其他回填层。回填后，回填层的高度应高出地面约 300mm。

回填完成后，应对地貌进行恢复。沟渠、田埂、小路等应压实或疏通。

第七节　压力试验及通球扫线

一、压力试验

1）试压介质为水。当管线附近没有水源时，也可采用空气作为试压介质，但

应加强安全措施。

2）压力表的准确度不得低于1.5级，表盘直径不得小于150mm。压力表的标定刻度应为试验压力的1.25～1.5倍。

3）试压用的压力表不得少于两块。

4）试压的分段。一般地段试压管线的分段长度通常为20～30km。

5）当采用液体作试压介质时，每一段的高度差不宜超过30m。

6）强度试验压力应为设计压力的1.25倍，严密性试验压力应与设计压力相等。

二、通球扫线

1. 通球扫线的目的

通球扫线的目的就是将管内的所有污物清理干净。

2. 清管工序

1）通球扫线一般在分段试压合格后，整体联合试运行前进行。

2）清管球分为球形、橄榄形、皮碗形及清管跟踪球等。

3）清管介质为清水或空气。

4）推球的介质压力一般为0.5MPa。

5）根据管线内污物的多少及清管效果，确定通球扫线的次数，直至管内的清洁度达到设计要求。

思考题

1. 简述长输管道的施工工艺流程。
2. 简述钢管焊接时的相关要求。

第二章

长输管道焊接方法与技术

第一节　长输管道工程常用焊接方法

世界管道工程近十年来飞速发展，管道敷设从平川走向高山、沙漠和大海；从温带、热带走向极地；输送压力从4MPa以下提高到10MPa以上；管径从低压小管输送到高压大直径输送；管道用管材从A、B级的碳素钢、C-Mn钢发展到高强度级别的X80、X100和X120微合金化控轧钢、调质钢；输送介质从甜气到带有腐蚀性混合物（H_2S、CO_2）的介质等。管道建设的飞速发展带动了管道焊接技术的快速进步。长输管线安装焊接方法经历了传统焊条电弧焊和手工钨极氩弧向上焊→单焊嘴熔化极活性气体保护半自动向下焊和单焊嘴埋弧焊→高纤维素型和铁粉低氢型焊条向下焊→自保护药芯焊丝半自动向下焊和单焊嘴熔化极活性气体保护向下或向上自动焊、闪光对焊→多焊嘴熔化极活性气体保护向下自动焊（如双焊嘴自动外焊机、8焊嘴自动内焊机等）和多焊嘴埋弧焊（如双丝埋弧焊）的进展历程。相信不久的将来，野外移动式高效多联管工作站、单弧多丝气保护自动焊、激光复合自动焊、电子束焊、窄间隙气体保护自动焊、搅拌摩擦焊、自动视觉外焊机、弧焊机器人等高新技术也会逐步渗透到长输管道的焊接中，实现长输管道焊接技术的重大变革。

国内外管道焊接技术的发展历程如图2-1、图2-2所示。

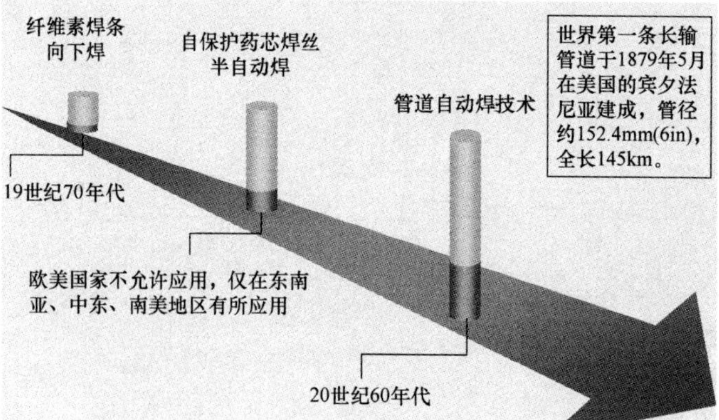

图2-1　国内外管道焊接技术的发展历程

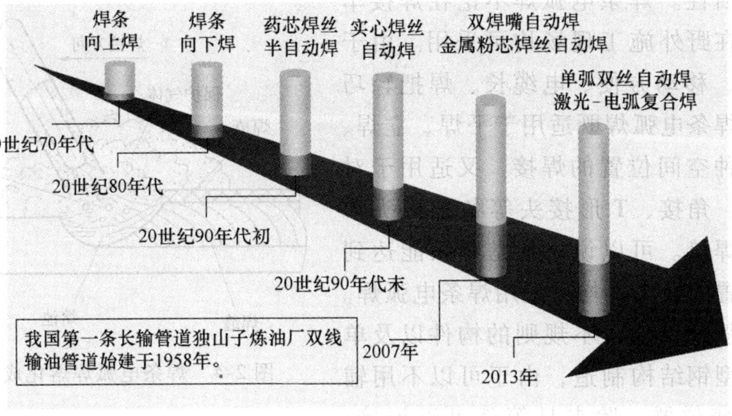

图 2-2 国内管道焊接技术的发展历程

一、焊条电弧焊

1. 原理及特点

焊条电弧焊是利用电弧放电产生的热量加热熔化焊条和工件，以获得新的结晶组织和牢固的焊接接头的工艺方法，其连接示意图如图 2-3 所示，焊条电弧焊熔化成形原理如图 2-4 所示。在焊接过程中，药皮不断熔化而生成气体及熔渣，形成保护气氛，隔离大气对熔化金属的有害作用。焊芯也在电弧热的作用下不断熔化，形成熔滴进入熔池。随着焊条的移动，后方的熔池不断冷却凝固形成焊缝金属，液态熔渣凝固成焊渣覆于焊缝表面，使焊缝缓慢冷却。有时也可通过焊条药皮掺合金属粉末，向焊缝提供附加填充金属。

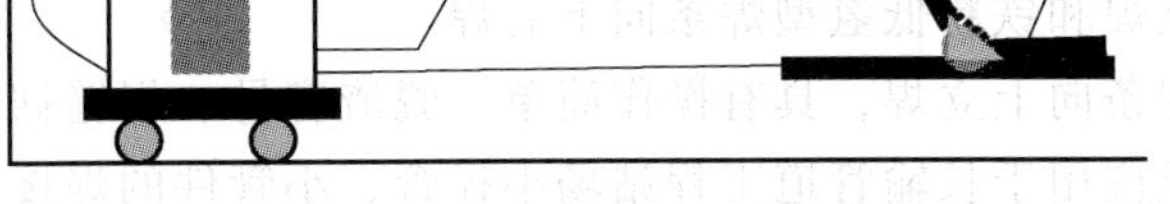

图 2-3 焊条电弧焊连接示意图

焊条电弧焊的应用已有近百年。目前的焊接已向机械化、自动化和智能化的方向发展。焊条电弧焊应用的比例在逐年减少，但焊条电弧焊除了有着设备简单、焊接材料来源广泛、成本低廉等特点外，相比其他焊接方法还具有以下特点：

（1）操作灵活 焊条电弧焊之所以成为应用最广泛的焊接方法，其主要原因是它的灵活性。焊条电弧焊不论在焊接车间，还是在野外施工现场均可采用。由于设备简单、移动方便、电缆长、焊把轻巧等特点，焊条电弧焊既适用于平焊、立焊、仰焊等各种空间位置的焊接，又适用于对接、搭接、角接、T形接头等各种接头形式构件的焊接。可以说，凡是焊条能达到的任何位置的接头，均可采用焊条电弧焊。特别对于复杂结构、不规则的构件以及单件、非定型钢结构制造，由于可以不用辅助工装、变位器、胎夹具等就可以焊接，焊条电弧焊的优点显得尤为突出。

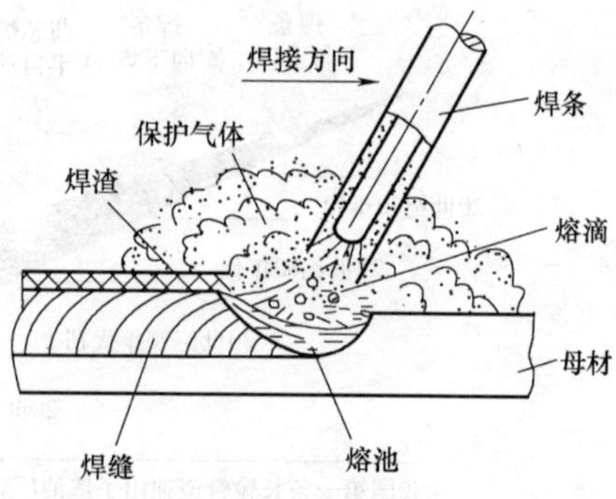

图 2-4　焊条电弧焊熔化成形原理

（2）装配要求比较低　焊条电弧焊的焊接过程是由焊工来控制的，可以根据需要随时调整电弧和焊接参数，以保证焊缝的均匀熔透，对焊接接头的装配精度要求比较低。

（3）适用面比较广　焊条电弧焊广泛用于低碳钢、低合金高强度结构钢的焊接。选配相应的焊条，焊条电弧焊也常用于不锈钢、耐热钢、低温钢等合金结构钢的焊接，用于铸铁、铜合金、镍合金材料的焊接，以及耐磨损、耐腐蚀、耐热等特殊使用要求的构件表面层堆焊。

（4）焊接生产率低　焊条电弧焊和其他电弧焊方法（如熔化极气体保护焊、埋弧焊等）相比，因为使用的焊接电流小，每焊完一根焊条后必须换焊条以及清渣而停止焊接等，所以焊接生产率低。

（5）操作难度大，劳动条件差　虽然焊接接头的力学性能可以通过选择与母材性能相当的焊条来满足，但焊缝质量在很大程度上是依赖于焊工的操作技能及现场发挥，甚至焊工施焊过程的精神状态也会影响焊缝的质量。另外和其他焊接方法相比，焊工的劳动强度大，受有害烟尘、弧光辐射的影响大。

2. 应用

长输管道焊条电弧焊有传统低氢型焊条向上立焊、高纤维素焊条向上立焊、高纤维素焊条向下立焊和铁粉低氢型焊条向下立焊。

传统低氢型焊条向上立焊，具有操作简单、脱渣容易、焊缝韧性高、缺陷概率低等特点，现广泛应用于长输管道工程站场小径管、小管件的焊接和干线连头与返修填充盖面焊接中，特别是以日本神钢开发的低氢型焊条 KOBE LB52U ϕ3.2mm/LB62U ϕ3.2mm 为代表，因其单面焊双面成形效果良好而广泛应用于西气东输二线、三线管道工程根焊中。

高纤维素焊条向下立焊，因其焊条具有焊接工艺性能好、熔渣量少、吹力较大、熔透能力良好、熔敷速度快、能够有效防止熔渣和铁液下淌、各位置单面焊双面成形效果好、和传统焊条向上立焊相比工人易于掌握等优点，而被广泛用于 X70（L485）钢级及以下钢级长输管道环焊缝的根焊、热焊和 X52（L360）钢级及以下钢级长输管道环焊缝的各层焊接当中。有代表性的焊条如奥地利伯乐公司生产的 BOHLER FOX CEL（AWS A5. 1-91 E6010）和 BOHLER FOX CEL 85（AWS A5. 5-96 E8010—P1）焊条，中船重工七二五所研制生产的 SRE425G（AWS A5. 1-91 E6010）、SRE505（AWS A5. 5-96 E7010—G）和 SRE555（AWS A5. 5-96 E8010—G）焊条等。纤维素焊条向上立焊，则主要应用在管道连头根焊中。

铁粉低氢型焊条向下立焊，因该焊条凝固速度快、铁液流动性和浸润性好、铁液不易下淌、焊后焊缝金属韧性好、抗裂性好，现广泛应用于小口径长输管道和特殊地段的环焊缝填充层和盖面层焊道的焊接施工中。和纤维素焊条相比，因其脱渣性稍差，故焊工掌握的难度较大。有代表性的如奥地利伯乐公司生产的 BOHLER FOX BVD 85（AWS A5. 5-96 E8018—G）焊条、美国林肯公司生产的 LINCOLN LH D80（AWS A5. 5-96 E8018—G）焊条。

二、手工钨极氩弧焊

1. 原理及特点

手工钨极氩弧焊是在惰性气体的保护下，利用钨电极与工件之间产生的电弧热熔化母材和填充焊丝的焊接方法，简称 TIG 焊（Tungsten Inert Gas Welding）。

图 2-5 所示为 TIG 焊的原理示意图。焊接时，惰性保护气体从焊枪喷嘴中连续喷出，在电弧周围形成保护层隔绝空气，保护钨极和焊接熔池以及临近热影响区，以形成优质的焊接接头。薄板焊接时可不填充金属，需填充金属时，把填充材料从旁边不断送入焊接区，靠电弧热熔入熔池而成为焊缝金属的组成部分。

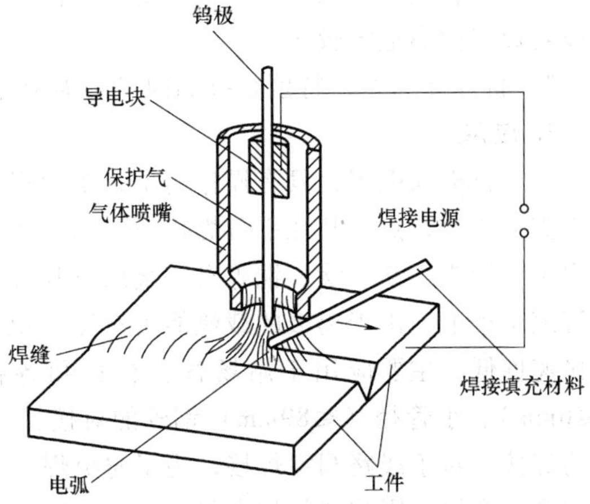

图 2-5　TIG 焊的原理示意图

TIG 焊分为手工焊和自动焊，长输管道主要为手工钨极氩弧焊。焊接时，用难熔金属钨或钨合金制成的电极不熔化，故容易维持电弧长度的恒定。当焊接薄工件时，一般不需开坡口和填充焊丝；还可采用脉冲电流以防止烧穿工件。焊接厚大工件时，也可以将焊丝预热后，再添加到熔池中去，以提高熔敷速度。

TIG 焊一般采用氩气作保护气体，在焊接厚板、高导热率或高熔点金属等情况下，也可采用氦气或氦氩混合气作保护气体。在焊接不锈钢、镍基合金和镍铜合金时可采用氩氢混合气作为保护气体。

TIG焊与其他焊接方法相比有如下特点：

1）氩气本身不溶于金属，又不和金属反应，能有效隔绝焊接区域周围的空气，TIG焊过程中电弧还有自动清除工件表面氧化膜的作用。因此可焊接其他焊接方法不易焊接的易氧化、氮化、化学活泼性强的有色金属、不锈钢和各种合金。

2）焊接工艺性能好。电弧燃烧稳定，即使在很小的焊接电流下也能稳定燃烧；不会产生飞溅，不用去焊渣，焊缝成形美观；热源和焊丝可分别控制，因而热输入容易调节，特别适合于薄板、超薄板的焊接；可进行各种位置的焊接，易于实现机械化和自动化焊接。

3）钨极承载电流能力较差，过大的电流会引起钨极熔化和蒸发，其颗粒可能进入熔池，造成夹钨。因而TIG焊使用的电流小，焊缝熔深浅，熔敷速度小，生产率低。

4）由于惰性气体价格较高，与其他焊接方法相比生产成本高，故主要用于产品质量要求较高的焊接中。

5）对工件清理要求较高，由于采用惰性气体保护，无冶金脱氧或去氢作用，为了避免气孔、裂纹等缺陷，焊前必须严格去除工件上的油污、铁锈等。

6）氩弧焊在焊接时产生紫外线的强度是焊条电弧焊的5～30倍。在紫外线的照射下，空气中氧分子、氧原子互相撞击生成臭氧，对焊工健康危害较大。另外，钨极氩弧焊若使用有放射性的钨极对焊工健康也有一定的危害。目前推广使用的铈钨极对焊工健康危害较小。

7）抗风能力差，特别是抗侧向风的能力差。

2. 应用

手工钨极氩弧焊，具有操作简单、单面焊双面成形良好、焊缝质量高、焊缝背面不需清渣等特点，其几乎可焊接所有的金属和合金，但因其成本较高，生产中主要用于焊接铝、镁、钛、铜等有色金属及其合金、不锈钢和耐热钢等，目前，在长输管道工程上，由于钨极的载流能力有限，电弧功率受到限制，致使焊缝熔深浅，焊接速度低，主要应用于站场各种材料和各种管径的环焊缝根焊中。对于薄壁（≤6mm）、小管径（≤89mm）钢管的对接，一般采用手工钨极氩弧焊完成各层焊道的焊接。对于线路阀室焊接，为了避免焊条电弧焊根焊背面附渣最终脱落会导致球阀磨粒磨损，影响球阀的密封效果，也要求采用氩弧焊打底提高根焊道质量。钨极氩弧焊特别适于对焊接接头质量要求较高的场合，其采用的焊丝主要是GB/T 8110—2008、ER49-1/ER50-6标准中直径为$\phi2.0\sim\phi2.5$mm的焊丝。

三、自保护药芯焊丝半自动焊

1. 原理及特点

利用自保护药芯焊丝作熔化极的电弧焊称自保护药芯焊丝电弧焊，英文简称

FCAW-S。自保护药芯焊丝焊接是由焊条电弧焊衍生出来的。最初是为了克服焊条电弧焊不能实现连续焊接、自动焊接的特点，才发明了自保护药芯焊丝。自保护药芯焊丝半自动焊接保留了焊条电弧焊的焊接电弧自保护的特点，又能实现连续的半自动焊接。图 2-6 所示为自保护药芯焊丝半自动焊原理示意图，焊丝粉芯中含有造渣剂、脱氧剂、脱氮剂及气体形成物质。在焊接电弧产生后，在电弧作用下母材熔化成熔池，焊丝熔化成熔滴过渡到熔池中，同时适量的脱氧剂、脱氮剂削弱和减少空气对熔融金属的有害作用，某些药粉气化和分解释放出来的气体形成保护屏障来隔绝空气，以进一步防止焊缝氧化和氮化。随着焊枪的移动，前方的金属继续熔化，后方的熔池凝固成焊缝，熔池表面的熔渣冷凝后形成薄薄的渣壳。

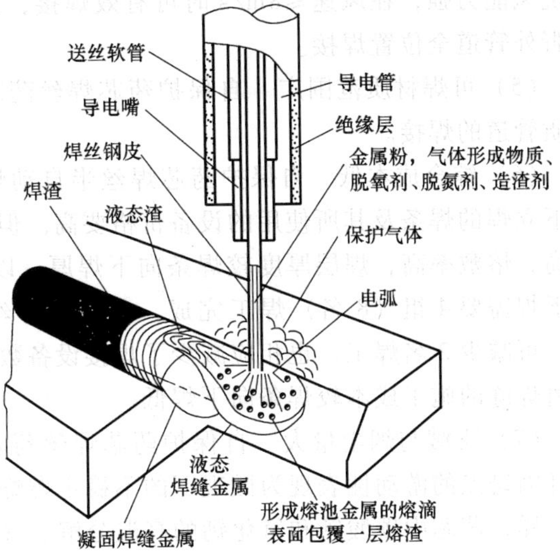

图 2-6 自保护药芯焊丝半自动焊原理示意图

自保护药芯焊丝半自动焊有以下特点：

（1）焊缝质量好 焊接缺陷多产生于焊道接头处，和焊条电弧焊相比，同等管径的钢管半自动焊的焊缝接头少，所以焊接缺陷少。管道焊接应用的自保护药芯焊丝属低氢型，焊缝氢含量低，故焊缝质量好。另外，管道用自保护药芯焊丝中含有一定量的 Ni 元素，故低温韧性较好。再有，半自动焊的熔深较大，降低了未熔合和夹渣产生的可能性，焊缝致密性好，目前焊缝合格率高达 95% 以上。

（2）焊接效率高 药芯焊丝把断续的焊接过程变为连续的生产方式。半自动焊熔敷量大，熔敷率约为 0.75，熔化速度为纤维素向下焊条的 1.5～2 倍。焊渣薄，脱渣容易，减少了层间清渣时间。焊接综合效率约为向下焊条的 2 倍。

（3）焊接工艺性能好，成形美观 与熔化极活性气体保护焊相比，药芯中加入了稳弧剂，故电弧软；熔滴过渡形式为细颗粒过渡和喷射过渡形式，飞溅小，焊接工艺性能好。自保护药芯焊丝半自动焊的焊缝形状好，外观平坦熔深大，成形美观。

（4）抗风能力强，适于野外全位置焊接 自保护药芯焊丝的药粉中含有适量的脱氧剂（如 Al、Ti、Si）、适量的强氮化物形成元素（如 Al、Ti）、适量的造气剂（如大理石、碳酸钡和萤石）、适量的造渣剂（如金红石）和适量改善工艺性能的 Li 的化合物，焊接过程中形成气渣联合保护进而使得自保护药芯焊丝半自动焊时抗风能力强，在风速≤8m/s 时可有效焊接，尤其是其良好的工艺性能特别适用于野外管道全位置焊接。

（5）可焊材质范围广　自保护药芯焊丝药芯成分调整方便，故可适用于多种材质管道的焊接。

（6）综合成本低　自保护药芯焊丝半自动焊所用焊丝和焊接设备的价格均比向下立焊的焊条及其所使用的设备价格要高。但自保护药芯焊丝半自动焊的焊接效率高，熔敷率高，焊层厚度较焊条向下焊厚。以焊接厚度为 8mm 钢管为例，焊条向下焊需要 4 组（8 名）焊工完成，而药芯焊丝半自动焊只需要 3 组（6 名）焊工，可减少 2 名焊工，也相应减少了焊接设备数量和辅助工装数量。综合计算，每一道焊缝的施工成本较焊条向下焊低。

（7）飞溅与烟尘量大　自保护药芯焊丝药芯不导电，电弧分布在管状焊丝皮上且因斑点的游动性表现为微观下的不稳定燃烧，加之焊接时电流较大，和低氢焊条一样，药芯中碳酸钙和氟化钙的高温分解、气化破坏了电弧的稳定性和熔滴过渡行为，进而使其飞溅与烟尘量较大。

目前自保护药芯焊丝半自动焊仍是我国长输管道建设的主要焊接方法之一，焊丝全位置操作性能好、飞溅小、熔敷速度快、成形性好、焊接施工综合成本低，同时焊缝金属韧性好，被广泛应用于管外径≥406.4mm 的，X52 ~ X80 钢级钢管环焊缝的填充焊与盖面焊。

2. 应用

近年来，随着长输管线向着高强度、大口径、厚壁化方向发展，传统的焊条电弧焊已逐渐被自保护药芯焊丝半自动焊和熔化极活性气体保护自动焊所取代，其中以自保护药芯焊丝半自动焊应用发展最为迅速，其目前已成为长输管道工程主要的焊接方法。T8 型自保护药芯焊丝，广泛应用于 ϕ426 管径及以上 X42（L290）~ X80（L555）级钢管环焊缝的填充焊与盖面焊施工当中。

四、STT 技术气体保护实心焊丝半自动焊

1. 原理及特点

STT（Surface Tension Transfer™）技术特指熔滴的表面张力过渡技术，它是美国林肯电气公司针对根焊成形而开发研制的一种技术，其熔滴过渡属于短路过渡的一种特殊形式。实现该技术需要一种特殊的焊接电源，该电源是利用逆变焊机的高速可控性，采用波形控制技术的一种新型逆变电源。该电源既不是恒流，也不是恒压，而是一种电流控制电源，它的输出是根据瞬间的电弧要求而产生的。在该电源的作用下，熔滴长大到与熔池断路的瞬间，和普通电源不同，“电弧电压”检测到电弧中熔滴短路信号，使电流在 0.75μs 内缩减到 10A，而后又以双曲线的形式向短路的熔滴施加一个大电流（即下述的峰值电流），促使电磁收缩效应加剧，进而加快缩颈形成，迫使熔滴和焊丝分离，当电源感知熔滴和焊丝将要分离时，输出电

流瞬间又减小到50A，此时熔滴主要是在表面张力的作用下近乎无飞溅地柔顺过渡，并获得良好的焊缝成形；熔滴与焊丝分离后，电源瞬间输出大电流，保证电弧顺利引燃，随后电流逐渐减小回到较小的电流（即下述的基值电流）。STT技术焊接电源电流、电压波形如图2-7所示。

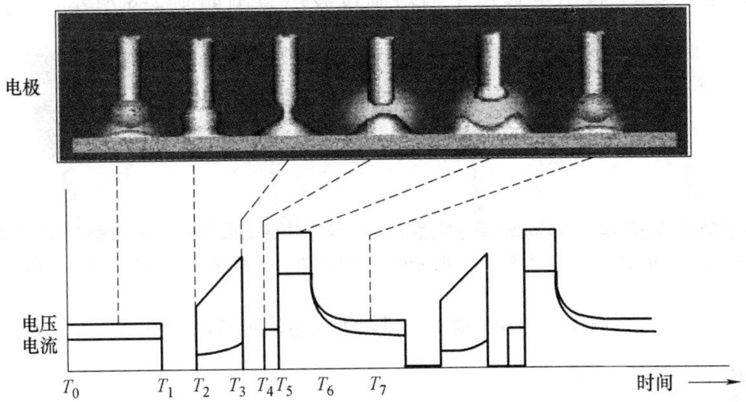

图2-7　STT技术焊接电源电流、电压波形

采用STT技术施焊时，具有焊接过程稳定、焊肉厚、熔敷速度快、焊缝氢含量低、飞溅较少、焊缝成形美观、热输入小、变形小、合格率较高（95%以上）、操作简单、焊接设备要求高等特点特别适于向下立焊。

2. 应用

目前，在长输管道焊接施工中，STT技术熔化极气体保护半自动焊主要应用于大口径管道的环焊接头根焊，焊接设备为美国林肯电器公司的Invertec STT Ⅱ型电源匹配LN-27、LF-37或LN-742送丝机，采用实心焊丝，常采用CO_2或CO_2（15%～20%，体积分数）+Ar（85%～80%，体积分数）作为保护气，焊接速度为20～30cm/min。

五、CMT技术熔化极气体保护半自动焊

1. 原理及特点

CMT（Cold Metal Transfer）技术，是一种全新的MIG/MAG焊接工艺，它由奥地利福尼斯公司最先推出，被誉为弧焊史上的一个里程碑。CMT熔滴过渡方式为冷金属过渡方式，与传统焊接工艺相比，过渡熔滴温度较低，可实现异种金属连接，焊丝的熔化和过渡两个过程分别独立。在CMT焊接方法中，焊丝不仅有向前送丝的运动，而且还有往回抽的动作，这种送丝/回抽运动的平均频率高达70Hz，用回抽运动帮助熔滴脱落，更加灵活地控制焊接热输入；通过精确的弧长控制，CMT过程结合脉冲电弧，实现了无飞溅焊接和电弧钎焊，大大降低了焊接的热输入；通过控制脉冲电弧影响热输入量，实现所谓无电流或小电流状态下的熔滴过

渡；焊缝成形美观，很好地解决了在零间隙组配外部根焊中 4 ~ 6 点位置的焊缝成形难题；母材熔化时间极短，起弧速度提高了两倍，热输入低，焊接变形小，搭桥能力显著提高，焊接性能优异；与预留间隙组配的外部根焊相比，具有坡口加工简单、对口容易、对口精度容忍性好、焊接效果重复精度高等特点，并且焊接效率可提高 60% 以上。CMT 技术电弧产生与熔滴过渡示意图如图 2-8 所示。

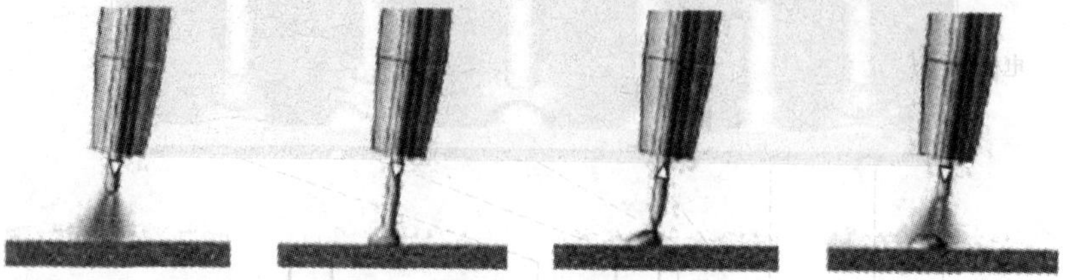

a) 焊丝前进，电弧生成　b) 熔滴短路，电弧熄灭　c) 焊丝抽回，熔滴脱落　d) 焊丝前进，重新加热

图 2-8　CMT 技术电弧产生与熔滴过渡示意图

2. 应用

目前，CMT（Cold Metal Transfer）技术熔化极气体保护半自动焊已应用于西气东输二线、三线管道工程安装焊接根焊，焊接设备为奥地利福尼斯 TPS 3200/4000/5000 CMT 焊接电源匹配 VR7000CMT 送丝机，采用实心焊丝，焊接时采用 CO_2（15% ~ 20%，体积分数）+ Ar(85% ~ 80%，体积分数）作为保护气，焊接速度为 40 ~ 60cm/min。

六、RMD 技术熔化极气体保护半自动焊

1. 原理及特点

RMD（REGULATED METAL DEPOSITION）是指熔敷金属控制技术，也有另一说法为短弧控制技术，它是美国米勒公司开发的一种技术，可实现管道焊接的所有工艺，且极为适合野外环境下的施工作业。RMD 技术由软件控制，能够对短路过渡作出精确控制。在焊接过程中，通过对焊丝短路过程的高速监控，动态检测焊丝短路，控制并减少焊接电流上升速度，从而控制熔滴过渡和电弧吹力的大小，使熔滴过渡迅速而有规律，形成高质量、稳定的熔池。其通过控制短路过程中各个阶段的电流波形，从而控制多余的电弧热量，提高电弧推力，结果在根部产生高质量的熔深，获得好的焊接质量和焊缝成形。RMD 技术电流波形如图 2-9 所示。

RMD 软件集成了强大的专家系统，每个程序各个阶段的电流波形根据电流大小自动优化到最佳的电弧特性，具有规范适应性强、电弧穿透性强、过渡频率快、焊接效率高、飞溅小、热影响区小、溶池稳定、容易控制、焊缝两端熔合好、对大小间隙和错边适应性强、焊道成形十分美观及焊缝质量高等特点。

2. 应用

目前，在西气东输二线、三线工程现场焊接根焊中，应用了 RMD 技术气体保

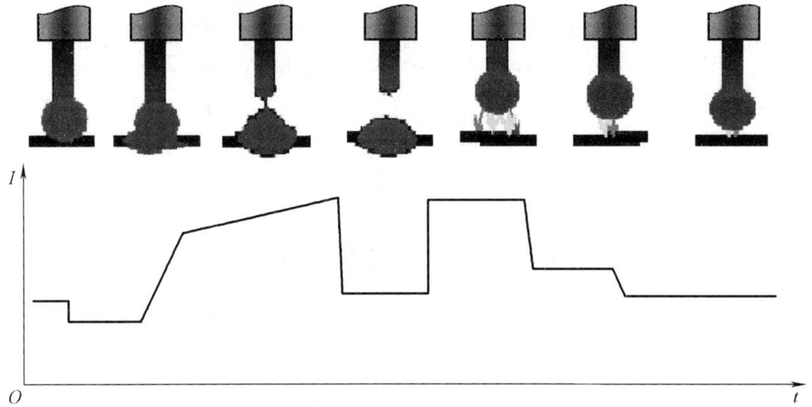

图 2-9 RMD 技术电流波形

护金属粉芯焊丝半自动焊方法，焊接设备为美国米勒 MILLER RMD Pipepro 450 RF-CRMD 焊接电源匹配 PipePro 12RC SuitCase(TM) 送丝机，采用的保护气体为 Ar80% + $CO_2$20%（体积分数），焊接速度为 25～35cm/min。RMD 技术熔化极实心焊丝气体保护半自动焊方法目前正在中石化管道工程建设中推广应用。

七、管道自动焊

管道全位置自动焊接是指在管道相对固定的情况下，焊接小车带动焊枪沿轨道围绕管壁运动，从而实现自动焊接的焊接方法。一般而言，全位置自动焊主要由焊接小车、行走轨道、焊接电源、送丝机构和自动控制系统等部分组成。目前在用的自动焊有单焊枪熔化极活性气体保护全位置自动焊、双焊枪熔化极活性气体保护全位置自动焊、多焊枪熔化极活性气体保护全位置内焊接根焊、埋弧焊及闪光对焊等。

1. 焊接自动控制基本原理

（1）焊接自动控制系统　能够对被控制焊接对象的工作状态进行自动控制的系统称为焊接自动控制系统。它一般由被控对象和控制装置组成。被控对象是指需要实现自动控制的元件、设备或生产过程。控制装置是指对被控对象起作用的设备的总体。

（2）控制系统的基本组成　一个自动控制系统的基本组成如图 2-10 所示。它主要包括以下几个环节：

1）测量环节。又称检测元件或传感器，它对系统输出量进行测量。例如，在焊接过程中检测电弧与焊缝（被调对象）的某一物理量（诸如电弧电压、电弧电流、焊接速度、熔深、熔宽等）的环节就是检测环节。被检测量通常就是输出量。

2）比较环节。对被控制量与给定值进行代数运算，给出偏差信号的环节。

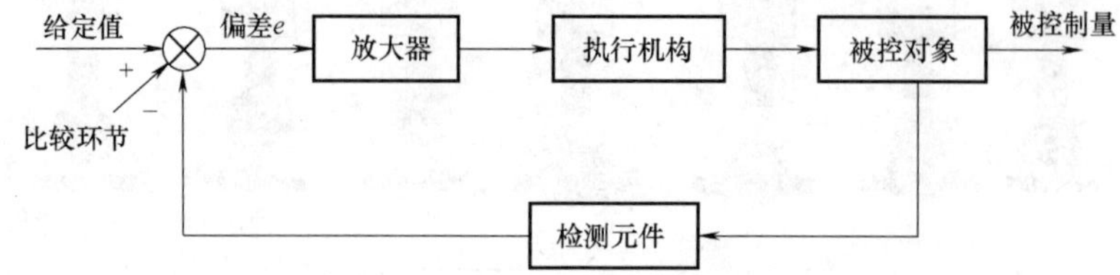

图 2-10 控制系统方框图

3）放大环节。对偏差信号进行放大和变换，使被控对象得到一定的调节。

4）执行机构。根据放大后的偏差信号，对被控对象执行控制职能。它是通过改变被调对象某个物理量来完成调节动作的。调节对象的该物理量称为操作量，或调整动作量、控制量。为达到同一调节目的，被控对象的操作量可以不同。例如，在电弧电压（熔化极）自动调节系统中，为调节电弧电压可以通过调节弧长，即调节送丝速度来达到目的，也可以通过改变电路中的阻抗参数来完成同一控制要求。

5）被控对象。指自动控制系统中需要进行控制的元件、设备或过程。在弧焊自动控制系统中，被控对象往往是焊接电弧。有时需要讨论焊缝的熔深、熔宽控制，则焊缝本身（熔池）就变为控制对象了。

（3）闭环与开环系统　自动调节系统的特点在于：它是一个闭环系统，即输出的被调量和输入端之间存在着反馈关系，形成一个闭合的环路。相反，开环系统指不存在反馈关系的系统。在闭环系统中，从被控制量经检测元件到输入端的通道，称之为反馈通道；而从给定值、放大器、执行机构到被控对象的通道称为前向通道。

闭环控制系统有三个机能：

1）测量被控制量。

2）将测定的被控制量的值与给定的希望值进行比较。

3）根据比较的结果（偏差值）对被控制量进行调整，而且只要有偏差存在，这种调节作用就不能停止，这就是所谓的“检测偏差，纠正偏差”。

（4）扰动信号　一般情况下，控制系统受到两种输入信号的作用：有用信号（给定值）的作用和扰动的作用。系统的有用输入信号决定着系统被控制量的变化规律，它或者保持某一定值，或者按某一函数规律变化。

扰动输入对任何控制系统都是难以避免的，它可以作用于系统中的任何部位。控制系统必须克服扰动作用的影响，使系统的输出按给定规律变化。

（5）自动控制系统的基本类型　主要分为以下三种：

1）自动镇定系统（定值控制系统）。系统的输入量（即给定值）是常数或者是随时间缓慢变化的，系统的任务就是在有扰动的情况下，使输出的被控制量保持在给定的希望值上。电弧能量参数控制系统、焊缝参数控制系统都属于自动镇定系统。

2）随动系统（跟踪系统）。系统的输入量是随时间变化的函数（事先无法预测其变化规律），系统的任务是保证输出的被控制量以一定的精度跟随输入量的变化而变化。焊缝跟踪系统就属于典型的随动系统。

3）程序控制系统。系统的输入量是一个已知的时间函数，系统的任务是使输出按一定的精度随输入而变化。

2. 管道自动焊的分类

管道自动焊按焊接方法、保护气体种类、焊丝种类、电源种类、焊炬数量、焊接功能和焊接方向等分类，如图 2-11 所示。

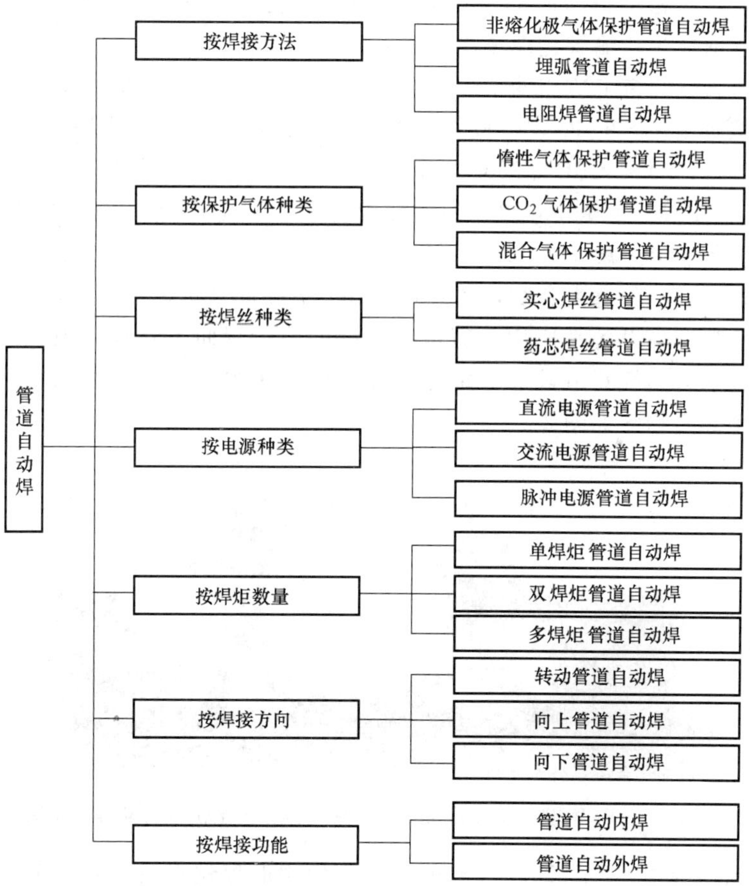

图 2-11　管道自动焊的分类

3. 管道自动焊的特点

管道自动焊与焊条电弧焊相比有如下特点：

（1）管道自动焊的优点　①电弧燃烧稳定；②焊缝成形美观；③焊缝接头少；

④焊缝焊接缺陷少，无损检测合格率高；⑤层间清理简单（气体保护焊）；⑥焊缝的力学性能较好，具有较强的抗裂性；⑦焊接效率高，可提高 2 ~ 5 倍；⑧操作简单，劳动强度低；⑨焊接时产生的有害烟尘少；⑩焊接成本较低。

（2）管道自动焊的缺点　①由于采用气体保护时，抗风能力差，必须采取防风措施；②焊接设备一次性投入较大；③焊接设备较复杂，设备的维护、保养和修理较复杂；④对管口质量要求较高；⑤管道自动焊的适用性较焊条电弧焊差。

4. 应用

（1）单焊枪熔化极活性气体保护全位置自动焊　随着长输管道向着大口径、厚壁化方向发展，单焊枪熔化极活性气体保护全位置自动焊因其具有焊接效率高（和自保护药芯焊丝半自动焊相比可提高 30% 以上）、成形十分美观、焊缝致密性好（无损检测合格率可高达 97% 以上）、焊缝韧性高、焊工劳动强度低、焊接环境好等优点逐渐成为长输管道现场焊接的主要焊接方法。

目前在长输管道上应用的单焊枪熔化极活性气体保护全位置自动向下焊成套设备有研究院研制生产的 PAW2000 全位置自动焊成套设备、英国 NOREST 全位置自动焊成套设备、美国 CRC M300、CRC P200、CRC P260 全位置自动焊成套设备、加拿大 RMS MOW—1 全位置自动焊成套设备、意大利 PWT CWS. 02NRT 全位置自动焊成套设备。上述设备中 PAW2000 全位置自动焊焊枪为平摆方式，其他自动焊焊枪为角摆方式。除意大利 PWT CWS. 02NRT 全位置自动焊用于全位置向下根焊场合外，其他自动焊设备都应用于管道环焊缝的全位置向下热焊、填充焊和盖面焊中。中国石油天然气管道科学研究院研制的 PAW2000 单焊枪熔化极活性气体保护全位置自动焊实物图如图 2-12 所示。

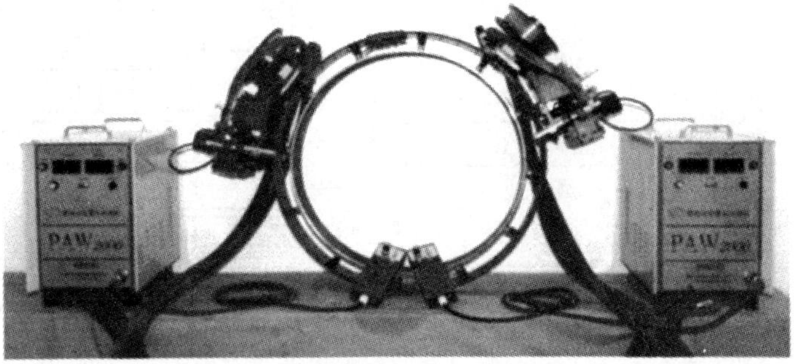

图 2-12　PAW2000 单焊枪熔化极活性气体保护全位置自动焊实物图

上述自动焊中，PAW2000 全位置自动焊使用的焊丝直径为 ϕ1. 0mm。NOREST 全位置自动焊、CRC M300、CRC P200、CRC P260 全位置自动焊、RMS MOW—1 全位置自动焊使用的焊丝直径为 ϕ0. 9mm。PWT CWS. 02NRT 全位置自动焊使用的气体保护实心焊丝直径为 ϕ1. 2mm。上述自动焊采用的保护气体一般为 Ar（75% ~ 85%，体积分数）+ CO_2（25% ~ 15%，体积分数），上述自动焊应用在热焊和填充焊场合时也可以采用 CO_2 作为保护气体。

特别地，PAW2000、CRC M300、CRC P200、CRC P260、RMS MOW—1 等自动焊应用药芯焊丝进行热焊、填充焊和盖面焊时，焊丝直径为 ϕ1.2mm/1.32mm，保护气体为 Ar75% + $CO_2$25%（体积分数），焊接方向为全位置向上。

值得注意的是，与焊条电弧焊相比，熔化极气体保护焊系统的投资大，设备和人员要求高，必须考虑所要求的高级维护，要考虑配件和符合卫生要求的气体供应。另外，气体保护焊抗风能力差（通常小于 2m/s）也需要引起足够的重视。

（2）双焊枪活性气体保护自动焊　目前在国内管线上应用的双焊枪活性气体保护自动焊有两种产品：一种是美国 CRC 公司生产的 P600 双焊枪全自动焊机；一种是管道科学研究院自行研制的 PAW3000 双焊枪自动焊机。

P600 双焊枪全自动焊机是当今为提高生产率和降低成本而应用的最先进的外焊机系统。它是新一代外焊机的代表。除了可以调节单、双焊枪进行焊接，同时也提供了电弧跟踪、智能卡编程、在线数据采集和触摸屏控制等功能。P600 采用了对称的部件设计以便于相互替换两边机头的部件，并以人体工程学原理制造，它更小、更轻，极大地减轻了焊工的疲劳度。P600 设备包括行走小车、双焊枪送丝机构、自动控制系统、焊接机头和焊接电源。P600 通过板载微处理器实现了对焊接参数的精确控制，这些参数包括：电压、送丝速度、行走速度、焊枪摆动频率等。对焊接过程中参数的交互式控制，确保了在每次焊接过程中焊缝都符合规范。P600 数据存储和输出功能，确保实时记录的焊接数据能够被就地打印或是下载到计算机上。

PAW3000 双焊枪自动焊机是管道科学研究院在 PAW2000 单焊枪自动焊机的基础上研发的新一代高效管道全位置自动焊机。具有独特的单面焊双面成形根焊功能，可完成根焊、热焊、填充、盖面等工序。两个焊枪可同时进行双层叠焊或排焊，所以可大幅度提高焊接效率。自主开发的 DSP（数字信号处理器）和 CPLD（复杂可编程逻辑芯片）全数字化运动控制技术，采用角度传感器实现焊道空间位置自动识别，实现焊枪任意位置起弧焊接。使用 PDA 编程器，使得焊接参数修改方便。整机具有结构紧凑、控制先进、自动化程度高、焊接速度快、操作简单等特点。与单焊枪相比，焊接效率可提高 30% ~40%，在技术上达到国外同类产品的水平。

双焊枪活性气体保护自动焊焊接小车与轨道和起弧焊接过程如图 2-13 所示。

（3）多焊枪管道环缝自动内焊机根焊　对于管外径不小于 813mm 的大口径管道，为进一步提高管道安装焊接速度，国内外还开发了一种带内对口器功能且可在管道内进行根焊的高效活性气体保护的内焊机，这种焊机进行内根焊时，由安装在液压内对口器上的 6 个或 8 个内部焊枪完成，每个焊枪承担 1/6 或 1/8 管周长加 10 ~15mm 内根焊焊缝的焊接，其中 3 个或 4 个焊枪可同时作业，焊接方向为全位置向下。如英国 NOREAST 全位置气体保护自动内焊机、美国 CRC 公司开发的

a) 双焊枪焊接小车与轨道　　b) 起弧焊接

图 2-13　双焊枪活性气体保护自动焊焊接小车与轨道和起弧焊接过程图

CRC IWM 全位置气体保护自动内焊机和中国石油天然气管道科学研究院开发的 PIW 3640 型内焊机。上述内焊机采用直径为 ϕ1.2mm 实心焊丝，保护气体一般为 Ar（75% ~85%，体积分数）+ CO_2（25% ~15%，体积分数）。管道内焊机由焊接电源、控制系统、供气系统、对口器和焊枪系统五大部分组成。多焊枪管道环缝自动内焊机设备实物与起弧焊接过程如图 2-14 所示。

a) 内焊机设备实物　　b) 起弧焊接

图 2-14　多焊枪管道环缝自动内焊机设备实物与起弧焊接过程

管道安装焊接采用流水作业方式，其效率在很大程度上取决于根焊道的完成速度。目前所使用的根焊技术当中，内焊机向下根焊的速度最快，如对于西气东输二线工程用 X80 管、外径为 ϕ1219mm 环焊缝内根焊，完成根焊道的焊接约需 90s。

（4）埋弧焊　埋弧焊是电弧在焊剂层下燃烧，用机械自动引燃电弧并进行控制，自动完成焊丝的送进和电弧移动的一种电弧焊方法。埋弧焊示意图如图 2-15 所示，其工作原理是：焊丝与焊件之间燃烧的电弧使埋在颗粒状焊剂下面的焊丝端部、直接作用下的母材和焊剂熔化并使部分蒸发，金属和焊剂所蒸发的气体在电弧周围形成一个封闭空腔，电弧在这个空腔中燃烧。空腔被一层由熔渣所构成的渣膜所包围，这层渣膜不仅很好地隔绝了空气和电弧与熔池的接触，而且使弧光不能辐射出来。被电弧加热熔化的焊丝以熔滴的形式落下，与熔融母材金属混合形成熔池。密度较小的熔渣浮在熔池之上，熔渣除了对熔池金属有机械保护作用外，焊接过程中还与熔池金属发生冶金反应，从而影响焊缝金属的化学成分。电弧向前移动，熔池金属逐渐冷却后结晶形成焊缝。浮在熔池上的熔渣冷却后，形成渣壳可继续对高温下的焊缝起保护作用，避免被氧化。

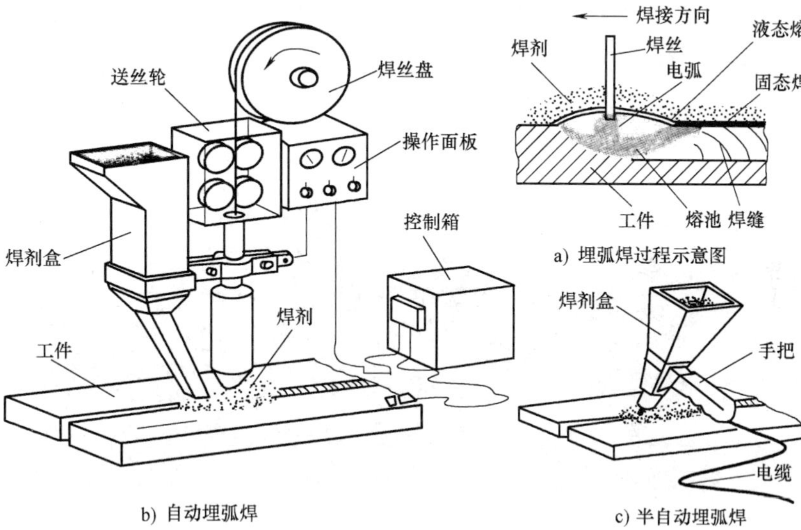

图 2-15　埋弧焊示意图

埋弧焊具有以下特点：

1）焊接生产率高。埋弧焊所用焊接电流大，加上焊剂和熔渣的隔热作用，热效率高，熔深大，单丝埋弧焊在焊件不开坡口的情况下，一次可熔透 20mm。焊接速度快，以厚度 8～10mm 的钢板对接焊为例，单丝埋弧焊速度可达 80cm/min，焊条电弧焊则不超过 13cm/min。

2）焊接质量好。焊剂和熔渣的存在不仅防止空气中的氮气、氧气侵入熔池，而且熔池较慢凝固，使液态金属与融化的焊剂间有较多时间冶金反应，减少了焊缝中产生气孔、裂纹等缺陷的可能性。焊剂还可以向焊缝渗合金，提高焊缝金属的力学性能。另外焊缝成形美观。

3）劳动条件好。焊接过程的机械化操作显得更为便利，而且烟尘少，没有弧光辐射，劳动条件得到改善。

由于埋弧焊采用颗粒状焊剂，一般仅适用于平焊位置，其他位置的焊接则需采用特殊措施，以保证焊剂能覆盖焊接区，埋弧焊主要适用于低碳钢及合金钢长直中厚板的焊接，难焊易氧化金属，是大型焊接结构生产中常用的一种焊接技术。其设备相对复杂。

埋弧焊在现场主要是作为管道专设的“二接一”焊接工作站的主要焊接方法。以埋弧焊为主“二接一”工作站因其焊接施工效率高、人力资源占用少，综合投资成本低、焊接作业环境好、操作技术难度低、恶劣环境适应性强等优点，已开始应用于大口径长输管道安装焊接施工当中，如图 2-16 所示。如果在施工现场推广使用“二接一”钢管，可将主干线上的焊缝施工数量减少 40% ~50%，极大地缩短了铺设作业的周期，提高经济效益十分明显。

图 2-16　施工现场埋弧焊“二接一”焊接工作站

苏联时期“二接一”施工技术在石油管道安装工程中首先使用，目前，俄罗斯、美国、加拿大以及中东一些国家已大力推广“二接一”施工技术，且依托此技术有进一步发展到“三接一”“四接一”等焊接工作站的趋势。但是具有一票否决权的是运输双联管或三联管的道路是否可行，路况是否允许，有无运输长于 25m 双联管的条件，否则以埋弧焊为主的“二接一”焊接工作站的使用将毫无意义。因此对于直径为 ϕ406mm 以上，大壁厚的长输管线在钢管供货、运输以及路况均无问题时，尤其是考虑在低温环境下进行管道施工作业时，以埋弧焊为主的“二接一”焊接工作站方法是项目承包商的最佳选择。

在埋弧焊为主的“二接一”焊接工作站中，埋弧焊可以采用单丝埋弧焊，也可以采用多丝埋弧焊。

（5）闪光对焊　闪光对焊是电流通过两个对接工件的接触表面时，其细小接触点产生电阻热并很快发生熔化、爆炸、喷溅，并形成许多小电弧，这个过程成为“闪光”过程，随后在适当的时间对接头施加压力，使两个对接表面的整个区域同时牢固结合起来的电阻焊方法，如图 2-17 所示。

闪光对焊是管道安装焊接中曾经应用过的自动焊接技术。闪光对焊效率较高，

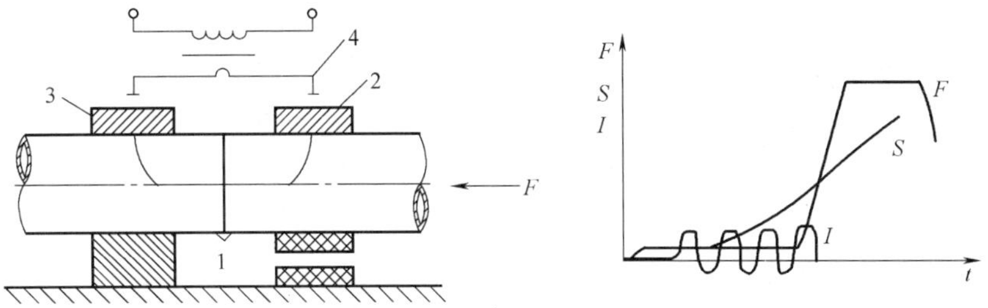

图 2-17　钢管接触对接焊过程示意图

1—被焊接钢管　2—可移动的导电夹具　3—不可移动的导电夹具　4—焊接变压器

F—顶锻力　*I*—焊接电流　*S*—被焊接管的位移

对环境的适应能力很强，我国于2000年对其在国内西气东输一线管道工程中应用的可行性作过深入的研究，但是由于存在以下问题没有进行引进，表现在：①设备庞大，不利于搬迁，闪光接触对焊庞大的供电系统和设备规模以及精度较高的控制系统是限制其使用的主要问题，且该设备仅适合于近乎平直段管线的安装焊接；②焊缝韧性低，难以满足西气东输一线管道工程相关标准要求；③内部毛刺破坏内减阻层，采用专用设备进行内毛刺处理可以控制到余高高出母材0.5mm以下，但由于毛刺除去以后在向外清理时会损坏内减阻涂层，没有好的解决办法。

第二节　未来长输管道焊接技术展望

随着长输管道工程向着高钢级、大口径、厚壁化方向的发展，一些新的、高效率的自动焊技术将应运而生。据目前了解，预计今后十年管道焊接技术将会在以下几个方面有所突破。

一、自保护药芯焊丝自动焊技术

国内，自保护药芯焊丝半自动焊于1996年在库善线应用成功后开始广泛推广使用。多年的使用情况证明自保护药芯焊丝半自动焊具有抗风能力强（风速≤8m/s不使用防风棚）、焊接效率高、焊缝质量好、成形美观、焊缝合格率高等特点。多年的施焊情况证明，自保护药芯焊丝半自动焊完成的焊接接头未熔合缺欠的几率几乎为零，其他缺欠也基本不产生，焊缝一次合格率在95%以上。尤其从2008年开始，中国石油天然气管道局在国内外首次开发的内焊机自动向下根焊＋自保护药芯焊丝半自动向下填充盖面焊的焊接工艺，以其极高的焊接施工效率（中亚管线经统计X70 ϕ1067mm×22mm钢管正常焊接效率达到60道焊口/10h以上）爆发了巨大的生命力，引起了国内外同行业相关人士极大的关注。

尽管如此，随着长输管道逐渐向着大口径、厚壁化方向发展，自保护药芯焊丝半自动焊焊工劳动强度不断增大，长时间操作已严重影响接头的内在和外在质量及施工效率。

基于此，从减轻焊工的劳动强度，进一步提高自保护药芯焊丝焊接效率和接头质量、省去降效的防风棚装置和保护气体、缩短自动焊培训周期的角度出发，研制开发适合长输管道焊接的自保护药芯焊丝全位置自动焊方法有着很好的应用前景。

目前国内仅中国石油天然气管道局于2009年开始了自保护药芯焊丝自动焊设备及配套焊接技术的研究工作，2011年研制出了一台样机，其试验过程如图2-18所示。目前，该焊机正在进行升级和完善，相信不久的将来能应用到长输管道工程中。经调研，未见自保护药芯焊丝全位置自动焊应用的相关报道。但侧面了解，美国米勒公司于2010年也开始进行相应设备和焊接技术的研究工作，目前仍处于保密中。

图2-18　自保护药芯焊丝自动焊示意图

二、单弧双丝焊接技术

一般而言，双丝焊接就是单弧双丝焊，它包括单焊枪双丝焊和双焊枪双丝焊，相应的焊枪如图2-19所示。对于双丝焊的研究，国内外都是从双丝埋弧焊开始的，该技术已经在生产中得到了应用，后来又在窄间隙焊中得到了应用。但是由于埋弧焊熔池不可见，加之只适合于平焊位置而不适合于全位置焊接，因此这种方法多用于工厂焊接。

早期的双丝焊是将两根焊丝通过同一个导电嘴施焊，这种方法的特点是两根焊丝的电位相同，只是送丝速度不同，无法对两个电弧分别进行控制，焊接参数难以调节。近几年来对双丝熔化极焊的研究相对比较多。20世纪90年代，在长期进行双丝焊技术的研究应用实践中，德国CLOOS公司开发出了Tandem双丝焊接技术。Tandem双丝焊接技术是最近发展起来的GMAW技术，前后串列两个焊丝，两个焊丝穿过同一个焊枪，进入同一个熔池。该技术已得到现场应用，效率明显提高。目前在管道激光复合焊接技术成熟之前，Tandem双丝焊被公认为是管道施工中最有效的焊接方式。

该技术将两根焊丝按一定的角度放在一个特别设计的焊枪里，两根焊丝分别由各自的电源供电，相互绝缘，除送丝速度可以不同外，其他所有的参数都彼此独立，两根焊丝的直径、材质甚至用或不用脉冲，都可以不一样，这样可以最佳地控

a) 单焊枪单弧双丝焊　　　　b) 双焊枪单弧双丝焊

图 2-19　单弧双丝焊焊枪示意图

制电弧，在保证每个电弧稳定燃烧的前提下，将两个电弧的相互干扰降到最低。

双丝焊的两台焊机可设定为主从模式，采用脉冲电弧以降低两个电弧对熔滴过渡的影响。焊机内置有耦合线路，通过耦合线路实现主电源控制电源的脉冲波形，从而实现三种模式：①同步模式——该种模式的两个电弧同时达到最大值，有利于形成较大的熔深，但飞溅较大，一般很少采用；②交替模式——其电弧相互作用力只有普通焊接时的四分之一，甚至更低，对熔滴过渡的影响较小，特别适合于铝合金等轻金属的焊接，能显著减少焊接飞溅；③随机模式——该种模式能显著降低电弧的作用力，减少飞溅，又能实现较大的熔深，焊接钢铁等较重的金属时可以获得更快的焊接速度。

当采用单丝焊时，如果焊接速度较高，电弧的热量没有充分地向母材扩散，形成的熔池小，周围的母材温度梯度大，熔池凝固快，熔化金属来不及和母材充分熔合，因此，焊缝余高大，容易产生咬边甚至不成形。Tandem 双丝焊时，两根焊丝以一定的角度前后排列，前丝焊接电流较大，有利于形成较大的熔深，后丝焊接电流稍小，起到填充盖面的作用；两根焊丝互为加热，充分利用电弧的能量，实现较大的熔敷率，使熔池里有充足的熔融金属和母材充分熔合，因此焊缝成形美观；一前一后两个电弧，大大加长了熔池的尺寸，熔池中的气体有充足的时间析出，气孔倾向极低；这种焊接方法虽然电流大，但焊接速度很快，最快可以达到 6m/min，因此热输入量反而小，焊接变形也很小。与其他焊接技术相比熔敷速度快、焊接效率高、焊接质量好、飞溅少。

中国石油天然气管道局于 2011 年研制出了单焊枪双丝焊焊机，如图 2-20 所示。目前，正在进行双焊枪单弧双丝焊的研制工作。

2004 年，加拿大采用单焊枪双丝焊接技术焊接了一条管径 ϕ610mm 的 X80 管道，采用双焊枪双丝焊接技术焊接了一条管径 ϕ914mm 的 X100 管道，合格率高达 93% 以上。

三、激光/电弧复合焊技术

图 2-20　管道局研制的单焊枪双丝自动焊焊机

纵观世界上管道焊接技术的发展，一些知名管道公司正在与众多的焊接权威机构合作，将提高管道焊接技术研究的重点由常规电弧焊转向激光焊和激光/电弧复合焊。大家都急需找到一种既能提高焊接效率又能提高焊接质量的新装备、新工艺和新技术。最终人们都把期盼的目光停留在激光/电弧复合焊上。它与传统焊接工艺相比，激光复合焊既利用了激光焊的高焊速、深熔透、无坡口的优点，又弥补了电弧焊填充不足的缺陷。具有能量密度高、热输入量小、焊缝深宽比大、变形小等优点。我国管道事业要参与国际市场的竞争，焊接技术必须与国际接轨，才能在国际市场上占有绝对优势。

激光/电弧复合焊技术中，激光的引入提高了电弧的稳定性，从而可以获得更高的速度和更大的熔深。纯激光焊应用中一个突出的难题是工艺上对接头对口精度要求高。激光焊在电弧的辅助作用下，桥接能力得到提高，使上述难题得到了解决。将激光用于管线钢焊接的另一个比较突出的问题是其焊缝的微观结构不仅易碎且其耐冲击性也很差。激光/电弧复合焊接技术可以克服这个问题。电弧具有预热作用，同时由于电弧的热影响区较大，使复合焊焊缝的降温速度低于纯激光焊焊缝的降温速度，从而降低了焊缝硬度，增加了韧性；来自电弧焊的焊丝填充物能控制焊缝金属的特性，也起到降低热裂纹敏感性和提高焊缝金属韧性的作用。激光复合焊接过程示意图如图 2-21 所示。

目前激光复合焊接技术在汽车、造船工业领域已被广泛使用，而在管道焊接方

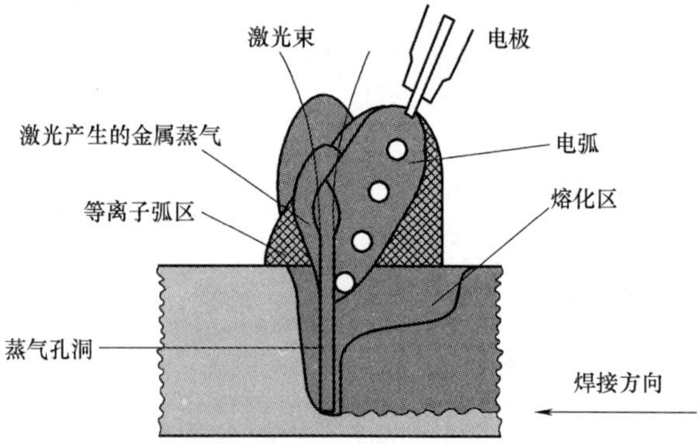

图 2-21　激光复合焊接过程示意图

面，国外也有多家科研机构正在研发中，如英国焊接研究所（TWI）、美国爱迪生焊接研究所（EWI）、美国的 CRC—Evans 公司和德国的 VIETZ 等专业化管道焊接技术公司。美国 PHMSA 公司投入巨资和庞大的研究机构和科研人员，已经开发了实验室样机，正在积极将该技术推向工程施工现场应用。国内在管道焊接方面，尚未有相关报道。管道局作为国内唯一的管道科研、设计、施工为一体的专业化队伍，正着手研究这一位于管道科技前沿的新技术，并于 2012 年研制出一台样机。国内外管道全位置激光/电弧复合焊接系统典型样机如图 2-22 所示。激光/电弧复合焊接在石油管道野外施工应用如图 2-23 所示。

a) 管道局研制　　b) 美国CRC—Evans公司早期研制　　c) 美国EWI研究所研制

图 2-22　国内外管道全位置激光/电弧复合焊接系统典型样机

图 2-23　激光/电弧复合焊接在石油管道野外施工应用

四、多焊嘴自动焊外焊技术

多焊嘴管道自动焊机最早研发的为法国 Serimax（即原来的 Serimer Dasa）、荷兰 VermaatTechnics 公司。多焊嘴管道自动焊机采用多头全自动焊接系统，驱动多个焊头同时工作，采用液压、机械联合定位，旋转驱动，并配备多点焊缝跟踪系统，实现了真正高效焊接施工。设备可在流水线上移动，以保证和组对管口准确定位；焊接部分采用弹性转臂结构，可适应不同管径以及实现高度电弧跟踪。

法国 Dasa 公司于 2003 年研制成功 8 焊头焊接系统（见图 2-24），采用 4 个焊接小车，每个焊接小车上安置 2 个焊炬适应于管径 ϕ914.4 ~ ϕ1219.2mm（ϕ36″ ~ ϕ48″）的管道焊接。焊接过程中，8 个焊炬同时工作，每个焊接小车管圆周的 1/4。每个焊接小车管圆周的1/4。该 8 焊嘴自动焊机采用往复旋转定位技术、焊缝跟踪等先进技术，并采用焊接专家系统控制焊接过程和复杂的焊接参数，与现有自动焊接技术相比，可提高焊接效率 50% 以上。该成果在从挪威奥门蓝格气田到奈汉姆纳加工厂，再到英格兰蓝格勒的 1200km 海底管线中都得到了应用，展现了很高的焊接施工效率（6min/口），发挥了无与伦比的作用。

图 2-24 法国 Dasa 公司研制的 8 焊嘴自动外焊系统

美国 J. Ray Mcdermott 公司将 JAWS 焊接系统升级为 6 焊嘴系统，采用先进的伺服控制以及计算机控制，系统可配备激光跟踪器对焊缝进行跟踪。美国埃索石油公司曾将该套系统用在马来西亚海管铺设工程中，铺管线配备 5 个工作站，创下日焊 329 道焊接接头（762 ×20mm）的记录。

韩国现代最近实现的焊接系统，可以装配 6 个双焊头的焊接小车，带有激光视觉传感器和电弧传感器，用于海洋管道的焊接，其中左侧 3 个小车，右侧 3 个小车。

相信不久的将来，考虑到陆上管道建设的特殊性，多焊嘴管道自动焊技术也会应用到陆上管道的建设中。

五、管道视觉焊接系统

美国 CRC 公司研制出一套新型的管道焊接系统，集成了激光视觉焊接和检测技术。该系统主要包括以下组件：坡口加工站应用的坡口视觉检测设备（见图 2-25a），合金钢管焊接时背部用来控制和监视清理舱室参数的视觉清渣设备（见图 2-25b），焊接工作站应用的根焊道视觉检测设备（见图 2-25c），以及具有自适应焊接控制技术的视觉外焊机（见图 2-25d）。四种组件均采用激光视觉技术同时工作，从而将管道自动焊接工艺的质量和速度提高到前所未有的水平。

1. 坡口视觉检测设备

在视觉系统工艺中，坡口检测是第一步。该智能设备可以在加工完坡口后，精确地测量尺寸。如果检测到不符合标准的坡口，可以立即进行坡口再加工，在进入施工场地前可及时发现问题。

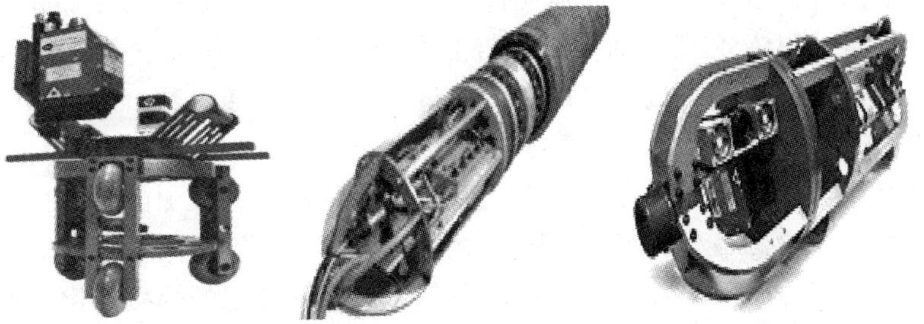

a) 坡口视觉检测设备　　b) 视觉清渣设备　　c) 根焊道视觉检测设备

d) 自动视觉外焊机

图 2-25　管道视觉焊接系统

2. 视觉清渣设备

当使用耐腐蚀合金的钢管时，背部清理是一个必需的工序，可以防止氧化并确保焊缝性能。该设备全自动化，可以实时控制和监视清理舱室内的参数，任何重要参数超出限定值就会自动报警。这样就替代了以前必须移出清渣机，然后再塞入一个独立检测工具的情况。

3. 根焊道视觉检测设备

该设备集成到对口器上，当使用内焊机时可以对根焊道在线检测。它安装了一套激光传感器和高分辨率的彩色照相机，可以获取根焊道的轮廓和图像并存储。因此发现的任何缺陷都可以在同一个工作站内进行修复，避免了更多焊道完成后再进行修复的问题。

4. 自动视觉外焊机

美国 CRC 公司推出了管道激光视觉自动焊机，该设备应用激光视觉技术，首次实现油气管道施工的自适应焊接，有效提高了根焊焊缝质量。这是一个重大的技术突破，它向坡口内发射一束激光条纹，非常详尽地读出焊缝区的特征，分析判断出对口的错边量和间隙大小，然后指导双焊嘴焊机根据对口情况在运动中进行自适应控制。该系统允许在更高速度下实时跟踪，实时闭环控制，调整运动速度、送丝速度和摆动宽度，从而实现管道全位置焊接的自适应控制，对工艺的控制可以实现优化焊道厚度，确保稳定的填充量。

该系统采用脉冲 MIG 和电弧跟踪，在提高焊缝质量的同时，提高了窄间隙坡口管子接头的焊接效率，现场的适应性非常强。而且，全数字的监视和控制确保了每一焊道质量。PDA 交互界面实现了在任何地点都能对焊接参数进行编程，然后无线下载到现场应用的焊机，可以在焊接过程中改变焊接参数，也可以上传性能数据，用于 QC 分析和判断焊缝是否符合规范。

该系统还可以检测坡口和根焊道，而不用等待超声波检测的结果，通过这种焊前和焊后的在线检测报告，可以对缺陷立即返修，将停工时间缩至最短，这对于海洋工程极其重要，确保工程比以前更快完工，进而降低总的焊接费用。而且还可以实现计算机输出所有焊缝的检测报告，便于施工方和业主的永久保存。

将激光视觉技术应用于管道自动焊机，通过对焊缝跟踪，实现了管道自动焊接的自适应控制，提高了焊接效率和焊缝质量。缩短了焊工调整焊枪的时间，还可以有效提高焊缝质量，减少返修焊接的次数。

六、搅拌摩擦焊技术

搅拌摩擦焊（简称 FSW——Friction Stir Welding）是搅拌头高速旋转并与被焊工件摩擦，产生热量形成热塑性层，搅拌头与工件相对运动，在搅拌头前面不断形成的热塑性金属转移到搅拌头后面，填满后面的空腔，从而形成连接的方法。

搅拌头由特型指棒、夹持器和圆柱体组成。焊接开始时，搅拌头高速旋转，特型指棒迅速钻入被焊板材的焊缝，与特型指棒接触处的金属摩擦生热，形成了很薄的热塑性层。当特型指棒钻入工件表面以下时，部分金属被挤出表面，轴肩与被焊工件表面摩擦产生热量。又由于背面垫板的密封作用，不断地产生热塑性金属形成焊缝。在整个过程中空腔的产生与填满连续进行，焊缝区金属经历着被挤压、摩擦生热、塑性变形、转移、扩散、再结晶等过程。搅拌摩擦焊示意图如图 2-26 所示。

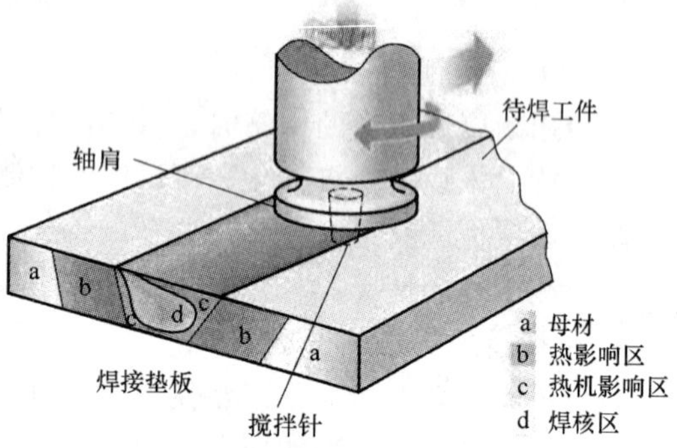

图 2-26　搅拌摩擦焊示意图

搅拌摩擦焊是英国焊接研究所（TWI）于 1991 年发明的一种新型固态连接技术。与传统的熔化焊相比，搅拌摩擦焊属固相焊接，其接头不会产生与熔化有关的一些如裂纹、气孔及合金元素的烧损等焊接缺陷；焊接过程中无需填充材料、保护气体，焊接前无需进行复杂的处理工作，焊后无余高；焊接时所需能量仅为传统焊接方法的 20% 左右，焊后残余应力低，变形小；焊缝为细晶锻态组织，力学性能好；焊接过程中无弧光辐射、烟尘和飞溅，噪声小。由此看来，搅拌摩擦焊是一种高质量、低成本的“绿色焊接方法”。目前美国 MegaStir 公司已经完成装备研制和模拟现场焊接。

FSW 已经成功实现了在铝合金结构中的工业化应用，但是在钛合金、钢等高熔点材料结构焊接中的研究仍在进行中，其难点主要是搅拌头材料的优选（如选用多晶立方氮化硼 PCBN）与其搅拌针型体设计、加工以及在工程应用中的寿命。

a) 搅拌摩擦焊设备　　b) 搅拌摩擦焊过程　　c) 搅拌摩擦焊成形

图 2-27　搅拌摩擦焊设备与焊缝成形

美国 MegaStir 公司一直致力于高熔点材料的 FSW 应用开发，从 304 不锈钢（已焊厚度 6.4mm）到普通中碳钢和高温合金材料，甚至钛合金材料等都可以实现搅拌摩擦焊连接；2003 年已经把 FSW 应用于 X65 管线钢（管径 ϕ305mm），并研发了用于油气管道焊接的便携式 FSW 设备，可以实现 13mm 厚管线钢的焊接，搅拌摩擦焊设备与焊缝成形如图 2-27 所示。

2012 年年底，北京赛福斯特技术有限公司成功研发出了无轴间搅拌摩擦焊技术，与传统搅拌摩擦焊技术相比，具有诸多优势：①焊接过程不受搅拌针长度和轴肩的限制；②可实时控制焊接厚度，实现不同厚度的连续焊接；③更换搅拌头时，在工件上不留下匙孔；④焊接过程中，避免了因人为因素而改变压入量，可直接调整焊接深度，无需考虑焊接过程的压入量；⑤焊接接头搅拌区内组织均匀，无分层结构，因此接头内应力集中点小，有利于提高材料的强度。

日本日立公司利用 FSW 实现强度大于 800MPa 的超精细高强度钢（UFG）的连接，这种材料在未来有可能用于飞机起落架的制造等。

研究表明，X65 的 FSW 焊缝屈服强度为 597MPa，抗拉强度为 788MPa。通过对壁厚 20 mm 的 X80 钢 FSW 后组织分析，与传统的熔焊相比具有明显的优势：消除了熔合线附近的粗大晶粒，降低了熔合线的软化；但是焊缝金属性能需要改善，因为在焊态出现了晶粒粗化区，可能导致局部的硬度极高。

2009 年 1 月，美国能源部橡树岭国家实验室（ORNL）的管道搅拌摩擦焊接项目获得能源部的支持。研究者希望开发用于 FSW 搅拌头的新材料、带有辅助热源以降低顶锻压力的复合 FSW 和用于非常厚的截面的多层多道焊接技术。最终，该项目将研制一套现场可应用的系统，提供现场施工所需要的灵活性和经济性。将用于大型油气管道。目前的研究成果还未进一步公开。

FSW 在替代传统的管道对接弧焊方面优势明显，虽然该技术发展很快，但被行业接受还需要一段时间，尤其对于管道行业，因为管道行业受政府严格管理。《美国法典》第 49 篇——“运输”的第 192 章和第 195 章规定了油气管道设计、施工、运行和维修的条款。两章都要求焊接工艺评定和焊工认证符合《API 1104—管道及有关附件的焊接》或《ASME IX—焊接与钎焊评定》，而这两个标准都没有包含对管道 FSW 的相关要求。ASME 协会已经意识到了该问题，正在制定相关的验收标准。

七、其他焊接技术

1. 等离子弧焊接技术

等离子弧焊接技术是利用等离子枪将阴极和阳极之间的自由电弧压缩成高温、高电离度、高能量密度及高焰流速度的电弧，熔化母材形成冶金结合，是将等离子弧作为热源的焊接方法。气体由电弧加热产生离解，在高速通过水冷喷嘴时受到压缩，增大能量密度和离解度，形成等离子弧。它的稳定性、发热量和温度都高于一般电弧，因而具有较大的熔透力和焊接速度。等离子弧焊接可分为非转移型等离子弧焊、转移型等离子弧焊和穿透型等离子弧焊。等离子弧焊接原理示意图如图 2-28 所示。等离子自动焊接技术因其熔深能力强、焊接效率高、单面焊双面成形好，变形小等特点，将是长输管道自动根焊技术发展的一个方向。

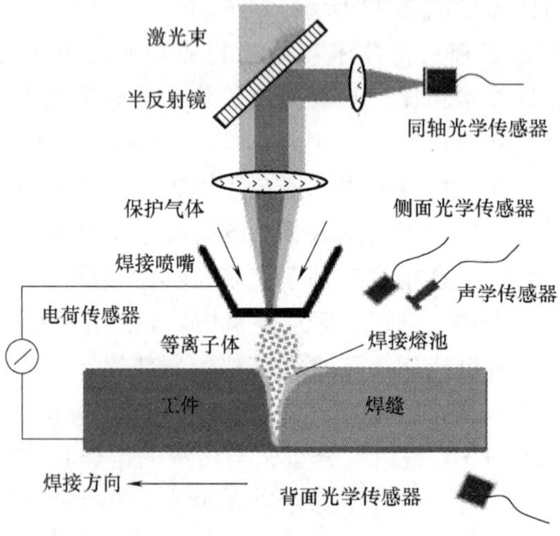

图 2-28 等离子弧焊接原理示意图

2. 电子束焊

电子束焊是利用加速和聚焦的电子束轰击置于真空或非真空中的焊件所产生的热能进行焊接的方法。其基本原理是电子枪中的阴极由于直接或间接加热而发射电子，该电子在高压静电场的加速下再通过电磁场的聚焦即可形成能量密度极高的电子束，用此电子束去轰击工件，将巨大的动能转化为热能，使焊接处工件熔化，形成熔池，从而实现对工件的焊接。电子束焊可分为真空电子束焊与非真空电子束焊。电子束焊焊接原理示意图如图 2-29 所示。

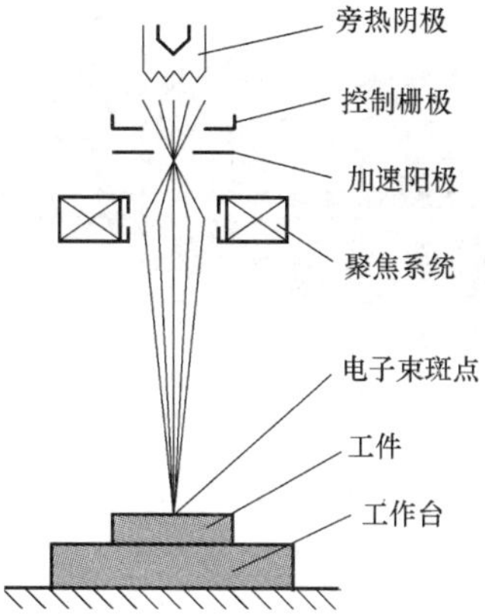

图 2-29　电子束焊焊接原理示意图

3. 带外对口器功能的焊接技术

SERIMAX 公司目前新开发了一种具有外对口器功能的焊接设备，其上可设置多个焊接单元，系统结构比内焊机相对简单，可取代内焊机进行管口组对及根焊焊接。该设备具有对口精确，焊接速度快、质量高等特点。带外对口器功能的焊接装置如图 2-30 所示。

图 2-30　带外对口器功能的焊接装置

思　考　题

1. 简述长输管道常用焊接方法及其应用场合。
2. 简述自保护药芯焊丝半自动焊的特点。
3. 简述 STT 技术、RMD 技术、CMT 技术等熔化极气体保护半自动焊的主要差异性。
4. 简述未来长输管道可能应用到的焊接技术有哪些？

第三章 长输管道工程用材料

第一节 管道用材

一、管道工程的发展趋势及其对管线钢的要求

铁路、公路、航空、水运与管道运输统称为五大运输业。据专家测算，管道运输是最为经济、简单的一种运输方式。特别是对于石油、天然气等流体来说更为有效，其特点是经济、安全和不间断。由于管道运输的有效性，目前它还作为煤、矿浆和其他固体物质的重要输送手段。根据美国中央情报局《世界各国纪实年鉴》的统计，2013 年全球运行的管道有 3559186km，可绕地球 88 圈，其中天然气输送管线占世界管道总量的 80.5%，原油输送管线占世界管道总量的 8.4%。今后，随着能源的快速增长，全世界仍将大量建设油气长输管线。长输管道工程建设的高速发展促进了管线钢、焊接材料、焊接工艺及焊接设备的发展。

从最初的工业管道至今，油气管线建设经历了一个多世纪的发展。早期建设的管线，离中心城市较近，地理环境和社会依托条件都较优越。如今新发现的油田大都在边远地区或地理条件恶劣的地带，如美国的普鲁德霍湾、欧洲的北海油田、俄罗斯的西伯利亚以及我国的西部油田等。随着海上油田、极地油气田的开发，对新时期的管道建设提出了更高的要求。目前管道工程的发展趋势有如下特点：

1. 大口径、长距离、高压输送

由建立在流体力学基础上的设计计算可知，原油管道单位时间输送量与输送压力梯度的平方根成正比，与略大于管道直径的平方成正比。因此加大管道直径、提高管道工作压力是提高管道输送量的有力措施和油气管线的基本发展方向，随着输气管道输送压力的提高，输送用钢管也相应地迅速向高钢级方向发展，从 X52、X60、X65 到 X70，甚至更高级别。高压输送和采用高钢级钢管，可使管道建设成本大大降低，并且管道建成以后，管道运营的经济效益更加优异。根据加拿大的统计分析，每提高一个级别，就可减少建设成本 7%。但由于作用在管壁上的应力与钢管直径和内压成正比，因此管径和内压的增加要求壁厚和钢的强度增大。而壁厚和钢强度级别的增大，会使管线钢出现断裂的几率增加。因此，要求管线钢必须具有高的韧性储备。

2. 高寒和腐蚀的服役环境

由于全世界对能源的需求量不断增加，人们正在偏远地区寻找和开发新的油田。与此相配套的管道多是在气候恶劣、人烟稀少、地质地貌条件极其复杂的地区建设。如美国横穿阿拉斯加的管道，途经冻土地区，气温最低可达 -70℃。苏联1985年所建的西西伯利亚-中央输气管线，途经常年冻土区，气温最低可达 -63℃，积雪厚度70～90cm，在全长4451km的线路中，有959km通过沼泽，794km通过水障碍。我国建设的西气东输管线，沿途要经过大片沙漠、戈壁高原、碱滩和沼泽地、地震活动断层和大落差地带；一些地区昼夜温差变化最大可达30℃，冬季最低温度 -34℃，夏季地表最高温度为70～80℃。这些严酷的地域、气候条件不但给长输管线的施工造成困难，而且对管线钢的性能，尤其是管线钢的低温韧性和韧脆转变特性提出了更高的要求。

3. 海底管线的厚壁化

目前，油气产量中有20%的原油和5%的天然气来源于近海。海底管线与陆地管线的服役条件差异很大。海底管线经受自重、管内介质、设计压力、管外水压等工作载荷以及风、浪、流、冰和地震等环境载荷的作用，要求钢管具有足够的 t/D 值（t 为管壁厚，D 为管径）。因此，高压、小直径和厚壁化已经成为近海管线的特点。

为了适应管道工程的发展趋势，保证管线建设和运行的经济性和安全性，对管道和管线钢的质量参数提出了更高的要求，同时，也推动了焊接材料、焊接技术的发展。

近几年来，随着经济的发展和国际形势的不断变幻，国际油价居高不下，我国在加大开发国内能源的基础上，更多的引进国际油气能源，油气并举。于2012年10月16日开工建设的西气东输三线管道工程是继西气东输二线之后，党中央、国务院安排部署的又一项具有重大政治、经济、社会和环保意义的国家重点工程，其全线包括1条干线、8条支线、3个储气库和1个LNG应急调峰站。干支线沿线经过新疆、甘肃、宁夏、陕西、河南、湖北、湖南、江西、福建和广东共10个省、自治区，干线、支线总长度为7378km。干线设计压力为10～12MPa，干线钢管采用X80 D1219mm钢管，是我国距离最长、口径最大、站场最多、高压力、多级加压、采用先进钢材的世界级天然气干线管道之一。西气东输二线、三线工程已经成为西部大开发当之无愧的标志性工程，其将作为我国进入新世纪后的重大建设项目之一而载入史册。西气东输的建成，极大地缓和了沿线城市的能源需求。今后十年，为保障能源供给，我国还将继续建设中俄东线管道工程、中俄西线管道工程、漠大二线工程、西气东输四线、五线管道工程以及中亚后续管道工程等，由此可见，又一轮管线建设高潮即将到来。

二、管线用钢

管道运输是一种大规模而经济的石油、天然气的输送方式，全世界已经建设了数百条油气长输管线，石油工业的巨大市场有力地促进了管线钢的发展。

管线钢发展的动力还来源于管道工程对钢材提出的日趋严格的要求，目前管道工程的发展趋势是大口径、高压输送、海底管道的厚壁化以及高寒和腐蚀的服役环境，因此不仅要求管线钢具有高的强度，而且要求应有良好的韧性、疲劳性能、抗断裂特性和耐腐蚀性，同时还要求力学性能的改善不应当恶化钢的焊接性和加工性能。近几十年来，管线钢已成为低合金高强度钢和微合金控轧钢领域内最具研究成果的重要分支。

1. 管线钢的发展

管线钢是一种微合金控轧钢，用于制造石油、天然气输送管道及容器。因此，管线钢的发展历程实际上反映了微合金控轧技术的发展历程。控轧技术就是通过控制热轧钢材的形变温度、形变量、形变道次、轧制温度等参数来改善钢材性能的轧制工艺。早在20世纪20年代中期就有人发现，通过降低最终热加工的变形温度可使α晶粒细化，从而提高轧制产品的力学性能。然而由于低温轧制的轧制负荷使一般轧机难以承受，因而很长时间以来一直未在工业上得到实际应用。1940年之前，管线用钢只是普通的碳钢。第二次世界大战之后，由于钢铁冶炼技术的进步，脱氧、提高碳锰比等措施的使用，使钢的性能有了很大的提高。到了20世纪50年代采用控轧工艺生产出的352MPa级别的C-Mn钢是世界上首次采用形变热处理工艺进行的商业生产。1960年，Great Lakes Steel第一次生产出含Nb的X60级热轧钢。管线钢的开发、研制得到突破性进展是在20世纪60年代中期以后。这一时期通过对钢进行控轧处理，使钢板的综合性能得到大幅度提高。20世纪60年代中期，西欧尤其是英国钢铁协会对在钢中加入Nb、V等元素以提高钢的强度，改善其韧性和焊接性，以及对奥氏体再结晶状态的影响展开了一系列的研究工作。当时的苏联、美国也先后展开了钢的形变热处理工艺和理论的研究工作。这些工作都为微合金控轧理论提供了新的内容。

随着控轧工艺的发展，其内容也不断充实和发展。目前，管线钢控轧工艺分为三种类型，即再结晶型、非再结晶型和（γ+α）两相区控轧。控制轧制的内容主要包括控制加热，调整形变温度、形变量、形变间歇停留时间、终轧温度以及轧后冷却等。目的就是通过控制轧制参数，使钢材形成具有发达亚结构的细晶组织，获得高强度、高韧性以及优良的焊接性能。

20世纪70年代微合金控轧技术得到了广泛应用。轧制工艺的优化、炼钢工艺的改进以及计算机控制技术都大大提高了管线钢的综合性能，生产出了X70级管线钢。20世纪80年代，管线钢控制轧制后引入加速冷却技术，能在不损害韧性的前提下进一步提高钢的强度。加速冷却可以降低γ→α的转变温度，增加α的形核率，同时阻止或延缓碳、氮化合物的过早析出，从而生成弥散的析出物，细化晶粒，改善钢的强韧性。常用的加速冷却方式有两种：间断式加速冷却（轧后水冷至400~600℃然后空冷）和连续式加速冷却（轧后水冷至室温）。采用控轧及轧后加速冷却技术生产出了 X80、X100 级的管线钢。

2. 管线钢的合金化及显微组织

管线钢作为一种微合金控轧钢，除在控轧技术的发展外，在合金化研究方面，也在不断进步，降碳的同时，加大对微合金化元素 Nb、V 等的研究试验，以提高钢的强度，改善其韧性和焊接性。不同的成分、轧制工艺、冷却速度，形成不同的显微组织。

（1）碳（C）　早期的管线钢是以抗拉强度为依据来设计的，而强度通常由含碳量获得。由于焊接作为一种主要生产工艺被引入，焊接性成为对管线钢的最基本要求。同时由于极地管线和海洋管线的发展，要求不断改善钢的低温韧性、断裂抗力，从而导致含碳量逐渐降低。在实际生产中，管线钢的含碳量远低于 API 标准所要求的最大含碳量的规定，通常采用 0.1%（质量分数）或更低含碳量的钢来控制，甚至保持在 0.01% ~0.04%（质量分数）的超低碳水平。微合金化和控轧、控冷等技术的发展，使得管线钢在碳含量降低的同时保持高的强韧性。最新冶炼技术的发展，已经为工业生产超低碳钢提供了技术条件与物质条件。

（2）锰（Mn）　减少钢中的含碳量使屈服强度下降可以很容易地通过其他强化机制的应用予以补偿。其中最常用的是在降碳的同时，以锰代碳。目前锰作为管线钢中的主要元素而被采用，这是因为锰的加入引起固溶强化。锰还能降低钢的 γ-α 的相变温度，而相变温度的降低对 α 的晶粒尺寸具有细化作用，同时可改善相变后的微观组织。研究表明，添加 1.0% ~1.5%（质量分数）的锰使 γ-α 相变温度下降 50℃，其结果使铁素体晶粒尺寸细化，保持多边形铁素体基体。当含锰量提高至 1.5% ~2.0%（质量分数）时，可进一步降低相变温度，甚至可以获得针状铁素体。锰在提高强度的同时，还提高钢的韧性，降低钢的韧脆转变温度。由于加大锰含量会加速控轧钢板的中心偏析，因此一般而言，根据管线钢板厚度和强度的不同要求，钢中锰的添加范围一般为 1.1% ~2.0%（质量分数）。

（3）硅（Si）　硅是钢中的有益元素，硅溶于铁素体后有很强的固溶强化作用，显著提高钢的强度和韧性，经常与锰一起提高钢的强度和韧性，但含量较高将使钢的塑性和韧性下降，但过低同样对韧性不利，一般硅含量为 0.10% ~0.25%（质量分数），锰含量为 0.8% ~1.0%（质量分数）时，冲击韧度最佳。单纯依靠锰、硅提高焊缝韧性是有限的，必须加入其他微合金化元素来改变组织，提高韧性。

（4）微合金化元素　一般而言，在钢中质量百分比为 0.1% 左右，而对钢的微观组织和性能又有显著或特殊影响的合金元素，称为微合金元素。在管线钢中，主要指 Nb、V、Ti 等强烈碳化物形成元素。微合金元素 Nb、V、Ti 在管线钢中的作用与这些元素的碳化物、氮化物和这些碳、氮化物的溶解和析出行为有关。微合金元素 Nb、V、Ti 的作用之一是阻止奥氏体晶粒的长大，在控轧再热过程中，未溶的微合金碳氮化物将通过质点钉扎晶界的作用阻止奥氏体晶粒的粗化过程。Nb、Ti

可明显抑制 γ 晶粒长大，V 的作用较弱。

Nb、V、Ti 的另一个作用是在轧制钢板时延迟 γ 的再结晶。控轧过程中应变诱导沉淀析出的微合金碳、氮化物可通过质点钉扎晶界的作用而显著地阻止形变 γ 的再结晶，从而通过由未再结晶 γ 发生的相变而获得细小的相变组织。通过试验证明，Nb 具有明显的延迟 γ 再结晶的作用，Ti 次之，V 只有在含量较高时才有效。

微合金元素 Nb、V、Ti 除了上述细化晶粒的作用外，在轧制及轧后连续冷却过程中，还可通过正确地控制微合金碳氮化物在 α 中的沉淀析出过程来达到沉淀强化的目的。

（5）典型的显微组织　X70 级别的管线钢，是目前应用最广泛的钢种之一，也是目前比较成熟的高强度管线钢，但不同的成分、轧制工艺、冷却速度，形成不同的显微组织，其性能也不相同，其典型显微组织如图 3-1 ~ 图 3-6 所示。

对于 X70 级别的管线钢，低的含碳量加上在未结晶区大的轧制变形量，C 曲线位置左移，即使在轧后加速冷却的条件下，也得不到全贝氏体（及全针状铁素体）组织，而析出铁素体另外还有 MA 组元，也可能出现珠光体组织。

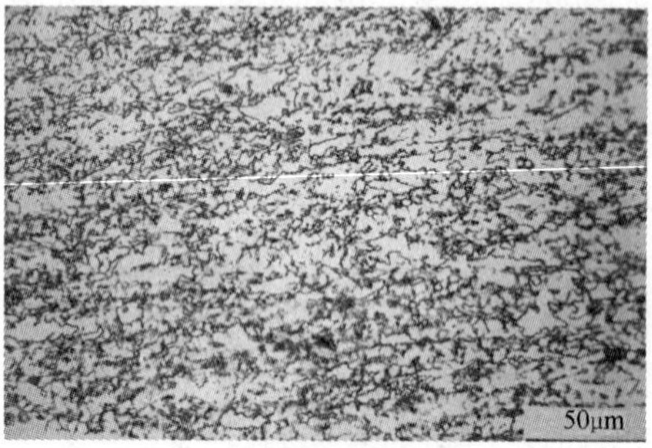

图 3-1　X70 管线钢——铁素体呈亮白色，边界清晰

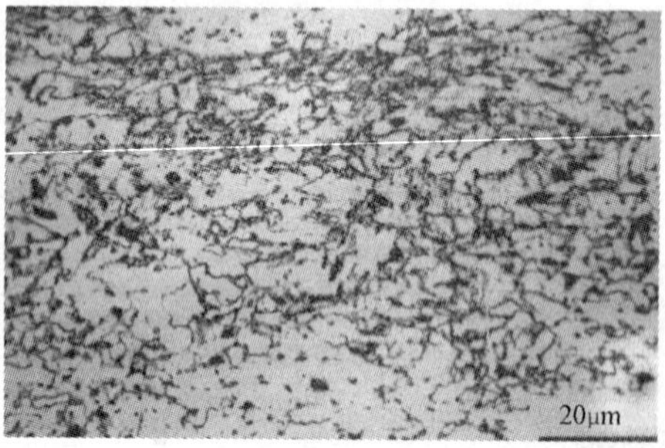

图 3-2　X70 管线钢——贝氏体（主要是粒状贝氏体）+ 铁素体（30% ~ 40%）

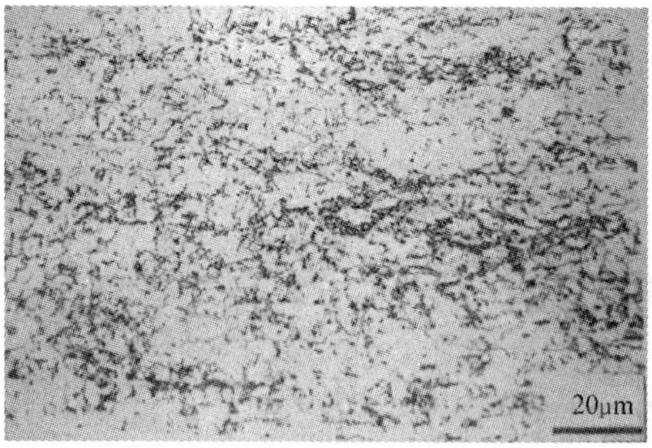

图 3-3　X70 管线钢——贝氏体（主要是粒状贝氏体）+ 铁素体（10% ~ 20%）

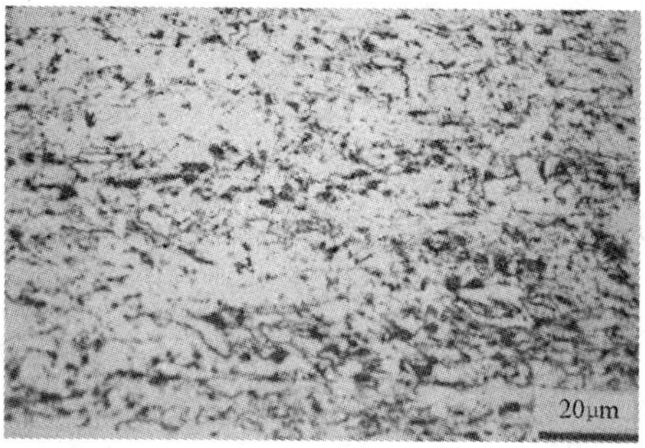

图 3-4　X70 管线钢——贝氏体（主要是粒状贝氏体）+ 少量铁素体

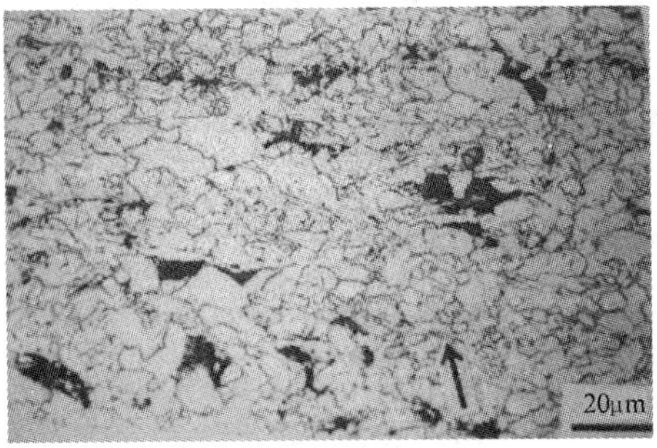

图 3-5 X70 管线钢——铁素体（以块状为主）+ 少量贝氏体 + 珠光体

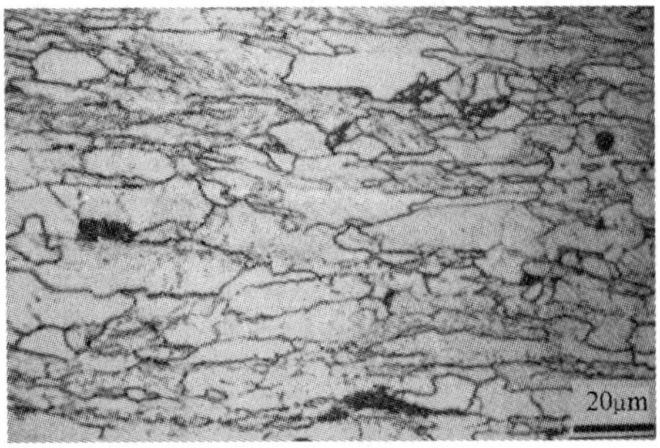

图 3-6 X70 管线钢——铁素体 + 珠光体

三、管线钢的发展趋势

1. 超纯净管线钢

超纯净管线钢一般是指钢中总含氧量和 S、P、N、H 含量很低的钢。杂质元素对钢材的性能产生不利的影响，对钢管来讲，总含氧量高将会降低钢的韧性与延展性；S 会降低钢的冲击韧度；P 能显著降低钢的低温冲击韧度，提高脆性转变温度，使钢产生冷脆；氮化物会破坏钢的焊接性能。要提高管线钢的性能，必须系统地降低钢中杂质元素的含量。

随着现代冶金技术的发展，已经能够确保 S、P、O、N、H 等杂质元素和 Pb、As、Sn、Sb、Bi 等合金元素低或超低含量的管线钢生产。通过铁液预处理、转炉精炼、钢包冶金和连铸等多步冶金新技术和新工艺，可以生产出目前世界上最具有竞争力的管线钢，其纯净度可达到 $w(S) \leqslant 0.0005\%$、$w(P) \leqslant 0.005\%$、$w(N) \leqslant 0.002\%$、$w(O) \leqslant 0.001\%$ 和 $w(H) \leqslant 0.0001\%$。

然而，在工业上要完全消除夹杂物是不可能的。所以对夹杂物的形态进行控制已成为获取优质管线钢的重要手段。其基本方法是向钢中加入 Ca、Zr、Ti、稀土等元素，控制夹杂物形态，提高管线钢的韧性指标。

2. 高强度高韧性管线钢

（1）铁素体-珠光体管线钢　20 世纪 60 年代以前，管线钢的基本组织形态为铁素体和珠光体（X52 钢级以下），基本成分是 C-Mn，一般采用热轧和正火热处理。

（2）珠光体管线钢　为避免珠光体对管线钢韧性的损害，20 世纪 60 年代末出现了以 X56、X60 和 X65 为代表的少珠光体钢。少珠光体钢含碳质量分数一般小于 0.1%，Nb、V、Ti 的总质量分数小于 0.1%。这类钢突破了传统铁素体—珠光体钢热轧正火的生产工艺，进入了微合金化钢控轧的生产阶段。特别是近年来掌握了 Nb、V、Ti 等碳化物在高温变形过程中的沉淀动力学和基体再结晶之间的关系后，少珠光体管线钢的强韧水平取得了新的进展。然而，在保证高韧性和良好焊接性能的条件下，少珠光体管线钢强度的极限水平为 500 ~ 550MPa。

（3）针状铁素体管线钢　为进一步提高管线钢的强韧性，20 世纪 70 年代研究开发出了针状铁素体钢，其典型成分为 C-Mn-Nb-Mo，一般含碳质量分数小于 0.06%。针状铁素体是在冷却过程中，在稍高于上贝氏体温度范围内，通过切变、相变形成的具有高密度位错的非等轴贝氏体铁素体。针状铁素体管线钢通过微合金化和控制轧制与控制冷却，综合利用晶粒细化、微合金元素的析出相与位错亚结构的强化效应，可使钢的屈服强度达到 650MPa，－60℃ 冲击吸收能量达到 80J。

（4）超低碳贝氏体管线钢　为适应开发北极和近海能源的需要，在针状铁素体钢的研究基础上，于 20 世纪 80 年代初开发研究了超低碳贝氏体钢。超低碳贝氏体钢在成分设计上选择了 C、Mn、Nb、Mo、B、Ti 的最佳配合，从而在较宽的冷却范围内都能形成完全的贝氏体组织。在保证优良的低温韧性和焊接性的前提下，通过适当提高合金元素的含量和进一步完善控轧与控冷工艺，超低碳贝氏体钢的屈服强度为 700 ~ 800MPa。因此超低碳贝氏体被誉为 21 世纪的新型控轧钢。

（5）超细晶粒管线钢　超细晶粒管线钢的获得，首先归结于微合金化理论的成功应用。在管线钢控轧再加热过程中，未溶微合金碳、氮化物通过质点钉扎晶界的机制而阻止奥氏体晶粒的粗化过程。同时在控轧过程中，应变诱导沉淀析出的微合金碳、氮化物通过质点钉扎晶界和亚晶界的作用阻止奥氏体再结晶，从而获得细小的相变组织。

超细晶粒管线钢的获取还有赖于控制轧制技术的应用。通过控制热轧条件，在奥氏体基体中引入高密度的铁素体形核点，包含奥氏体晶粒边界、由热变形而激发的孪晶界面和变形带，从而细化相变后的组织。通过控轧铁素体可细化到 ASTM 11 ~ 13 级，即铁素体晶粒小于 10μm，甚至达到 4μm，强化作用达到 210 ~ 300MPa。目前工业生产的铁素体晶粒尺寸可控制到 3 ~ 4μm，实验室可获得 1 ~ 2μm 的铁素体晶粒。对于针状铁素体或超低碳贝氏体管线钢通过控制轧制和控制冷却，可降低钢中铁素体板条束的大小，大大细化“有效晶粒”尺寸，提高管线钢的强韧性指标。

（6）Ti-O 新型管线钢　20 世纪 90 年代以后，一种 Ti-O 新型管线钢研究开发。其原理是向钢中加入粒度细小、均匀分布的 Ti_2O_3 质点（2 ~ 3μm）。这种弥散分布的 Ti_2O_3 质点除可以阻止奥氏体长大外，还可以在钢的冷却过程中作为相变的形核核心，促进大量针状铁素体的形成，可明显改善管线钢的焊接韧性。

3. 易焊管线钢

焊接性是管线钢最重要的特性之一。具备优良焊接性的钢可称之为易焊钢。现代易焊管线钢可分为焊接无裂纹管线钢和焊接高热输入管线钢。

（1）焊接无裂纹管线钢　冷裂纹是管线钢焊接过程中可能出现的一种严重缺陷。

大量的生产实践和理论研究表明，钢的淬硬倾向、焊接接头中含氢量和焊接接头的应力状态是管线钢焊接时产生冷裂纹的三大主要因素。就钢的淬硬倾向而言，主要取决于钢的含碳量，其他合金元素也有不同程度的影响。综合这两方面的因素，提出了以“碳当量”作为衡量钢的焊接裂纹倾向性的依据。为适应焊接无裂纹的要求，目前国外管线钢碳当量控制在0.4%～0.48%，用于高寒地区的管线钢则要求碳当量在0.43%以下。

为适应焊接无裂纹的要求以及韧性的需要，现代管线钢通常采用质量分数为0.1%或更低含碳量，甚至含碳质量分数保持在0.01%～0.04%的超低碳水平。微合金化和控轧控冷等技术的发展，使得管线钢在碳含量降低的同时保持高的强韧特性。最新冶炼技术的发展，已为工业生产超低碳管线钢提供了可能。

(2) 焊接高热输入管线钢　采用高的焊接热输入可提高焊接的生产效率，但对热影响区产生重要影响。高的焊接热输入一方面促使晶粒长大，另一方面使焊后冷却速度降低，而导致相变温度升高，从而形成软组织，引起焊接热影响区的性能恶化。一般认为由此引起热影响区的韧性损失约为20%～30%。

为控制管线钢热影响区在高热输入下的晶粒长大，可以通过向钢中加入微合金元素来实现。据资料介绍，Ti是一种在焊接峰值温度下能通过生成稳定的氮化物，控制晶粒长大的有效元素。研究表明，即使在高达1400℃的温度下，TiN仍表现了很高的稳定性，从而有效地抑制在高热输入下的奥氏体晶界迁移和晶粒相互吞并的长大过程。目前管线钢中推荐的最佳含Ti质量分数为0.02%～0.03%，并保持Ti/N≪3.5。

为避免在焊接高热输入下热影响区中软组织的形成，在20世纪80年代初研究开发了Nb-Ti-B系管线钢。这种合金设计思想充分利用B在相变动力学上的重要特性。加入微量的B（0.002%～0.005%，质量分数）可明显抑制软组织铁素体等在奥氏体晶界上形核，使铁素体转变曲线明显右移。同时使贝氏体转变曲线变得扁平，即使在焊接高热输入和较大的冷却范围内，都能获得贝氏体组织，使管线钢热影响区的强韧特性不低于母材。

4. 高耐蚀管线钢

在输送酸性油、气时，管道内部接触H_2S、CO_2和Cl^-，由于保护涂层老化等原因，出现局部损伤，钢管外壁还与土壤和地下水中的硝酸根离子（NO_3^-）、氢氧根离子（OH^-）、碳酸根离子（CO_3^{2-}）和酸式碳酸根离子（HCO_3^-）等介质接触，因而管线钢的腐蚀问题是难以避免的。随着高硫油气田的开发，研究高耐蚀管线钢的课题日显迫切。高耐H_2S腐蚀管线钢的生产，代表了一个国家管线钢生产的最高水平。

四、管道工程常用材料

目前，从世界范围看，长输管线中焊接钢管占80%以上，我国长输管线用的钢管几乎全部采用焊接钢管。焊接钢管的生产方式主要有螺旋埋弧焊管、直缝埋弧焊管和直缝高频焊管。虽然现行标准对焊管的生产方式不作要求，但为了保证质量，必须对其制造规范和技术标准有统一的要求。因此，自20世纪80年代我国标准化政策提出我国标准与国际标准接轨以来，管线用钢管的标准化工作始终把国际标准和世界先进标准具体落实到技术引进、设备改造、人员培训和企业管理等诸多方面，并以此为龙头，带动整个企业的技术进步。现在我国的管线用钢管的生产企业大多数通过了API标准认证和ISO 9000等系列标准认证，都有能力采用GB/T 9711—2011《石油天然气工业　管线输送系统用钢管》中国国家标准，或直接采用ANSI/API Spec 5L（第44版）《管线钢管规范》美国国家标准和ISO 3183—2012《石油天然气工业——管道输送系统用钢管》国际标准这两标准制定具体的技术协议进行生产。这标志着我国的管线用钢管的生产达到了新的起点。回顾我国管线用钢管标准化的历程，不能不说这是一种进步。

1. 干线钢管用材

目前，长输管道干线用材主要执行标准有GB/T 9711—2011、ANSI/API Spec 5L等，代表性管材有：无缝钢管（20、Q345、1Cr18Ni9Ti）、16Mn、L245、L290（X42）、L290R（X42R）、L320（X46）、L320N（X42N）、L360（X52）、L360N（X52N）、L415（X60）、L415Q（X60Q）、L450（X65）、L450M（X65M）、L485（X70）、L555（X80）、L625M（X90M）、L690M（X100M）、L830M（X120M）等。

上述字母“L”为GB/T 9711—2011对管线钢的标志，字母“X”为API Spec 5L对管线钢的标志，“L”之后的数字表示名义最小屈服强度，单位为MPa，“X”之后的数字也表示名义最小屈服强度，单位为kpsi（1MPa = 0.145kpsi）。管线钢牌号中其他字母表示交货状态。R表示热轧，N表示正火，M表示热机械扎制或热机械成形，Q表示淬火加回火。

2. 站场与阀室用材

长输管线配套的站场（包括泵站、加热站、计量站、储存设施、电力通信设施等）、阀室的主要功能是：①接收上游油气，计量后输往下站；②不合格天然气切换流程经站内放空火炬放空；③收、发清管器；④事故状况、维修期间放空和排污；⑤站内灾害性事故状况经站外去下站（或去放空管）；⑥下游用户增加时增压输送；⑦超压、分输或维修时截断。

目前，长输管配套的站场和阀室材料主要执行标准有：GB/T 9711—2011、API 5L 2007、ASTM、ASME等相关标准、EN10028、GB/T 20878—2007、GB/T 21832—2008、GB/T 14976—2012、NB/T 47008—2010、NB/T 47009—2010、NB/T 47010—2010等，代表性材质有：无缝钢管（20、Q345、1Cr18Ni9Ti）、16Mn、16MnD、16MnⅢ、L245、L290（X42）、L290R（X42R）、L320（X46）、L320N（X42N）、L360（X52）、L360N（X52N）、L415（X60）、L415Q（X60Q）、L450

(X65)、L450M (X65M)、L485 (X70)、L555 (X80)、15MnNbR、P460NH、P275NH P275NL1、P355NH、P355NL1、P460NL1、WPHY70、WPHY60、A694 F65、CF62、A312、TP316、A105、A106、A216 WCB、A333、A350、A352 LCB、19Ⅲ、20Ⅲ、St52.0、1Cr18Ni9Ti 等。

在国内管线建设中，早期钢管制造基本上是利用进口材料，甚至是直接进口成品管，随着对管线钢需求的增大，我国逐渐研制生产出各个级别的管线钢，目前可以批量生产 X80 钢级及以下各种管材，X90、X100、X120 级别钢管正在深度研制开发中，X90、X100 已进入小批量试制和焊接工艺评定阶段。

我国 GB/T 9711—2011《石油天然气工业　管线输送系统用钢管》规范中常用无缝和焊接钢管管体牌号及性能见表 3-1（等效采用 API Spec 5L 规范）。

表 3-1　常用无缝和焊接钢管管体牌号及性能（GB/T 9711—2011）

管材等级	屈服强度 $R_{t0.5}$ /MPa(psi) 最小	屈服强度 $R_{t0.5}$ /MPa(psi) 最大	抗拉强度 R_m /MPa(psi) 最小	抗拉强度 R_m /MPa(psi) 最大	分类
L175/A25	175(25400)	—	310(45000)	—	普通碳素钢
L175P/A25P	175(25400)	—	310(45000)	—	
L210/A	210(30500)	—	335(48600)	—	
L245/B	245(35500)	—	415(60200)	—	
L245R/BR L245N/BN L245Q/BQ L245M/BM	245(35500)	450(65300)	415(60200)	760(110200)	
L290/X42	290(42100)	—	415(60200)	—	普通低合金高强度钢
L290R//X42R L290N//X42N L290Q//X42Q L290M//X42M	290(42100)	495(71800)	415(60200)	760(110200)	
L320/X46	320(46400)	—	435(63100)	—	
L320N//X46N L320Q//X46Q L320M//X46M	320(46400)	525(76100)	435(63100)	760(110200)	
L360/X52	360(52200)	—	460(66700)	—	
L360N//X52N L360Q//X52Q L360M//X52M	360(52200)	530(76900)	460(66700)	760(110200)	
L390/X56	390(56600)	—	490(71100)	—	微合金化高强度低合金钢
L390N//X56N L390Q//X56Q L390M//X56M	390(56600)	545(79000)	490(71100)	760(110200)	
L415/X60	415(60200)	—	520(75400)	—	

（续）

管材等级	屈服强度 $R_{t0.5}$ /MPa(psi) 最小	屈服强度 $R_{t0.5}$ /MPa(psi) 最大	抗拉强度 R_m /MPa(psi) 最小	抗拉强度 R_m /MPa(psi) 最大	分类
L415N//X60N L415Q//X60Q L415M//X60M	415(60200)	565(81900)	520(75400)	760(110200)	微合金化高强度低合金钢
L450/X65	450(65300)	—	535(77600)	—	
L450Q//X65Q L450M//X65M	450(65300)	600(87000)	535(77600)	760(110200)	
L485/X70	485(70300)	—	570(82700)	—	微合金化高强度钢
L485Q//X70Q L485M//X70M	485(70300)	635(92100)	570(82700)	760(110200)	
L555Q//X80Q L555M//X80M	555(80500)	705(102300)	625(90600)	825(119700)	
L625M/X90M	625(90600)	775(112400)	695(100800)	915(132700)	
L690M/X100M	690(100100)	840(121800)	760(110200)	990(143600)	
L830M/X120M	830(120100)	1050(152300)	915(132700)	1145(166100)	

第二节　焊接材料

一、焊接材料分类

焊接材料是指焊接时所消耗材料的通称，焊接生产中使用的焊接材料包括焊条、焊丝、焊剂和保护气体。在焊接过程中，焊条、焊丝在焊接回路中可以传导电流，作为引燃电弧的一个电极。同时焊条和焊丝还起着填充金属的作用。在焊接热循环的作用下，焊条或焊丝被熔化，以熔滴的形式进入熔池并且与熔化了的母材共同形成焊缝。焊条药皮、焊剂与保护气体，在焊接过程中的作用是冶金、保护、改善工艺性能。焊接材料的分类如图 3-7 所示。

二、管道常用焊接材料

随着长输管道向着大口径、高强度、高韧性、厚壁化方向的发展，长输管道焊接施工焊接材料的选择是长输管道安装焊接需要考虑的一个重要方面，长输管道用焊接材料选取的合适与否直接关系着管线安装的焊接质量、施工效率和经济效益。长输管道用焊接材料广义上包括焊条、焊丝、焊剂和保护气体，狭义上特指焊条和焊丝。

1. 管道常用焊接材料执行标准

1）现行部分焊接材料的国家标准和行业标准：

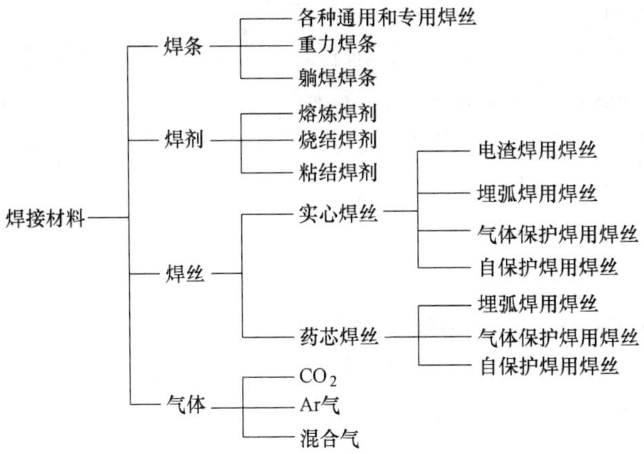

图 3-7 焊接材料的分类

① HG/T 2537—1993《焊接用二氧化碳》；② HG/T 3728—2004《焊接用混合气体 氩-二氧化碳》；③ YB/T 5092—2005《焊接用不锈钢丝》；④ GB/T 983—2012《不锈钢焊条》；⑤ GB/T 4842—2006《氩》；⑥ GB/T 5117—2012《非合金钢及细晶粒钢焊条》；⑦ GB/T 5118—2012《热强钢焊条》；⑧ GB/T 8110—2008《气体保护电弧焊用碳钢、低合金钢焊丝》；⑨ GB/T 12470—2003《埋弧焊用低合金钢焊丝和焊剂》；⑩ GB/T 17493—2008《低合金钢药芯焊丝》；⑪ GB/T 12470—2003《埋弧焊用低合金钢焊丝和焊剂》；⑫ GB/T 16945—2009《电子工业用气体 氩》；⑬ GB/T 17493—2008《低合金钢药芯焊丝》。

以上所有焊接材料的国家标准或行业标准，都属推荐性标准，而不是强制性标准，这是与国际惯例接轨，也就是说国家标准是最基本的要求，用户可以提出更高、更先进的焊接材料验收标准，要求焊接材料厂家按此投标及供货。

2）现行部分焊接材料 AWS 标准：

① AWS A5.1《手工电弧焊用碳钢焊条标准》（Specification for Carbon Steel Electrodes for Shielded Metal Arc Welding）；② AWS A5.5《手工电弧焊用低合金钢焊条标准》（Specification for Low-Alloy Steel Electrodes for Shielded Metal Arc Welding）；③ AWS A5.9《不锈钢焊丝和填充丝标准》（Specification for Bare Stainless Steel Welding Electrodes and Rods）；④ AWS A5.18《气体保护焊用碳钢焊丝和填充丝标准》（Specification for Carbon Steel Electrodes and Rods for Gas Shielded Arc Welding）；⑤ AWS A5.23《埋弧焊用低合金钢焊丝和焊剂标准》（Carbon Steel Electrodes and Fluxes for Submerged Arc Welding）；⑥ AWS A5.28《气体保护电弧焊用低合金钢焊丝和填充丝标准》（Specification for Low-Alloy Steel Electrodes and Rods for Gas Shielded Arc Welding）；⑦ AWS A5.29《弧焊用低合金钢药芯焊丝标准》（Specification for Low-Alloy Steel Electrodes for Flux Cored Arc Welding）。

AWS（American Welding Society）是美国焊接协会的缩写，和 ASTM（American Society for Testing and Materials，美国材料与试验协会）、ASME（American Society of Mechanical Engineers，美国机械工程师学会）一样，都是美国卓富盛名的材料与焊接行业的非官方组织。ASTM 主要是负责各种材料的试验定性，比如其化学成分、力学性能、使用条件和范围等；而 ASME 的主要成就是傲世的 ASME 承压设备及核电标准；AWS 则是建立起了几乎通行全世界的钢结构焊接规范和焊接材料规范。

我国在加入 WTO 后，凡是国际争议均参照 ISO 标准，此标准属欧洲标准体系，我国的标准体系在 20 世纪 60 ~ 80 年代采用欧洲体系，20 世纪 80 年代以后主要是采用美国体系，少数采用日本体系。

2. 长输管道常用焊接材料

（1）焊条　长输管道焊接用焊条目前多采用全位置向下焊焊条和传统的低氢型焊条。全位置向下焊焊条分为两类：一类是高纤维素型的（基于管线钢 C、S、P 含量较低，可以考虑使用）向下焊条，这种焊条的焊接工艺性能好、熔渣量少，并且吹力较大，防止了熔渣和铁液的下淌，而且有较大的熔透能力和较快的熔敷速度，在各种位置单面焊双面成形效果好，适于根焊和热焊，有代表性的如奥地利伯乐公司生产的 BOHLER FOX CEL 和 BOHLER FOX CEL 85 焊条、美国林肯公司生产的 FLEETWELD 5P + 焊条等。另一类是铁粉低氢型向下焊条，该焊条凝固速度快、铁液流动性和浸润性好、全位置焊时不易下淌、焊后焊缝金属韧性好、抗裂性好，适于各层的向下焊接，有代表性的如奥地利伯乐公司生产的 BOHLER FOX BVD 85 焊条。对于传统的低氢型焊条因其全位置向上根焊时，工艺性能一般、引弧困难、电弧稳定性差、飞溅较大、背面成形差、易出现气孔，故目前一般不再采用，一般用于维修、抢修和返修焊接填充盖面焊当中，有代表性的如四川大西洋公司生产的 CHE507GX 焊条。上述常用高纤维素焊条规格一般为 $\phi3.2$mm、$\phi4.0$mm，铁粉低氢型焊条规格一般为 $\phi4.0$mm，普通低氢型焊条规格一般为 $\phi3.2$mm。

一般来讲，$\sigma_{0.5(0.2)} \leqslant 415$MPa 输油、输水管道干线焊接可选择高纤维素型焊条进行各层焊接；输气管道或 $\sigma_{0.5} > 415$MPa 输油管道干线焊接可采用高纤维素型焊条根焊、热焊和低氢型向下焊条填充、盖面焊的复合工艺。

下面就对管道常用焊条的特性进行简要叙述：

1）纤维素型焊条。纤维素型焊条的药皮中含有大量的有机物——造气剂，焊接时高温分解出大量的 CO 和 CO_2 气体来保护电弧和熔池表面，同时少量的熔渣覆盖在熔池表面，凝固后保护焊缝金属。纤维素型焊条的熔渣量少，并且吹力较大，防止了熔渣和铁液的下淌，而且有较大的熔透能力，另外打底焊时可以单面焊双面成形。纤维素型焊条的不足之处在于它所形成的保护气体中有较多的氢：焊缝金属冷却速度过大时，易使焊缝增氢。

2）低氢型向下焊条。国内目前用的低氢向下焊条多为国外进口，国外焊条的药皮特点尚不太了解。通过实际使用，推测该种焊条采取以下两种措施防止熔渣和铁液下淌：①采用短渣，通过提高熔渣的熔点，使熔渣在较高的温度、较短的时间内就能凝固，从而形成短渣，减少了渣淌的可能性；②采用 FeO 作为稀释剂，以改善熔渣的流动性和浸润性，增加了熔渣的附着面积，加大了熔渣的附着力，同时使熔渣具有合适的表面张力和黏度，使焊条在进行向下焊接时熔渣不易下淌。

3）传统低氢向上焊条。传统低氢向上焊条药皮的主要组成物是碳酸岩矿石和荧石，碱度较高，熔渣流动性好，焊接工艺性能一般，焊缝波纹较粗，角焊缝焊接时略凸出，熔深适中，脱渣性较好，焊接时要求焊条干燥，并采用短弧焊。可全位置焊，低氢钠型焊条焊接电流为直流反接，低氢钾型焊条焊接电流为交流或直流反接。熔敷金属具有良好的抗裂性和力学性能。这类焊条的工艺性能一般，引弧困难，电弧稳定性差，飞溅较大。

（2）焊丝　焊丝是焊接时作为填充金属或同时作为导电的金属丝，它是长输管道用埋弧焊、气体保护焊和自保护焊等各种工艺方法的焊接材料。目前长输管线用焊丝分为实心焊丝、药芯焊丝两种。

1）实心焊丝。长输管道焊接用实心焊丝主要有两类：一类用于埋弧焊；另一类用于熔化极活性气体保护焊。

埋弧焊用实心焊丝有低锰焊丝，如 H08A 配合高锰型熔炼焊剂用于低碳钢及强度级别较低的管线钢焊接；中锰焊丝，如 H08MnA、H10MnSi，配合高锰高硅低氟型熔炼焊剂主要用于管线钢焊接，并可配合低锰焊剂用于低碳钢焊接；高锰焊丝，如 H08Mn2Si、H08Mn2SiA 用于管线钢焊接；Mn-Mo 焊丝，如 H08MnMoA、HO8MnMoTiB，配合低锰中硅中氟型熔炼焊剂、氟碱型烧结焊剂或硅钙型烧结焊剂主要用于强度级别较高的管线钢焊接。埋弧焊实心焊丝的直径一般为1.6～6.4mm。

活性气体保护焊用实心焊丝执行标准有 GB/T 8110—2008、AWS 5.18 和 AWS 5.28 等标准，最常用的焊丝有 H08Mn2SiA（如相当于 GB/T 8110—2008 ER49-1），它具有良好的焊接工艺性能，适宜于焊接 $R_{eL} \leqslant 500$MPa 的管线钢。当焊接强度级别较高的钢种时，则应选择含 Mo 的焊丝，例如，国产 H10MnSiMo 焊丝，执行美国标准 AWS 5.18 ER70S-G 的锦泰公司生产的 JM—58 焊丝、BOHLER SG3—P 焊丝和执行美国标准 AWS A5.28 ER80S-G 的锦泰 JM—68 焊丝等。常用焊丝的规格为 ϕ0.9mm、ϕ1.0mm、ϕ1.2mm 等。

2）药芯焊丝。近年来，随着长输管线向着高强度、大口径、厚壁化方向发展，传统的手工焊已逐渐被半自动焊和自动焊所取代，其中以半自动焊应用发展最为迅速，与之而来的是药芯焊丝得以迅猛发展。药芯焊丝之所以能得到如此的重视和发展，与它自身的许多特点是分不开的，表现在：①熔敷速度快，焊接生产率高；②与实心焊丝相比，药芯焊丝电弧软、飞溅小，焊接工艺性能好；③熔深大，成形美观；④综合成本低。

药芯焊丝按焊接时保护方式的不同可分为气保护药芯焊丝和自保护药芯焊丝，

其中自保护药芯焊丝以其特有的优越性在长输管道中广泛应用，执行标准有 GB/T 17493—2008 和 AWS A. 29。有代表性的有 T8—Ni1 型（例如天津金桥 JC—29Ni1 ϕ2. 0mm 焊丝、美国郝伯特 HOBART 81N1ϕ2. 0mm 焊丝）、T8—Ni2、T8—K6 型（林肯 NR207 ϕ2. 0mm 焊丝）等，这种焊丝全位置操作性能好，熔敷速度快，同时焊缝金属韧性好，但焊缝金属在焊态下粗大的柱状晶组织的出现，使得其焊缝金属冲击韧度在焊态与热处理之间，且多层焊和单道焊之间有很大的差别。因此采用 T8 型自保护焊丝焊接时，应严格控制焊接参数、热输入量、焊接道次以及每道焊层的厚度等。

（3）保护气体　一般而言，长输管道的安装焊接多采用二氧化碳气体保护焊和氧化性混合气体保护焊，即所用的气体为 CO_2、CO_2+Ar 或 CO_2+Ar+O_2。其中惰性气体（如 Ar）在熔化极气体保护焊中的作用是把电弧和熔化金属周围的空气排开，以免空气中的有害成分影响电弧的稳定性和液态金属被污染。其他非惰性气体（如 CO_2、O_2）也能用来作为熔化极气体保护焊的保护气体。其前提是这些气体虽然能与被保护液体金属发生某些冶金反应，但在焊接过程中可以创造条件使这些反应的后果不至于造成对焊接接头的危害。如采用 CO_2 作为保护气体，虽然在焊接过程中 CO_2 在电弧的高温下分解出 O_2 和 CO，进而使 Fe 氧化生成 FeO 并可能导致气孔，但这一不良影响可通过在焊丝中加入适量的 Si、Mn 等脱氧元素来予以解决。研究发现，保护气体成分和流量对焊缝成形有一定的影响，成分和流量不同，焊缝中含氧不同，焊缝成形不同，缺陷几率也不同。如进行 STT 气体保护焊根焊时采用纯 CO_2 作为保护气体且流量偏大时，因 CO_2 分解吸热作用焊缝冷凝加快，铁液流动性变差，致使正面焊缝易形成山脊形，在随后的焊接过程中其凹陷处易导致未熔合、夹渣等缺陷，背面焊缝易导致假熔现象，这一问题在施焊环境温度较低和热输入较低时表现尤为突出。此外，焊缝因快速冷凝易导致焊缝中出现气孔。若采用混合气体如 CO_2（15% ~20%，质量分数）+ Ar(85% ~80%，质量分数）可改善铁液的流动性，获得良好的焊缝成形，母材与焊缝过渡良好且焊缝中含氧量低，焊缝冲击韧度好。这一点在选择保护气体成分和流量时应予以重视。

（4）焊剂　对于焊剂的选择主要考虑焊剂的类型、焊剂与焊丝的匹配特性、焊剂的冶金性能和工艺性能。此外焊剂的粒度、含水量、机械夹杂物、硫磷含量也应予以考虑。从改善焊缝金属韧性的角度考虑，可选择高碱度焊剂。但应注意，当碱度超过某一临界值时，再提高碱度则会导致焊缝韧性下降，见表 3-2。

表 3-2 中，采用碱度最高的 SJ102 焊剂，焊缝韧性并不高，这主要是因为对于管线钢焊接，要求较高的焊接速度，特别是在厚板（≥12. 7mm）不开坡口、不留间隙的焊接条件下，工艺性能恶化，焊缝表面出现气孔、麻点，焊缝中氧化物、夹杂物明显增多，导致韧性下降。因此，合理选择焊剂，对提高焊缝韧性有重要意义。

表 3-2　德国 X70 级管线钢试焊时焊剂碱度对焊缝冲击韧度的影响

焊剂类型	碱度	-30℃焊缝冲击韧度(J/cm^2)		
	B_1	H08D 焊丝	H08X 焊丝	W49 焊丝
SA42	0.72	52.9	39.3	67.8
SA65	0.75	51.3	46.3	66.5
SJ301	1.0	59.2	47.9	99.5
SJ101	1.7	103.0	38.6	52.3
SJ102	3.5	69.2	24.4	49.3

三、焊接材料牌号、型号

1. 焊条牌号、型号

焊条牌号是根据焊条的主要用途及性能特点，对焊条产品的具体命名，其由焊条厂家制定。焊条型号是以焊条国家标准为依据、反映焊条主要特性的一种表示方法，是焊条生产、使用、管理及研究等有关单位必须遵照执行的，是根据焊缝金属的力学性能、药皮类型、焊接位置和焊接电流种类划分的。

我国焊条行业采用统一牌号，即属于同一药皮类型、符合相同焊条型号、性能相似的产品统一命名为一个牌号，如 J422、J507。不管是焊条厂自定的牌号，还是全国焊接材料行业统一牌号，都必须在产品样本或标签、质量证明书上注明该产品是“符合国家标准”“相当国家标准”或不加标注（即与国家标准不符），以便用户结合产品性能要求，对照标准去选用。每种焊条产品只有一个牌号，但多种牌号焊条可同时对应一个型号。如牌号 J507RH 和 J507R，型号均为 E5015—G。

（1）焊条牌号表示方法　这里仅讲述国内焊条牌号编制方法，国内焊条牌号通常用“字母 ×1 ×2 ×3”的形式来标志。字母表示焊条的类别，如“J”表示结构钢焊条，“A”表示奥氏体不锈钢焊条，“W”表示低温钢焊条等；数字 X1X2 表示焊条的主要性能或成分或用途；数字 X3 表示药皮类型及电流种类。此外，有些焊条为表示焊接材料的特殊用途及特殊要求，在数字 X3 之后还要附带元素符号或焊条特性符号来进行标志。如附带“G”表示焊条为高韧性焊条；附带“R”表示焊条为压力容器用焊条，附带“X”表示焊条为向下立焊用焊条，附带“H”表示焊条为超低氢焊条；附带“RH”表示焊条为高韧性超低氢焊条，附带“CuP”表示有耐蚀性能要求的特殊用途焊条。

这里以长输管道常用结构钢焊条牌号进行示例说明如下，具体数字含义见表 3-3、表 3-4。

J　50　7　CuP

- CuP——用于焊接铜磷钢，有抗大气和耐海水腐蚀的特殊用途
- 7——低氢钠型药皮、直流焊条
- 50——焊缝金属抗拉强度不低于 $50kgf/mm^2$（$1kgf/mm^2$ = 9.8MPa）
- J——结构钢焊条

表 3-3　结构钢焊条牌号中第一位和第二位数字的含义

牌号	焊缝金属抗拉强度/MPa(kgf/mm^2)		焊缝金属屈服强度/MPa(kgf/mm^2)	
J42×	420	(42)	330	(34)
J50×	490	(50)	410	(42)
J55×	540	(55)	440	(45)
J60×	590	(60)	530	(54)
J70×	690	(70)	590	(60)
J75×	740	(75)	640	(65)
J80×	780	(80)	—	—
J85×	830	(85)	740	(75)

表 3-4　焊条牌号中第三位数字的含义

牌　号	类　型	电源种类	牌　号	类　型	电源种类
××0	不属已规定类型	不规定	××5	纤维素型	直流或交流
××1	氧化钛型	直流或交流	××6	低氢钾型	直流或交流
××2	氧化钛钙型	直流或交流	××7	低氢钠型	直流
××3	钛铁矿型	直流或交流	××8	石墨型	直流或交流
××4	氧化铁型	直流或交流	××9	盐基型	直流

（2）焊条型号的表示方法

1）型号划分。焊条型号按熔敷金属力学性能、药皮类型、焊接位置、电流类型、熔敷金属化学成分和焊后状态等进行划分。

2）型号编制方法。这里以 GB/T 5117—2012《非合金钢及细晶粒钢焊条》中焊条型号标志进行说明。焊条型号由五部分组成：① 第一部分用字母“E”表示焊条；② 第二部分为字母“E”后面的近邻两位数字，表示熔敷金属抗拉强度代号，见表 3-5；③ 第三部分为字母“E”后面的第三位和第四位数字，表示药皮类型、焊接位置和电流类型，见表 3-6；④ 第四部分为熔敷金属的化学成分分类代号，可为“无标记”或短划线“-”后的字母、数字或字母和数字的组合，见表 3-7；⑤ 第五部分为熔敷金属的化学成分分类代号之后的焊后状态代号，其中“无标记”表示焊态，“P”表示热处理状态，“AP”表示焊态或焊后热处理两种状态均可。

除以上强制分类代号外，根据供需双方协商，可在型号后依次附加可选代号：① 字母“U”表示在规定试验温度下，冲击吸收能量可以达到 47J 以上；② 扩散氢代号“H×”，其中×代表 15、10 或 5，分别表示每 100g 熔敷金属中扩散氢含量的最大值（mL）。③ 型号示例，GB/T 5117—2012《非合金钢及细晶粒钢焊条》规范中完整的焊条型号示例如下：

示例一：

E 55 15-N5 P U H10

- H10——可选附加代号，表示熔敷金属扩散氢含量不大于 10mL/100g
- U——可选附加代号，表示在规定温度下，冲击吸收能量为 47J 以上
- P——表示焊后状态代号，此处表示热处理状态
- N5——表示熔敷金属化学成分分类代号
- 15——表示药皮类型为碱性，适用于全位置焊接，采用直流反接
- 55——表示熔敷金属抗拉强度最小值为 550MPa
- E——表示焊条

示例二：

E 43 03

- 03——表示药皮类型为钛型，适用于全位置焊接，采用交流或直流正反接
- 43——表示熔敷金属抗拉强度最小值为 430MPa
- E——表示焊条

表 3-5　熔敷金属抗拉强度代号

抗拉强度代号	最小抗拉强度值/MPa
43	430
50	490
55	550
57	570

表 3-6　药皮类型、焊接位置和电流类型代号

代号	药皮类型	焊接位置①	电流类型
03	钛型	全位置②	交流或直流正、反接
10	纤维素型	全位置	直流反接
11	纤维素型	全位置	交流或直流反接
12	金红石型	全位置②	交流或直流正接
13	金红石型	全位置②	交流或直流正、反接
14	金红石 + 铁粉型	全位置②	交流或直流正、反接
15	低氢钠型	全位置②	直流反接
16	低氢钾型	全位置②	交流或直流反接
18	铁粉低氢钾型	全位置②	交流或直流反接
19	钛铁矿型	全位置②	交流或直流正、反接
20	氧化铁型	PA、PB	交流或直流反接
24	金红石 + 铁粉型	PA、PB	交流或直流正、反接

（续）

代号	药皮类型	焊接位置①	电流类型
27	氧化铁 + 铁粉型	PA、PB	交流或直流正、反接
28	碱性 + 铁粉低氢型	PA、PB、PC	—
40	不作规定	由制造商确定	
45	低氢钠型	全位置	直流反接
48	铁粉低氢钾型	全位置	交流或直流反接

① 焊接位置见 GB/T 16672—1996，其中 PA = 平焊、PB = 平角焊、PC = 横焊、PD = 仰角焊、PE = 仰焊、PF = 向上立焊、PG = 向下立焊。

② 此处“全位置”并不一定包含向下立焊，由制造商确定。

表 3-7　熔敷金属的化学成分分类代号

分类代号	主要化学成分的名义含量（质量分数，%）				
	Mn	Ni	Cr	Mo	Cu
无标记、-1、-P1、-P2	1.0	—	—	—	—
-1M3	—	—	—	0.5	—
-3M2	1.5	—	—	0.4	—
-3M3	1.5	—	—	0.5	—
-N1	—	0.5	—	—	—
-N2	—	1.0	—	—	—
-N3	—	1.5	—	—	—
-3N3	1.5	1.5	—	—	—
-N5	—	2.5	—	—	—
-N7	—	3.5	—	—	—
-N13	—	6.5	—	—	—
-N2M3	—	1.0	—	0.5	—
-NC	—	0.5	—	—	0.4
-CC	—	—	0.5	—	0.4
-NCC	—	0.2	0.6	—	0.5
-NCC1	—	0.6	0.6	—	0.5
-NCC2	—	0.3	0.2	—	0.5
-G	其他成分				

注：表中单值均为最大值。

2. 焊丝型号

焊丝是焊接时作为填充金属或同时作为导电的金属丝，它是埋弧焊、气体保护焊、自保护、电渣焊等各种工艺方法的焊接材料。随着焊接工艺方法的迅速发展，焊丝的生产增长很快。本节仅重点介绍长输管道常用气体保护焊焊丝和自保护药芯焊丝型号编制方法，至于其相应的焊丝牌号，因各焊接材料制造商标志方法不一致，这里就不做介绍。对于埋弧焊焊丝牌号及型号这里也不做介绍。

(1) 气体保护电弧焊用实心焊丝和填充丝型号

1) 型号划分。气体保护电弧焊用实心焊丝和填充丝（以下简称焊丝）按化学成分分为碳钢、碳钼钢、铬钼钢、镍钢、锰钼钢和其他低合金钢等六类。焊丝型号按化学成分和采用熔化极气体保护电弧焊时熔敷金属的力学性能进行划分。

2) 型号编制方法。这里以 GB/T 8110—2008《气体保护电弧焊用碳钢、低合金钢焊丝》中焊丝型号标志进行说明。焊丝型号由三部分组成，第一部分用字母“ER”表示焊丝；第二部分两位数字表示焊丝熔敷金属的最低抗拉强度，具体情况见表 3-8；第三部分为短划线“-”后面的字母或数字，表示焊丝化学成分代号，具体情况见表 3-9。

表 3-8　熔敷金属拉伸试验要求

<table>
<tr><th>焊丝型号</th><th>保护气体[①]
（体积分数，%）</th><th>抗拉强度[②]
R_m/MPa</th><th>屈服强度[②]
$R_{p0.2}$/MPa</th><th>伸长率 A(%)</th><th>试样状态</th></tr>
<tr><td colspan="6">碳　钢</td></tr>
<tr><td>ER50-2</td><td rowspan="6">CO_2</td><td rowspan="5">≥500</td><td rowspan="5">≥420</td><td rowspan="5">≥22</td><td rowspan="6">焊态</td></tr>
<tr><td>ER50-3</td></tr>
<tr><td>ER50-4</td></tr>
<tr><td>ER50-6</td></tr>
<tr><td>ER50-7</td></tr>
<tr><td>ER49-1</td><td>≥490</td><td>≥372</td><td>≥20</td></tr>
<tr><td colspan="6">碳　钼　钢</td></tr>
<tr><td>ER49-A1</td><td>Ar + O_2
(1% ~5%)</td><td>≥515</td><td>≥400</td><td>≥19</td><td>焊后热处理</td></tr>
<tr><td colspan="6">铬　钼　钢</td></tr>
<tr><td>ER55-B2</td><td rowspan="2">Ar + O_2
(1% ~5%)</td><td>≥550</td><td>≥470</td><td rowspan="3">≥19</td><td rowspan="9">焊后热处理</td></tr>
<tr><td>ER49-B2L</td><td>≥515</td><td>≥400</td></tr>
<tr><td>ER55-B2-MnV</td><td rowspan="2">Ar + $CO_2$20%</td><td rowspan="2">≥550</td><td rowspan="2">≥440</td></tr>
<tr><td>ER55-B2-Mn</td><td>≥20</td></tr>
<tr><td>ER62-B3</td><td rowspan="4">Ar + O_2
(1% ~5%)</td><td>≥620</td><td>≥540</td><td rowspan="4">≥17</td></tr>
<tr><td>ER55-B3L</td><td rowspan="3">≥550</td><td rowspan="3">≥470</td></tr>
<tr><td>ER55-B6</td></tr>
<tr><td>ER55-B8</td></tr>
<tr><td>ER55-B9</td><td>Ar + $O_2$5%</td><td>≥620</td><td>≥410</td><td>≥16</td></tr>
<tr><td colspan="6">镍钢</td></tr>
<tr><td>ER55-Ni1</td><td rowspan="3">Ar + O_2
(1% ~5%)</td><td rowspan="3">≥550</td><td rowspan="3">≥470</td><td rowspan="3">≥24</td><td>焊态</td></tr>
<tr><td>ER55-Ni2</td><td rowspan="2">焊后热处理</td></tr>
<tr><td>ER55-Ni3</td></tr>
</table>

（续）

焊丝型号	保护气体①（体积分数，%）	抗拉强度② R_m/MPa	屈服强度② $R_{p0.2}$/MPa	伸长率 A(%)	试样状态
锰钼钢					
ER55-D2	CO_2	≥550	≥470	≥17	焊态
ER62-D2	$Ar+O_2$（1%～5%）	≥620	≥540	≥17	
ER55-D2-Ti	CO_2	≥550	≥470	≥17	
其他低合金钢					
ER55-1	$Ar+CO_2$20%	≥550	≥450	≥22	焊态
ER69-1	$Ar+O_2$2%	≥690	≥610	≥16	
ER76-1		≥760	≥660	≥15	
ER83-1		≥830	≥730	≥14	
ERXX-G	供需双方协商				

① 本标准分类时限定的保护气体类型，在实际应用中并不限制采用其他保护气体类型，但力学性能可能会发生变化。

② 对于 ER50-2、ER50-3、ER50-4、ER50-6、ER50-7 型焊丝，当伸长率超过最低值时，每增加 1%，抗拉强度和屈服强度可减少 10MPa，但抗拉强度最低值不得小于 480MPa，屈服强度最低值不得小于 400MPa。

根据供需双方协商，可在型号后附加扩散氢代号“H×”，其中×代表 15、10 或 5，分别表示每 100g 熔敷金属中扩散氢含量的最大值（mL）。

3）型号示例。GB/T 8110—2008《气体保护电弧焊用碳钢、低合金钢焊丝》规范中完整的焊丝型号示例如下：

ER 50 - 2 H5

H5——表示熔敷金属扩散氢含量不大于 5.0mL/100g

2——表示化学成分分类代号

50——表示熔敷金属抗拉强度最低值为 500MPa

ER——表示焊丝

（2）低合金钢药芯焊丝型号

1）型号划分。低合金钢药芯焊丝按药芯类型分为非金属粉型药芯焊丝和金属粉芯药芯焊丝。

非金属粉型药芯焊丝按化学成分分为钼钢、铬钼钢、镍钢、锰钼钢和其他低合金钢等五类；金属粉型药芯焊丝按化学成分分为铬钼钢、镍钢、锰钼钢和其他低合金钢等四类。

非金属粉型药芯焊丝型号按熔敷金属的抗拉强度和化学成分、焊接位置、药芯类型和保护气体进行划分；金属粉芯药芯焊丝型号按熔敷金属的抗拉强度和化学成分进行划分。

2）型号编制方法。这里以 GB/T 17493—2008《低合金钢药芯焊丝》中焊丝型

表 3-9　焊丝化学成分（质量分数,%）

焊丝型号	C	Mn	Si	P	S	Ni	Cr	Mo	V	Ti	Zr	Al	Cu①	其他元素总量
碳　钢														
ER50-2	0.07	0.90 ~ 1.40	0.40 ~ 0.70	0.025	0.025	0.15	0.15	0.15	0.03	0.05 ~ 0.15	0.02 ~ 0.12	0.05 ~ 0.15	0.50	—
ER50-3	0.06 ~ 0.15		0.45 ~ 0.75							—	—	—		
ER50-4		1.00 ~ 1.50	0.65 ~ 0.85											
ER50-6		1.40 ~ 1.85	0.80 ~ 1.15											
ER50-7	0.07 ~ 0.15	1.50 ~ 2.00②	0.50 ~ 0.80											
ER49-1	0.11	1.80 ~ 2.10	0.65 ~ 0.95	0.030	0.030	0.30	0.20	—	—					
碳钼钢														
ER49-A1	0.12	1.30	0.30 ~ 0.70	0.025	0.025	0.20	—	0.40 ~ 0.65	—	—	—	—	0.35	0.50
铬　钼　钢														
ER55-B2	0.07 ~ 0.12	0.40 ~ 0.70	0.40 ~ 0.70	0.025	0.025	0.20	1.20 ~ 1.50	0.40 ~ 0.65	—	—	—	—	0.35	0.50
ER49-B2L	0.05													
ER55-B2-MnV	0.06 ~ 0.10	1.20 ~ 1.60	0.60 ~ 0.90	0.030		0.25	1.00 ~ 1.30	0.50 ~ 0.70	0.20 ~ 0.40					
ER55-B2-Mn		1.20 ~ 1.70					0.90 ~ 1.20	0.45 ~ 0.65	—					
ER62-B3	0.07 ~ 0.12	0.40 ~ 0.70	0.40 ~ 0.70			0.20	2.30 ~ 2.70	0.90 ~ 1.20						
ER55-B3L	0.05													

（续）

焊丝型号	C	Mn	Si	P	S	Ni	Cr	Mo	V	Ti	Zr	Al	$Cu^{①}$	其他元素总量
ER55-B6	0.10	0.40 ~ 0.70	0.50	0.025		0.60	4.50 ~ 6.00	0.45 ~ 0.65	—					
ER55-B8	0.10	0.40 ~ 0.70	0.50	0.025		0.50	4.50 ~ 6.00	0.80 ~ 1.20	—					
ER62-B9③	0.07 ~ 0.13	1.20	0.15 ~ 0.50	0.010	0.010	0.80	8.00 ~ 10.50	0.85 ~ 1.20	0.15 ~ 0.30			0.04	0.20	
镍钢														
ER55-Ni1	0.12	1.25	0.40 ~ 0.80	0.025	0.025	0.80 ~ 1.10	0.15	0.35	0.05	—	—	—	0.35	0.50
ER55-Ni2	0.12	1.25	0.40 ~ 0.80	0.025	0.025	2.00 ~ 2.75	—	—	—	—	—	—	0.35	0.50
ER55-Ni3	0.12	1.25	0.40 ~ 0.80	0.025	0.025	3.00 ~ 3.75	—	—	—	—	—	—	0.35	0.50
锰钼钢														
ER55-D2 ER62-D2	0.07 ~ 0.12	1.60 ~ 2.10	0.50 ~ 0.80	0.025	0.025	0.15	—	0.40 ~ 0.60	—	—	—	—	0.50	0.50
ER55-D2-Ti	0.12	1.20 ~ 1.90	0.40 ~ 0.80	0.025	0.025	—	—	0.20 ~ 0.50	—	0.20	—	—	0.50	0.50
其他低合金钢														
ER55-1	0.10	1.20 ~ 1.60	0.60	0.025	0.020	0.20 ~ 0.60	0.30 ~ 0.90	—	—	—	—	—	0.20 ~ 0.50	0.50
ER69-1	0.08	1.25 ~ 1.80	0.20 ~ 0.55	0.010	0.010	1.40 ~ 2.10	0.30	0.25 ~ 0.55	0.05	0.10	0.10	0.10	0.25	0.50
ER76-1	0.09	1.40 ~ 1.80	0.20 ~ 0.55	0.010	0.010	1.90 ~ 2.60	0.50	0.25 ~ 0.55	0.04	0.10	0.10	0.10	0.25	0.50
ER83-1	0.10	1.40 ~ 1.80	0.25 ~ 0.60	0.010	0.010	2.00 ~ 2.80	0.60	0.30 ~ 0.65	0.03	0.10	0.10	0.10	0.25	0.50
ERXX-G	供需双方协商确定													

注：表中单值均为最大值。

① 如果焊丝镀铜，则焊丝中 Cu 含量和镀铜层中 Cu 含量之和不应大于 0.50%。

② Mn 的最大含量可以超过 2.00%，但每增加 0.05% 的 Mn，最大含碳量应降低 0.01%。

③ Nb（Cb）：0.02% ~0.10%；N：0.03% ~0.07%；（Mn + Ni）≤1.50%。

号标志进行说明。

① 非金属粉型药芯焊丝型号为E×××T×-××（-JH×），其中字母“E”表示焊丝，字母“T”表示非金属粉型药芯焊丝，其他符号说明如下：

a）熔敷金属抗拉强度以字母“E”后面的前两个符号“××”表示熔敷金属的最低抗拉强度。

b）焊接位置以字母“E”后面的第三个符号“×”表示推荐的焊接位置，见表3-10。

c）药芯类型以字母“T”后面的符号“×”表示药芯类型及电流种类，见表3-10。

表3-10　药芯类型、焊接位置、保护气体及电流种类

焊丝	药芯类型	药芯特点	型号	焊接位置	保护气体①（体积分数,%）	电流种类
非金属粉型	1	金红石型,熔滴呈喷射过渡	E××0T1-×C	平、横	CO_2	直流反接
			E××0T1-×M		$Ar+CO_2$(20%～25%)	
			E××1T1-×C	平、横、仰、向上立	CO_2	
			E××1T1-×M		$Ar+CO_2$(20%～25%)	
	4	强脱硫、自保护型,熔滴呈粗滴过渡	E××0T4-×	平、横	—	
	5	氧化钙-氟化物型,熔滴呈粗滴过渡	E××0T5-×C		CO_2	
			E××0T5-×M		$Ar+CO_2$(20%～25%)	
			E××1T5-×C	平、横、仰、向上立	CO_2	直流反接或正接②
			E××1T5-×M		$Ar+CO_2$(20%～25%)	
	6	自保护型,熔滴呈喷射过渡	E××0T6-×	平、横	—	直流反接
	7	强脱硫、自保护型,熔滴呈喷射过渡	E××0T7-×			
			E××1T7-×	平、横、仰、向上立		直流正接
	8	自保护型,熔滴呈粗滴过渡	E××0T8-×	平、横		
			E××1T8-×	平、横、仰、向上立		
	11	自保护型,熔滴呈粗滴过渡	E××0T11-×	平、横		
			E××1T11-×	平、横、仰、向下立		
	×③	③	E××0T×-G	平、横		③
			E××1T×-G	平、横、仰、向上立或向下立		
			E××0T×-GC	平、横	CO_2	
			E××1T×-GC	平、横、仰、向上立或向下立		
			E××0T×-GM	平、横	$Ar+CO_2$(20%～25%)	
			E××1T×-GM	平、横、仰、向上立或向下立		

（续）

焊丝	药芯类型	药芯特点	型号	焊接位置	保护气体①（体积分数,%）	电流种类
非金属粉型	G	不规定	E××0TG-×	平、横	不规定	不规定
			E××1TG-×	平、横、仰、向上立或向下立		
			E××0TG-G	平、横		
			E××1TG-G	平、横、仰、向上立或向下立		
金属粉型		主要为纯金属和合金,熔渣极少,熔滴呈喷射过度	E××C-B2,-B2L E××C-B23-B3L E××C-B6,-B8 E××C-Ni1,-Ni2,-Ni3 E××C-D2	不规定	$Ar+O_2$(1%～5%)	不规定
			E××C-B9 E××C-K3,-K4 E××C-W2		$Ar+CO_2$(5%～25%)	
		不规定	E××C-G	不规定		

① 为保证焊缝金属性能，应采用表中规定的保护气体，如供需双方协商也可采用其他保护气体。
② 某些 E××1T5-×C，－×M 焊丝，为改善立焊和仰焊的焊接性能，制造商也可能推荐采用直流正接。
③ 可以是上述任一种药芯类型，其药芯特点及电流种类应符合该类药芯焊丝相对应的规定。

d）熔敷金属化学成分以第一个短划线“-”后面的符号“×”表示熔敷金属化学成分代号。

e）保护气体以化学成分代号后面的符号“×”表示保护气体类型；“C”表示 CO_2 气体，“M”表示 $Ar+CO_2$(20%～50%，体积分数）混合气体，当该位置没有符号出现时，表示不采用保护气体，为自保护型，见表 3-10。

f）更低温度的冲击性能要求（可选附加代号）以型号中如果出现第二个短划线“-”及字母“J”表示。

g）熔敷金属扩散氢含量（可选附加代号）以型号中如果出现第二个短划线“-”及字母“H×”时表示，×表示每 100g 熔敷金属中扩散氢含量的最大值(mL)。

② 金属粉型药芯焊丝型号为 E×××C×-×（-H×），其中字母“E”表示焊丝，字母“C”表示金属粉型药芯焊丝，其他符号说明如下：

a）熔敷金属抗拉强度以字母“E”后面的前两个符号“××”表示熔敷金属的最低抗拉强度。

b）熔敷金属化学成分以第一个短划线“-”后面的符号“×”表示熔敷金属化学成分代号。

c）熔敷金属扩散氢含量（可选附加代号）以型号中如果出现第二个短划线“-”及字母“H×”时表示，×表示每 100g 熔敷金属中扩散氢含量的最大值

（mL）。

3）型号示例。GB/T 17493—2008《低合金钢药芯焊丝》规范中完整的焊丝型号示例如下：

E　62　1　T　1-B3　C-J　H10

- H10——表示熔敷金属扩散氢含量不大于10mL/100g（可选附加代号）
- J——表示焊丝具有更低温度的冲击性能（可选附加代号）
- C——表示保护气体为100% CO_2
- B3——表示熔敷金属化学成分代号
- 1——表示药芯类型为金红石型，电流种类为直流反接
- T——表示非金属粉型药芯焊丝
- 1——表示推荐用于全位置焊接
- 62——表示熔敷金属最低抗拉强度为620MPa
- E——表示焊丝

E　62　C-B3-H5

- H5——表示熔敷金属扩散氢含量不大于5mL/100g（可选附加代号）
- B3——表示熔敷金属化学成分代号
- C——表示金属粉型药芯焊丝
- 62——表示熔敷金属最低抗拉强度为620MPa
- E——表示焊丝

四、焊接材料质量管理

为了保证焊接材料的使用性能，焊接材料的质量管理应符合JB/T 3223—1996《焊接材料质量管理规程》的规定，焊接材料的使用单位除了具备必要的贮存、烘干、清理设施之外，还应建立可靠的管理规程并严格执行。

1. 焊接材料的采购

焊接材料的采购人员应具备足够的焊接材料基本知识，了解焊接材料在焊接生产中的用途及重要性。焊接材料的采购应依据订货技术条件按择优定点的原则进行。在可能的条件下，尽量配套采购。必要时，特殊焊接材料应按焊接主管人员指定的供货单位采购。

2. 焊接材料的验收

焊接材料的验收内容应依据焊接产品的制造规程、焊接产品的种类及实际需要确定。验收过程中，检验焊接材料的包装是否符合有关标准要求，是否完好，有无破损、受潮现象。对于附有质量证明书的焊接材料，核对其质量证明书所提供的数据是否齐全并符合规定要求。检验焊接材料的外表面是否污染，在储运过程中是否

有可能影响焊接质量的缺陷产生，识别标志是否清晰、牢固，与产品实物是否相符。若有相应规定，根据有关标准或供货协议的要求，进行相应的试验，焊接材料的检验方法及检验规则一般应根据有关标准确定，必要时也可由供需双方协商确定。焊接材料经验收检验后应出具检验报告，并经有关职能部门认可。验收合格的焊接材料应在每个包装上做专门的标记。

3. 焊接材料的入库

存放焊接材料的库内可根据需要划分为“待检”“合格”及“不合格”等区域，各区域要有明显的标记。验收合格的焊接材料应进行入库登记。其内容包括：

1）焊接材料的名称、型号（或牌号）及可能使用的内部移植代号。

2）规格。

3）批号或炉号。

4）数量（或重量）。

5）生产日期。

6）入库日期。

7）有效期（自验收合格之日起至规定的期限）。

8）生产厂。

焊接材料入库后即应建立相应的库存档案，诸如入库登记、质量证明书、验收检验报告、检查及发放记录等。

对于受潮、药皮变色、焊芯有锈迹的焊条须经烘干后进行质量评定。若各项性能指标满足要求时方可入库，否则不准入库。

4. 焊接材料的库存保管

焊接材料的储存库应保持适宜的温度及湿度。室内温度应在5℃以上，相对湿度不超过60%。室内应保持干燥、清洁，不得存放有害介质。焊接材料应按有关技术要求和安全规程妥善保管，一般要求焊接材料应存放在货架上，确保焊接材料离地、离墙距离不小于30cm。因吸潮而可能导致失效的焊接材料在存放时应采取必要的防潮措施，可采用防潮剂或除湿机等。品种、型号及牌号、批号、规格、入库时间不同的焊接材料应分类存放，并有明确的区别标志，以免混杂。特种焊接材料贮存与保管应高于一般性焊条，特种焊接材料应堆放在专用仓库或指定区域。

库存管理人员应具备有关焊接材料保存的基本知识，熟悉本岗位的各项管理程序和制度。定期对库存的焊接材料进行检查，并将检查结果作书面记录。发现由于保存不当而出现可能影响焊接质量的缺陷时，应会同有关职能部门及时处理。

5. 焊接材料的出库

为了保证焊接材料在其有效期内得到使用，避免库存超期所引起的不良后果，焊接材料的发放应按先入先出的原则进行。原则上，焊接材料在供应给使用单位之后至少在6个月之内可保证使用。焊接材料的出库量应严格按产品消耗定额控制，并以领料单为出库凭据，经库存管理人员核准之后方可发放。库存期超过规定期限的焊条、焊剂及药芯焊丝，需经有关职能部门复验合格后方可发放使用。复验原则上以考核焊接材料是否产生可能影响焊接质量的缺陷为主，一般仅限于外观及工艺性能试验，但对焊接材料的使用性能有怀疑时，可增加必要的检验项目。规定期限自生产日期起可按下述方法确定：

1）焊接材料质量证明书或说明书推荐的期限。

2）酸性焊接材料及防潮包装密封良好的低氢型焊接材料为两年。

3）石墨型焊接材料及其他焊接材料为一年。

对于严重受潮、变质的焊接材料，应由有关职能部门进行必要的检验，并作出降级使用或报废的处理决定之后，方可准许出库。对于这类焊接材料的去向必须严格控制。

6. 使用过程中的管理

（1）一般要求　施工现场或制造车间应设置专门的焊接材料管理员，负责焊接材料的烘干、保管、发放及回收。施工现场或制造车间的生产主管人员对焊接材料的管理及使用全面负责，焊接技术人员及车间检查员应对焊接材料的管理及使用进行必要的检查监督，确保焊接材料的正确使用，防止由于焊接材料管理不善而发生质量事故。

（2）焊接材料烘干、保温及清理　烘干及清理焊接材料的场所应具备合适的烘干、保温设施及清理手段。烘干、保温设施应有可靠的温度控制、时间控制及显示装置。焊接材料在烘干及保温时应严格按有关技术要求执行。焊接材料在烘干时应排放合理、有利于均匀受热及潮气排除。烘干焊条时应注意防止焊条因骤冷骤热而导致药皮开裂或脱落。不同类型的焊接材料原则上应分别烘干，但在下述条件下，允许同炉烘干：

1）烘干规范相同。

2）不同类型焊接材料之间有明显的标记，不至于混杂。

焊接材料制造厂对有烘干要求的焊接材料应提供明确的烘干条件。焊接材料的烘干规范可参照焊接材料说明书的要求确定。说明书不明确时，可按以下要求进行烘干处理：受潮的纤维素型焊条的烘干温度为70～80℃，保温时间为0.5～1.0h；酸性焊条烘干温度为150～200℃，保温时间为0.5～1.0h；低氢型焊条的烘干温度为350～400℃，保温时间为1～2h；超低氢型焊条的烘干温度为400～450℃，保温时间为1～2h。管道常用T8型自保护药芯一般不要求烘干，若受潮，可进行230～250℃，保温1～2h烘干处理。烘干焊条时，禁止将焊条突然放进高温炉内，或从高温炉中突然取出冷却，以防止焊条因骤冷骤热而产生药皮开裂脱皮现象。烘干焊条时，焊条不应成垛或成捆地堆放，应铺放成层状，每层焊条堆放不能太厚（一般1～3层），避免焊条烘干时受热不均和潮气不易排除。

焊前要求必须烘干的焊接材料如烘干后在常温下搁置4h以上，在使用时应再次烘干。但对烘干温度超过350℃的碱性焊条而言，累计的烘干次数一般不宜超过

3 次，酸性焊条一般不超过 5 次。烘干后的焊条，应置于 100 ~ 150℃的保温筒内，随用随取。为了控制烘干后的焊条置于规定温度范围以外的时间，焊工在领用焊条时应使用事先已加热至规定温度的保温筒。焊接材料管理员对焊接材料的烘干、保温、发放及回收应作详细记录，达到焊接材料使用的可追溯性。

焊丝、焊带表面必须光滑、整洁，对非镀铜或防锈处理的焊丝及焊带，使用前应进行除油、除锈及清洗处理。

（3）识别标志　在使用过程中，应注意保持焊接材料的识别标志，以免发生错用，造成质量事故。

（4）焊接材料的回收　焊接工作结束后，剩余的焊接材料应回收。回收的焊接材料应满足下列条件：

1）标记清楚。

2）整洁，无污染。

（5）焊剂的重复使用　焊剂（特别是含铬的烧结焊剂）一般不宜重复使用，但在下述条件都得到满足时允许重复使用：

1）用过的旧焊剂与同批号的新焊剂混合使用，且旧焊剂的混合比在 50% 以下（一般宜控制在 30% 左右）。

2）在混合前，用适当的方法清除了旧焊剂中的熔渣、杂质及粉尘。

3）混合焊剂的颗粒度符合规定的要求。

五、长输管道用焊接材料选用原则

焊接材料选用主要有等强性原则、等同性原则、等韧性原则三个原则：

1）等强性原则。对于承受静载或一般载荷的工件或结构，通常选用屈服强度与母材相等的焊接材料。

2）等同性原则。在特殊环境下工作的结构，如要求耐磨、耐腐蚀、耐高温或低温等具有较高力学性能，则应选用能保证熔敷金属的性能或成分与母材相近或相似的焊接材料。

3）等韧性原则。对需要受动载荷或冲击载荷的产品和工件或需要承受低温的产品和工件，为保证其运行过程中不开裂而安全运行，一般要求焊缝韧度指标不低于母材冲击韧度规定值的下限，这种情况下应选用熔敷金属冲击韧度较高的焊接材料。

而对于长输管道用焊接材料的选用，主要考虑以下几个方面：

1. 焊缝金属与母材的强韧性配合

近些年来高强度管线钢越来越多地应用于油气管道工程。这些高强度管线钢面临的一大难题是最佳强度与韧性的匹配，以达到管道设计的要求。同时，一些公认的但非强制性执行的工程关键性评价（ECA）规范（如管道环形焊缝缺陷规范 API 1104 附录 A 等）都是假设管件金属与焊缝金属的屈服强度是相等的。这样，断裂驱动力实际取决于焊缝金属屈服强度的高匹配（焊缝金属强度高于母材强度的配合）、等匹配（焊缝金属强度近似于母材强度的配合）或低匹配（焊缝金属强度低于母材强度的配合）的程度。也就是说，焊缝与母材的匹配上希望焊缝金属与母材金属有相等或近似的强度，而且有足够的韧性来保证。

环形焊缝实现高强度匹配、等强度匹配或低强度匹配的决定因素是焊接材料的选择。一般来讲，高强度或等强度匹配焊缝拉伸试样断裂发生在母材的热影响区处，低强度匹配焊缝拉伸试样断裂发生在焊缝金属处，这是因为完成的焊缝在冷凝过程中使得高强度匹配的焊缝金属强度比低强度匹配的焊缝金属强度高很多。

另一方面，从低温冲击韧度角度考虑，在多年的强韧匹配试验过程中，通过对比分析大量焊接接头的 -20℃ 冲击值（包括焊缝中心和熔合线处冲击值），得知从一般意义上来讲，高强度或等强度匹配方式的焊缝 -20℃ 冲击韧度值易满足相应技术规范要求，而低强度匹配焊缝的 -20℃ 冲击韧度值难以做到。分析导致这一结果的原因在于完成的高强度或等强度匹配焊缝冷凝收缩引发的塑性变形主要由母材来承担，而低强度匹配焊缝冷凝收缩引发的塑性变形则主要由焊缝来承担。也就是说低强度匹配焊缝对应 -20℃ 冲击值较低的原因在于其焊缝塑性储备不足所致。同时还得出同一焊缝铸态的焊缝中心处的 -20℃ 冲击值一般比受微合金化控轧母材影响较密切的熔合线处冲击值低。为此对低匹配焊缝选材时应选择含有提高低温冲击韧度元素的焊接材料，如西气东输管道工程自保护药芯焊丝焊接时，为获得要求的低温冲击韧度值，宜选择含 Ni 量高的 E71T8—Ni1 型焊丝（如 HOBART 81N1 ϕ2.0）而不宜选择含 Ni 量低的 E71T8—K6 型焊丝（如 Lincoln NR207 ϕ2.0）便是如此。事实上，不论何种匹配方式，选用含 Ni 焊丝均有利于提高焊缝的低温冲击值，如美国阿拉斯加管线对 X60、X65、X70 管线钢焊接选用中性焊剂匹配含 Ni 焊丝可使焊缝 -29℃ 最小冲击吸收能量达 47J， -46℃ 最小冲击吸收能量达 27J。

低强度匹配焊缝金属一般不会造成管体金属的屈服，其焊缝金属产生断裂或有效截面积屈服决定于焊缝金属的韧性程度。无论采取哪种配合方式，都应关注焊缝金属的韧性，尤其是对于低强度焊缝金属韧性应给予更大的关注。由于低强度焊接接头所需的裂纹尖端开口位移量（CTOD）要比等强度和高强度焊接接头大，如果低强度焊缝金属能保持达到所需变形的韧性，那么就可以在环形焊缝中使用。

对于焊缝金属的高强度匹配也应有全面的认识。有人认为，焊缝中不宜出现焊缝金属强度比母材强度低的现象，因为这样可能会产生由焊缝应变部位引起的不稳定断裂。然而，对高强度钢的早期研究证明焊缝强度高不总是件好事，因为使用高强度焊缝金属往往会提高焊缝金属对冷裂纹的敏感性，而降低其断裂韧度。

综合大量的试验研究，把开发管线环焊缝所用焊接材料确定为管道最小抗拉强度原则：即除非有足够的韧性，未稀释纯焊缝金属所具有的抗拉强度应至少等于规定的用于所建管道材料等级的最小抗拉强度（SMTS）。一旦这种要求得到满足，焊缝金属自身的高强比，可具有足够高的实际屈服强度。

这里还需引起重视的是，对于同一类型不同级别的钢管对接，选择焊接材料时以强度级别低的管材为基准。

2. 焊缝缺陷

在选择焊接材料时，除考虑焊缝金属与母材的强度配合外，把环焊缝中的焊接缺陷的数量和尺寸控制在有关规范规定的范围内，并尽量减少焊缝金属中扩散氢的含量是十分重要的。管线环形焊缝的主要缺陷是气孔、夹杂、夹渣和根部区的咬边。焊缝缺陷是除焊缝金属强度匹配之外，影响焊缝金属所需要的韧度值的最重要因素，为此应尽量选择工艺性能良好的焊接材料。

3. 熔敷率

不同类型、不同规格焊接材料的熔敷率是不同的。熔敷率的大小影响着焊接速度，间接影响管线安装施工效率。所以从工程经济效益的角度来看，不同焊接方法的不同材料选择对管线施工效率和经济效益影响很大，是必须考虑的重要因素。统计数据表明，焊丝的熔敷率可达90%，而焊条的熔敷率通常为50% ~55%，自保护药芯焊丝的熔敷率一般在75%左右。

4. 工艺性能

焊接材料的工艺性能包括引弧和稳弧性能、电弧吹力和挺直性、铁液的流动性、熔渣的黏度、吸潮性、全位置的成形情况、脱渣性及飞溅率等。工艺性能的好坏，一定程度上影响焊接接头的质量和焊工操作水平的更好发挥。工艺性能的好与差体现在整个焊接操作过程当中。多年的实践工作证实，类型不同或类型相同但生产厂家不同的焊接材料其操作工艺性能有很大的不同。即便是同一生产厂家生产的同一类型焊接材料，因批号不同，其操作工艺性能也会不同。正因此，在所完成的焊接接头理化性能符合要求的前提下，筛选出工艺性能良好的焊接材料对控制管道安装焊接质量十分重要。

5. 熔合比

焊缝的力学性能决定于焊缝及实际的化学成分与组织。同一焊接材料焊接同一管材时，坡口形式不同，导致熔合比不同，进而使得焊缝的化学成分与组织不同，焊缝的性能不同，因而选择焊接材料时要考虑熔合比对焊缝质量的影响，进而获得理想的理化性能。

6. 性价比

在保证良好的操作工艺性能和焊接质量要求的前提下，应尽量选择国产焊接材料，尽可能地选择多家焊接材料进行工艺评定和现场焊接，从而利于焊接材料招投标工作的良性发展，进而降低管线安装用焊接材料的投资成本。

7. 性能稳定性

选择焊接材料时其性能稳定性也需要引起足够的重视。在管线安装焊接过程中，发现不同厂家因人员素质、工装设备、原材料供应、制造工艺、管理水平等不一样，其生产的同一类型焊接材料质量稳定性存在差异，即便是同一厂家提供的同一牌号和规格的焊接材料因批号或制造时间不同，或其他不确定因素，其操作工艺性能和相应的理化性能也存在一定的差异。正因为如此，为选择出理化性能稳定的焊接材料进而控制和确保管道安装焊接质量，对于焊接工艺研究和工艺评定用焊接材料，虽有厂家提供的合格质量证明书，但仍建议在开始焊接工艺研究和工艺评定焊接试验之前，分批号多次随机抽检焊接材料的理化性能。其一，验证所提交质量证明书的真实性；其二，获得实际必需的理化性能，为制定焊接材料采购用的技术规格书提供依据；其三，选出理化性能稳定的焊接材料。

8. 特殊性能要求

随着管道工业的不断发展，管道安装条件的苛刻化也对焊接材料的选择提出了特殊的要求，如极地、高寒地带的油气开发，要求管线有更高的低温韧性，较低的韧性转变温度及良好的焊接性；沙漠、戈壁、沼泽地等油田的开发，要求管道减少或取消中间泵站、加热站和人为管理系统，实现管道的高压、长距离输送，管道应有足够的强度和韧性；海洋油气田的开发，要求管线厚壁化。随着海水深度的增加，厚壁化趋势越加明显，这就要求管道应有可靠的性能，如强度、韧性及抗疲劳断裂能力等；含 CO_2、H_2S 和氯化物腐蚀介质的油气田开发，要求管线有较好的抗应力腐蚀（SCC）和抗氢致裂纹（HIC）的性能；煤浆、矿浆等固液两相体的输送，不仅要求管线有较高的强度和韧性，而且应有较好的耐磨性能。因而焊接材料的选择还应考虑上述特定场合下相应特殊性能的要求。

此外，焊接材料的选择还应考虑现场安装焊接拘束情况、适用对象（特指干线焊接、连头焊接及返修焊接）对人身健康和周围环境的影响以及焊接材料的高原反应现象。从格—拉（格尔木—拉萨）管线焊接材料使用情况反馈信息获悉，当施焊位置海拔高度超过 3800m 时，随着海拔高度的增加，低氢型焊接材料在4：00～8：00 位置 N_2 和 CO 气孔倾向性增加。产生这一现象的主要原因初步分析认为，是由于随着海拔高度的增加，大气压降低，依据化学平衡的移动理论，药皮或药芯中碳酸盐分解程度加深，熔渣中自由的 FeO 含量增加，进而使得熔池冷凝结晶过程中 CO 产生量增大，气孔倾向性增大；同时，大气压降低，电弧分散度加大使得电弧力减弱，CO_2 分压降低使得气保护效果变差，进而易导致 N_2 气孔。至于更深层次的原因还需进一步的探讨与研究。

思 考 题

1. 阐述管线钢中各元素的作用。
2. 简述管线钢的发展趋势。
3. 简述管道用纤维素焊条和自保护药芯焊丝的特点。
4. 简述长输管道用纤维素焊条、低氢焊条、超低氢焊条的烘干要求。
5. 简述长输管道焊接材料的选用原则。
6. 简述长输管道焊接材料选用时主要考虑的因素。

第四章 管线钢焊接性分析

现代管线工程的发展，不仅要求管线钢本身具有优良的性能（如强度、韧度、耐蚀性等），而且也要求焊接加工后所形成的焊接接头也具有这些基本性能。然而往往由于管线钢在焊接加工时要经受加热、熔化、化学反应、结晶、冷却、固态相变等一系列复杂的过程，而这些过程又都是在温度、成分及应力极不平衡的条件下发生的，因而可能在焊接区造成缺陷，或者使管线钢的性能下降而不能满足使用要求。为了从焊接加工的角度分析研究管线钢的某些特定的性能，就提出了所谓焊接性（Weldability）的问题。

第一节　焊接性的概念

焊接性就是金属是否能适应焊接加工而形成完整的、具备一定使用性能的焊接接头的特性。金属焊接性的概念包括两方面内容：一是金属在焊接加工中是否容易形成缺陷；二是焊成的接头在一定的使用条件下是否具有可靠的运行能力。也就是说，焊接性不仅包括结合性能，而且也包括结合后的使用性能。前者可称为工艺焊接性，指在一定焊接工艺条件下，获得优质致密、无缺陷焊接接头的难易程度；后者可称为使用焊接性，指焊接接头或整体焊接结构满足技术条件所规定的各种使用性能的程度。两者并不一定是一致的，工艺焊接性满足要求，使用焊接性未必符合技术条件；反之亦然。因此，不能认为焊接加工时不产生裂纹缺陷就是焊接性好。换言之，不能把焊接性仅仅理解为是否易于产生裂纹缺陷。

应该明确，焊接性只是一个相对概念。对于一定的金属，在简单的焊接工艺条件下，能保证不产生焊接缺陷，且具有优异的使用性能或满足技术条件要求，则认为焊接性优良；必须采用复杂的焊接工艺方能实现优质焊接时，则认为焊接性相对较差。

管线钢的焊接性，既与管线钢本身的材质有关，也与焊接工艺有关。管线钢的供货状态及表面状态、焊接材料的选择、接头尺寸形状及其焊接方法、焊接参数（焊接电流、电弧电压、焊接速度或热输入等）、预热、后热或焊后热处理以及环境条件等均属焊接工艺条件的内容。所有这些因素发生变化都会影响焊接质量，因而，实践中必须严格控制焊接工艺条件。

分析研究管线钢焊接性的目的，在于查明管线钢在指定的焊接工艺条件下可能产生的问题及产生问题的原因，以确定焊接工艺的合理性或管线钢的改进方向。

第二节　管线钢焊接性分析方法

一、利用管线钢的化学成分分析

1. 碳当量（Carbon Equivalent）法

钢材的化学成分对焊接热影响区的淬硬及冷裂倾向有直接影响，因此可以利用钢材的化学成分来分析其冷裂敏感性。钢材中的各种元素中碳是对钢材冷裂敏感性影响最显著的。因而，人们就将各种元素对钢材冷裂敏感性的影响都按相当若干含碳量折合并叠加起来求得所谓碳当量（CE 或 C_{eq}），用 CE 或 C_{eq} 来估计钢材冷裂倾向的大小。

由于世界各国和各研究单位所采用的试验方法和钢材的合金体系不同，所以各自建立了许多碳当量公式。下面就是几种比较常用的 CE 或 C_{eq} 公式。

1）国际焊接学会（IIW）推荐的 CE 公式：

$$CE = \mathrm{C} + \frac{\mathrm{Mn}}{6} + \frac{\mathrm{Ni} + \mathrm{Cu}}{15} + \frac{\mathrm{Cr} + \mathrm{Mo} + \mathrm{V}}{5}(\%) \tag{4-1}$$

式中元素符号表示该元素的质量分数。此式适用于中、高强度的非调质低合金高强度钢（$R_m = 500 \sim 900\mathrm{MPa}$）。当板厚小于 20mm，$CE$（IIW）< 0.40% 时，钢材淬硬倾向不大，焊接性良好，不需预热；CE（IIW）= 0.40% ~ 0.60%，特别当大于 0.5% 时，钢材易于淬硬，焊接前需预热。

2）日本 JIS 和 WES 标准规定的 CE（JIS）公式：

$$CE(\mathrm{JIS}) = \mathrm{C} + \frac{\mathrm{Mn}}{6} + \frac{\mathrm{Si}}{24} + \frac{\mathrm{Ni}}{40} + \frac{\mathrm{Cr}}{5} + \frac{\mathrm{Mo}}{4} + \frac{\mathrm{V}}{14}(\%) \tag{4-2}$$

式中元素符号表示该元素的质量分数。此式主要适用于低碳调质的低合金高强度钢（$R_m = 500 \sim 1000\mathrm{MPa}$），其化学成分的范围为：$w(\mathrm{C}) \leqslant 0.2\%$，$w(\mathrm{Si}) \leqslant 0.55\%$，$w(\mathrm{Mn}) \leqslant 1.5\%$，$w(\mathrm{Cu}) \leqslant 0.5\%$，$w(\mathrm{Ni}) \leqslant 2.5\%$，$w(\mathrm{Cr}) \leqslant 1.25\%$，$w(\mathrm{Mo}) \leqslant 0.7\%$，$w(\mathrm{V}) \leqslant 0.1\%$，$w(\mathrm{B}) \leqslant 0.006\%$。

当板厚小于 25mm，焊条电弧焊热输入为 17 kJ/cm 时，确定的预热温度大致如下：

钢材 $R_m = 500\mathrm{MPa}$，CE（JIS）≈ 0.46%，不预热；

$R_m = 600\mathrm{MPa}$，CE（JIS）≈ 0.52%，预热 75℃；

$R_m = 700\mathrm{MPa}$，CE（JIS）≈ 0.52%，预热 100℃；

$R_m = 800\ \mathrm{MPa}$，CE（JIS）≈ 0.62%，预热 150℃。

3）美国焊接学会（AWS）推荐的 CE 公式：

$$CE = \mathrm{C} + \frac{\mathrm{Mn}}{6} + \frac{\mathrm{Si}}{24} + \frac{\mathrm{Ni}}{15} + \frac{\mathrm{Cr}}{5} + \frac{\mathrm{Mo}}{4} + \left(\frac{\mathrm{Cu}}{13} + \frac{\mathrm{P}}{2}\right)(\%) \tag{4-3}$$

式中元素符号表示该元素的质量分数。此式适用化学成分范围：$w(C) \leq 0.6\%$，$w(Mn) \leq 1.6\%$，$w(Ni) \leq 3.3\%$，$w(Cr) \leq 1.0\%$，$w(Mo) \leq 0.6\%$，$w(Cu)$为$0.5\% \sim 1.0\%$，$w(P)$为$0.05\% \sim 0.15\%$。当$w(Cu) < 0.5\%$或$w(P) < 0.05\%$时，可不计入。

碳当量及所对应板厚的焊接性和施焊条件分别见图 4-1 和表 4-1。

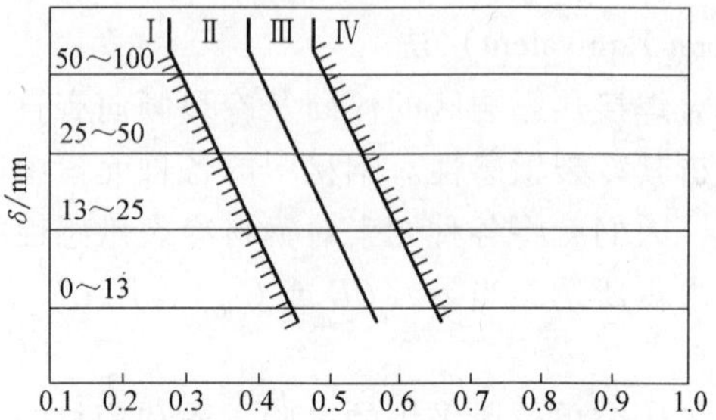

图 4-1　焊接性与碳当量 *CE* 的关系

表 4-1　不同条件下的预热要求

焊接性	用普通酸性焊条	用低氢焊条	消除应力
Ⅰ优良	不需预热	不需预热	不需
Ⅱ较好	预热 40 ~ 100℃	-10℃以上不需预热	任意
Ⅲ尚好	预热 150℃	预热 40 ~ 100℃	希望
Ⅳ可以	预热 150 ~ 200℃	预热 100℃	必要

4）美国金属学会提出的用于计算预热温度的碳当量 *CE* 经验公式：

$$CE = C + Mn/6 + Ni/15 + Mo/4 + Cr/4 + Cu/13 \quad (\%) \qquad (4\text{-}4)$$

式中元素符号表示该元素的质量分数。此式适用于碳钢和低合金高强度钢。当 $CE < 0.45\%$ 时，可不预热；当 *CE* 在 $0.45\% \sim 0.60\%$ 之间时，预热 100 ~ 200℃；当 $CE > 0.60\%$ 时，预热 200 ~ 370℃。

5）日本的伊藤等人通过对 200 多种不同化学成分的低碳微量多合金元素的低合金高强度钢试验，提出了钢种化学成分的冷裂纹敏感指数 P_{cm} 公式：

$$P_{cm} = C + \frac{Si}{30} + \frac{Mn + Cu + Cr}{20} + \frac{Ni}{60} + \frac{Mo}{15} + \frac{V}{10} + 5B(\%) \qquad (4\text{-}5)$$

式中元素符号表示该元素的质量分数。此式主要适用于 $R_m = 400 \sim 1000MPa$ 的低合金高强度钢，其适用化学成分范围：$w(C)$为$0.07\% \sim 0.22\%$，$w(Si)$为$0 \sim 0.60\%$，$w(Mn)$为$0.40\% \sim 1.4\%$，$w(Cu)$为$0 \sim 0.50\%$，$w(Ni)$为$0 \sim 1.2\%$，$w(Mo)$为$0 \sim 0.70\%$，$w(V)$为$0 \sim 0.12\%$，$w(Nb)$为$0 \sim 0.04\%$，$w(Ti)$为$0 \sim 0.05\%$，$w(B)$为$0 \sim 0.005\%$。

6）日本新日铁公司 N. Yurioka 等人，近年来通过大量的试验研究，为适应工程需要提出了新的碳当量 *CE* 公式：

$$CE = C + A(C) \times \frac{Mn}{6} + \frac{Si}{24} + \frac{Cu}{15} + \frac{Ni}{20} + \frac{Cr + Mo + Nb + V}{5} + 5B(\%) \qquad (4\text{-}6)$$

式中元素符号表示该元素的质量分数。此式是新日铁公司近年提出的，适用于 w(C) 为 0.034% ~0.254% 的钢种，是目前应用较广、精度较高的碳当量公式。

且式中 A(C) 为碳的适应系数，与钢材中含碳量的关系为 $A(C)=0.75+0.25\tanh[20(C-0.12)]$，tanh 为双曲正切函数，系数 A(C)在 w(C)≥0.17%时为 1；在 w(C)≤0.17%时为 0.5；在 0.07% < w(C) < 0.17% 时，为方便应用可查表 4-2。

表 4-2　A(C) 与 C 的关系

w(C)(%)	0	0.001	0.002	0.003	0.004	0.005	0.006	0.007	0.008	0.009
0.07	0.560	0.562	0.564	0.566	0.569	0.571	0.573	0.576	0.579	0.581
0.08	0.584	0.587	0.590	0.596	0.596	0.599	0.602	0.605	0.609	0.612
0.09	0.615	0.619	0.623	0.627	0.631	0.634	0.638	0.642	0.647	0.651
0.10	0.655	0.659	0.644	0.668	0.673	0.677	0.682	0.686	0.691	0.696
0.11	0.701	0.705	0.710	0.715	0.720	0.725	0.730	0.735	0.740	0.745
0.12	0.750	0.755	0.760	0.765	0.770	0.775	0.780	0.785	0.790	0.795
0.13	0.799	0.804	0.809	0.814	0.818	0.823	0.827	0.832	0.838	0.841
0.14	0.845	0.849	0.853	0.858	0.862	0.866	0.869	0.873	0.877	0.881
0.15	0.884	0.888	0.891	0.895	0.898	0.901	0.904	0.907	0.910	0.913
0.16	0.916	0.919	0.921	0.924	0.927	0.929	0.932	0.934	0.936	0.938

依据式（4-6）计算出 CE 值，由图 4-2 即可确定钢材的最低预热温度。

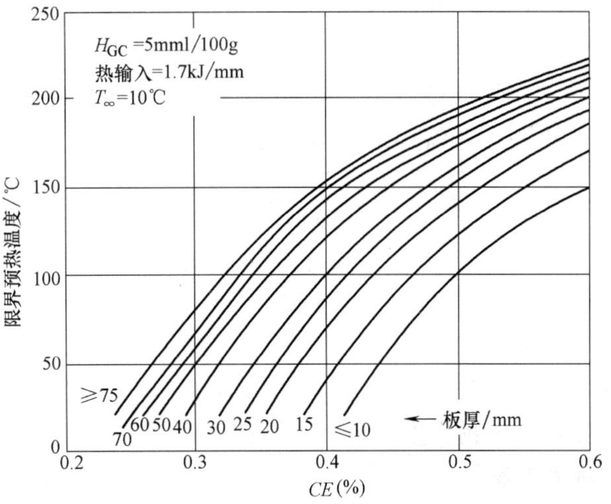

图 4-2　CE 与最低预热温度关系图

7）苏联时期提出的碳当量公式为

$$CE = C + Mn/6 + Cr/3 + V/5 + Mo/4 + Ni/15 + Cu/13 + P/2(\%) \qquad (4\text{-}7)$$

苏联时期用式（4-7）计算碳当量，认为一般低合金高强度钢，当 $CE \leq 0.45\%$ 时，焊接厚度为 25mm 以下的钢板可不预热。此外，他们还从钢的合金元素总含量和碳当量对钢的焊接性作了评定，结果见表 4-3。

表 4-3　合金元素含量与焊接性的关系　（单位：%）

w(Mn + Si + Cr + Mo)	w(C)	焊接性
<1	<0.25	优良
	0.25 ~ 0.35	较好
	0.35 ~ 0.45	尚可
	>0.45	不良
1 ~ 3	<0.20	优良
	0.20 ~ 0.30	较好
	0.30 ~ 0.40	尚可
	>0.40	不良
>3	<0.18	优良
	0.18 ~ 0.28	较好
	0.28 ~ 0.38	尚可
	>0.38	不良

上述几种 *CE* 公式都说明，*CE* 越大，冷裂倾向也越大。但用 *CE* 估计焊接性是比较粗略的，这是因为公式中只包括了几种元素，而实际钢材中还有其他元素；在不同含量和不同合金系统中元素作用的大小不可能是相同的；元素之间的相互影响也不能用简单的公式反映。所以，碳当量法一般仅限于从理论上对钢材焊接性进行初步分析，而且在应用时，应特别注意公式的适用范围。

2. 焊接冷裂纹敏感指数法

钢材的冷裂纹倾向除碳当量的影响外，焊缝含氢量和接头拘束度也有很大影响。

伊藤等根据 P_{cm}、板厚 h 或拘束度（R），建立了冷裂敏感性（P_w）、冷裂敏感指数（P_{cm}）及防止冷裂纹所需要的预热温度的计算公式：

$$P_w = P_{cm} + \frac{h}{600} + \frac{[H]}{60}(\%) \tag{4-8}$$

$$P_w = P_{cm} + \frac{R}{40000} + \frac{[H]}{60}(\%) \tag{4-9}$$

式中　h——板厚（mm）；

[H]——焊缝中扩散氢含量（mL/100g，甘油法）；

R——焊接接头拉伸拘束度（kg/mm^2）；

P_{cm}——冷裂敏感指数。

式（4-8）、式（4-9）适用条件：[H] 为 1.0 ~ 5.0mL/100g，h 为 19 ~ 50mm，热输入为 17 ~ 30kJ/cm。

式（4-8）、式（4-9）不仅考虑了钢中化学成分的影响，还考虑到钢板厚度或拘束度，以及熔敷金属中含氢量，利用这两式可以求得 P_w，则可利用式(4-10)求出斜 Y 形坡口焊接裂纹试验条件下，为防止冷裂纹所需的最低预热温度 T_0：

$$T_0 = 1440P_w - 392(℃) \tag{4-10}$$

3. 热裂纹指数法 H_{ES} 和再热裂纹指数 P_{SR} 法

$$H_{ES}=\frac{C\left(S+P+\frac{Si}{25}+\frac{Ni}{100}\right)\times10^{3}}{3Mn+Cr+Mo+V}\tag{4-11}$$

式中元素符号表示该元素的质量分数。当 $H_{ES}<3.6$ 时，钢材对热裂纹不敏感。

$$P_{SR}=Cr+Cu+2Mo+10V+7Nb+5Ti-2$$

$P_{SR}>0$ 时，钢材对再热裂纹不敏感。

二、利用管线钢的 CCT 图或 SHCCT 图分析

对于各类低合金钢，可以利用各自的连续冷却曲线（CCT 图）或模拟焊接热影响区的连续冷却曲线（SHCCT 图）分析其焊接性问题。CCT 图或 SHCCT 图可以比较方便地预测不同焊接热循环条件下焊接热影响区的金相组织和硬度，从而可以预测钢材在一定焊接条件下的淬硬倾向和产生冷裂纹的可能性，以便确定适当的焊接工艺条件。

图 4-3 是一种低合金高强度结构钢的模拟焊接热影响区连续冷却组织转变图（即 SHCCT 图）。模拟加热的最高温度为 1300℃，不同的冷却曲线由不同的冷却速度而得。如曲线 *R*、①、②、③、④等。利用不同冷却曲线与 SHCCT 曲线相交的位置可以推算出冷却后所得到的组织。例如，图中冷却最慢的曲线 *R*，当冷却到约 680℃ 的 *a* 点时，就从奥氏体中析出铁素体，到约 590℃ 的 *b* 点时铁素体析出终了，并由 *b* 点开始向珠光体转变，到约 520℃ 的 *c* 点时转变终了。因此，按曲线 *R* 冷却后的组织应为铁素体和珠光体。

曲线①代表了获得珠光体 + 铁素体的最大冷却速度，超过此冷却速度，就会得到中间组织，故称冷却速度①为仅得到珠光体 + 铁素体的临界冷却速度。

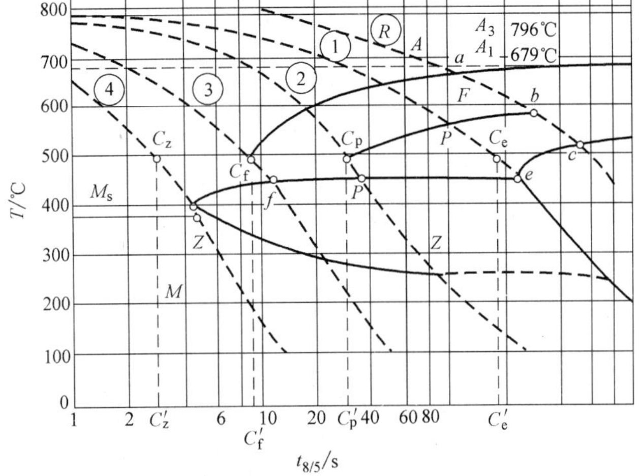

图 4-3　低合金高强度结构钢的 SHCCT 图

冷却速度也可以用 800 ~ 500℃ 的冷却时间（$t_{8/5}$）来表示。图 4-3 中 C'_e、C'_p、C'_f、C'_z分别为与曲线①、②、③、④相对应的临界冷却时间 $t_{8/5}$，它们主要取决于钢材的化学成分。从降低淬硬倾向、避免产生焊接延迟裂纹的角度出发，希望 C'_z、C'_f、C'_p等冷却时间越短越好，特别是 C'_z和 C'_f的大小是估计淬硬倾向的重要判据。

图 4-4 是我国生产的 X70（04MnMoNb）级管线钢的 SHCCT 图。由图可以看出，只要知道在焊接条件下熔合线附近（T_m = 1300 ~ 1350℃）$t_{8/5}$的冷却时间，就可以在此图上查出相应的组织和硬度。也就可以预先判断出在这种焊接条件下的接头性能，从而可以预测此钢种的淬硬倾向及产生冷裂纹的可能性。同时也可以作为调节焊接参数和改进工艺的依据。

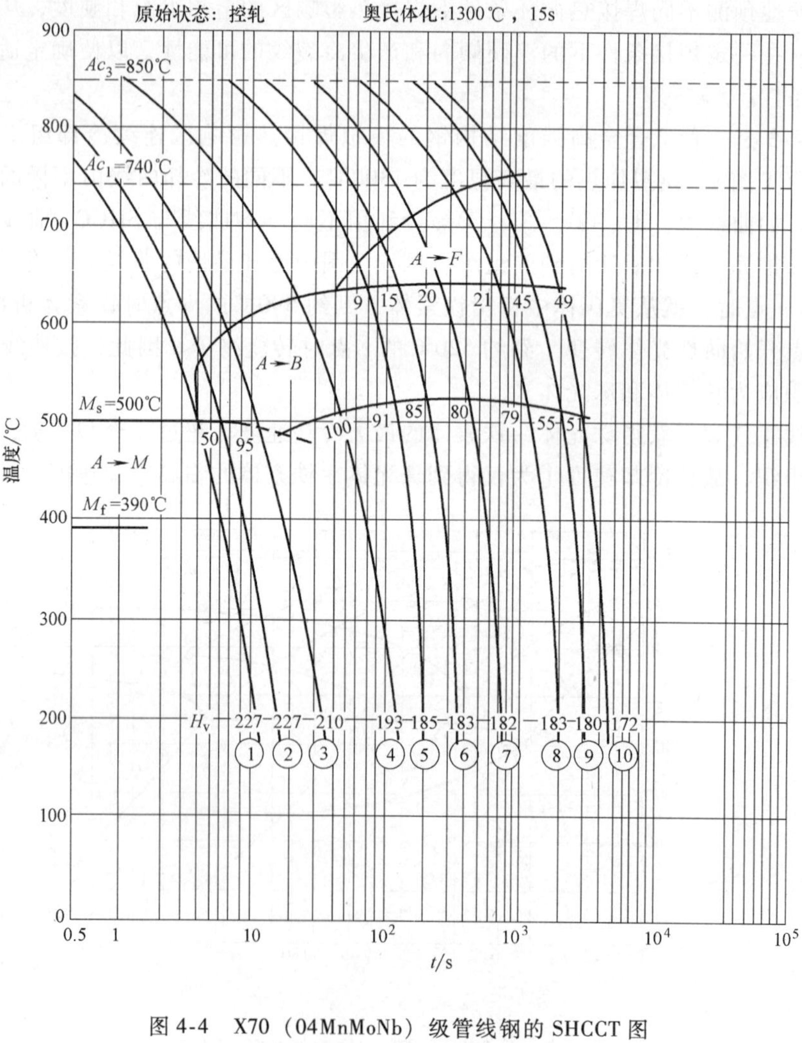

图 4-4　X70（04MnMoNb）级管线钢的 SHCCT 图

三、利用最高硬度 HV_{max} 公式法进行分析

可以用钢的淬硬倾向来衡量其冷裂纹敏感性。一般用最大硬度 HV_{max} 表示。

钢的淬硬倾向不仅取决于化学成分，而且取决于焊接工艺、壁厚和冷却条件。综合考虑这些因素，管线钢的 HV_{max} 可以应用下式进行估算：

$$HV_{max} = 140 + 1089P_{cm} - 8.2t_{8/5} \pm 25$$

式中　P_{cm}——见式（4-5）；

$t_{8/5}$——800～500℃的冷却时间（s）。

为了满足国产管线钢的焊接要求，又建立了适合国产管线钢的最高硬度 HV_{max} 估算公式：

$$HV_{max} = \frac{HV_m + HV_0}{2} + \frac{HV_m - HV_0}{2} \cdot \frac{1 - \exp[k(\lg\tau/\lg\tau_{0.5} - 1)]}{1 + \exp[k(\lg\tau/\lg\tau_{0.5} - 1)]}$$

式中　HV_m——100% 马氏体组织时的硬度，HV_m 仅与含碳量有关（HV10）。$HV_m(1) = 1198C + 280$（调质和控轧钢，HV10）；$HV_m(2) = 845C + 304$（非调质钢，HV10）。

HV_0——无马氏体，主要是贝氏体、珠光体及铁素体组织时的硬度，除碳之外还受多种成分的影响。

$HV_0 = 252C + 64Si + 53Mn + 67Mo + 52Cr + 9.6Ni + 66Cu + 120V + 14059B + 93$；

k——硬度计算公式参数，是修正硬度曲线拟合后确定的，它主要受冷却过程中析出沉淀强化元素（Mo、V、Nb 等）的影响。$k = 6.79 + 2.67Mo + 24.6Nb + 3.6Cr - 4.8V - 10Ti$；

τ——800～500℃的冷却时间，即 $t_{8/5}$；

$\tau_{0.5}$——对应于 $HV_{0.5}$ 时的 $t_{8/5}$ 冷却时间。

$$HV_{0.5} = \frac{HV_m + HV_o}{2}$$

$$\lg\tau_{0.5} = 1.894CE + 0.383$$

$$CE = C + Mn/8 + Mo/5.5 + Nb/2 + Ni/35 + Cu/20 + 30B$$

对于管线钢焊接而言，为避免产生冷裂纹允许的最大硬度一般为 260HV 或 24HRC，采用低氢型焊条时，硬度上限可放宽至 350HV，CO_2 气体保护焊时为 408HV。从计算结果来看，高铌 X80 级管线钢冷裂倾向小。

众所周知，对于长输管道焊接，不同的施工验收标准有不同的 HV10 验收规定，经上述公式可逆算出 $t_{8/5}$ 值，这样可利用乌威（D · Vwer）提出的 $t_{8/5}$ 理论经验公式（摘自天津大学张文钺主编的《焊接冶金学》）来逆算各种焊接方法根焊时为防止冷裂纹所需要的最低预热温度。

理论经验公式如下：

三维传热（厚板）为

$$t_{8/5}=(0.67-5\times10^{-4}T_0)\eta E\left(\frac{1}{500-T_0}-\frac{1}{800-T_0}\right)F_3$$

二维传热（薄板）为

$$t_{8/5}=(0.043-4.3\times10^{-5}T_0)\frac{\eta^2E^2}{\delta^2}\left[\left(\frac{1}{500-T_0}\right)^2-\left(\frac{1}{800-T_0}\right)^2\right]F_2$$

式中 T_0——初始温度（℃）；

E——焊接线能量（kJ/cm）；

δ——壁厚（cm）；

η——不同焊接方法的相对热效率，SMAW 的 $\eta=0.8$，FCAW 的 $\eta=0.8$，GMAW（Ar80% + $CO_2$20%，体积分数）的 η 取为 0.73；

F_3，F_2——三维和二维传热时的接头系数。根焊时，$F_3=1.1$，$F_2=1.0$；填充焊时，$F_3=0.9$，$F_2=1.0$；盖面焊时，$F_3=0.9$，$F_2=1.0$。

此时临界厚度的判别公式：

$$\delta_{cr}=\sqrt{\frac{0.043-4.3\times10^{-5}T_0}{0.67-5.0\times10^{-4}T_0}\eta E\left(\frac{1}{500-T_0}+\frac{1}{800-T_0}\right)}$$

很显然，上述公式的计算结果与环境温度、母材钢级及管径等因素无关，即说明该公式存在一定的局限性和不合理性。

四、利用管线钢焊接性试验方法分析

1. 管线钢焊接性试验的内容

从焊接性的概念出发，结合管线钢的性能特点和服役条件，管线钢焊接性试验的内容有以下几个方面：

（1）焊缝金属抵抗产生热裂纹的能力　焊接熔池金属结晶时，由于存在一些有害元素（如 S、P 等），并受热应力的作用，就可能在结晶末期产生热裂纹。热裂纹是一种较常发生且危害严重的缺陷，所以焊缝金属抵抗产生热裂纹的能力就是衡量焊接性的一项重要内容，通常是通过热裂纹试验来进行的。热裂纹试验与焊接材料关系密切，母材和焊接工艺也有一定的影响。

（2）焊缝及热影响区金属抵抗产生冷裂纹的能力　焊缝及热影响区金属在焊接热循环作用下，由于组织及性能的变化，加之受焊接应力和扩散氢的影响，可能发生冷裂纹。冷裂纹是管线钢焊接过程中可能出现的缺陷，是管线钢焊接性试验中很重要、又最常用的一项试验内容。冷裂纹试验是针对母材进行的试验。

（3）焊接接头抗脆性转变能力　经过焊接冶金反应、热循环、结晶、固态相变等一系列过程，焊接接头由于受脆性组织、夹杂物等的影响，可能使韧度严重下降，即发生所谓焊接接头的脆性转变。对于在各种复杂环境条件下工作的管线钢而言，韧度下降是个严重的问题。管线钢焊接接头抗脆性转变能力也是焊接性试验常涉及的一项内容。

（4）焊接接头的使用性能　由于使用性能对焊接性提出许多不同的要求，所以有很多焊接性试验项目是从使用性能角度出发制定的，即根据特定的使用条件制定专门的焊接性试验方法。如应力腐蚀试验、氢致开裂试验等。

2. 管线钢焊接性试验方法分类

评定管线钢焊接性的方法有许多种，按照其特点可以归纳为以下几种类型：

（1）直接模拟试验类　这类焊接性评定方法一般是仿照实际的焊接条件，通过焊接过程观察是否发生焊接缺陷或发生缺陷的程度，直观地评价焊接性的优劣，有时还可以从中确定必要的焊接条件。

1）焊接冷裂纹试验。常用的有斜 Y 形坡口对接裂纹试验、插销试验、拉伸拘束裂纹试验（TRC）、刚性拘束裂纹试验（RRC）等。

2）焊接热裂纹试验。常用的有可调拘束裂纹试验、FISCO 焊接裂纹试验、刚性固定对接裂纹试验等。

3）脆性断裂试验。除低温冲击试验外，常用的还有落锤试验、裂纹张开位移试验（COD）、平面应变断裂韧度试验（K_{IC}）等。

4）再热裂纹试验。有 H 形拘束试验、缺口试棒应力松弛试验、U 形弯曲试验等。还可以利用斜 Y 形坡口对接裂纹试验或插销试验进行再热裂纹试验。

5）应力腐蚀裂纹试验。有 U 形弯曲试验、缺口试验、预制裂纹试验等。

（2）间接推算法　这类焊接性评定方法一般不需要焊出焊缝，只是根据母材或焊缝金属的化学成分、金相组织、力学性能之间的关系，结合焊接热循环过程进行推测或评估，从而确定焊接性优劣以及所需的焊接条件。

属于这一类的方法主要有：前面提到的碳当量法、焊接裂纹敏感指数法、连续冷却组织转变曲线法和焊接热—应力模拟法、焊接热影响区最高硬度法及焊接区断口金相分析等。

（3）使用性能试验类　这类焊接性评定方法最为直观，它是将试焊的接头甚至产品在使用条件下进行各方面性能试验，以试验结果来评定其焊接性。对于管线钢焊接性评定而言，不仅可以用钢管或管线做试验，也可以用试样做试验。

属于这一类的方法主要有：焊缝及接头的拉伸、弯曲、冲击等力学性能试验、断裂韧度试验、低温脆性试验、耐蚀试验、疲劳试验、水压试验和爆破试验等。

3. 选择或制定焊接性试验方法的原则

国内外有关管线钢焊接性试验方法已经有许多种，而且随着技术的发展、试验要求的提高，焊接性试验方法还会不断增多。选择或制定焊接性试验方法时必须符合以下原则：

1）焊接性试验的条件要尽量与实际焊接时的条件相一致。这些条件包括母材、焊接材料、接头形式、环境温度、接头受力状态、焊接参数等，而且试验条件还应考虑到产品的使用条件，尽量使之接近。只有这样才能使焊接性试验具有良好的针对性，其试验结果能比较确切地显示出实际生产时可能发生的问题或可能获得的结果。

2）焊接性试验的结果要稳定可靠，具有较好的再现性。试验所得数据不可过于分散，只有这样才能正确显示变化规律，获得能够指导生产实践的结论。为此，试验方法应尽可能减少或避免人为因素的影响，多采用自动化、机械化的操作，少采用人工操作。另外，应严格控制试验条件，防止随意性。

3）注意试验方法的经济性。在符合上述原则并可获得可靠结果的前提下，要力求减少材料消耗，避免复杂昂贵的加工工序，节省试验费用。

第三节 典型焊接性试验方法介绍

目前，一些焊接性试验方法标准，如斜 Y 形坡口焊接裂纹试验法、焊接用插销冷裂纹试验方法、焊接热影响区最高硬度试验方法、压板对接（FISCO）焊接裂纹试验方法等因其试验标准发布于 20 世纪 80 年代，故现已成为作废标准，但考虑到目前暂没有出台相应的更新标准和其他可替代的焊接性试验标准，因此，管线钢焊接性分析试验仍可借用上述试验方法标准来开展相应工作，下面作简要介绍。

一、斜 Y 形坡口焊接裂纹试验法

此法主要用于评定管线钢打底焊缝及其焊接热影响区对冷裂纹的敏感性。试件的形状及尺寸如图 4-5 所示。试件由被评定的管线钢制成，其坡口采用机械切削加工，试验所用焊条应严格烘干。焊接参数为：焊条直径 ϕ4mm，焊接电流（170 ± 10)A，电弧电压（24 ± 2)V，焊接速度（150 ± 10)mm/min。

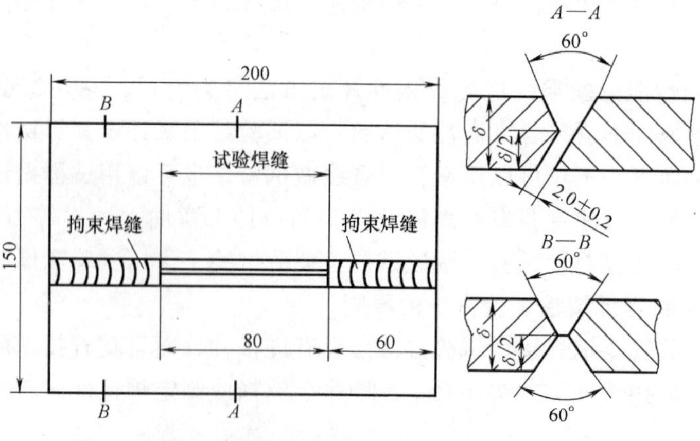

图 4-5 斜 Y 形坡口焊接裂纹试验用试件形状及尺寸

图 4-6 中拘束焊缝为双面焊接，应事先焊好，注意防止角变形和未焊透。试验

焊缝采用手弧焊、自动送进焊条电弧焊时应分别按图 4-6a、b 所示进行。

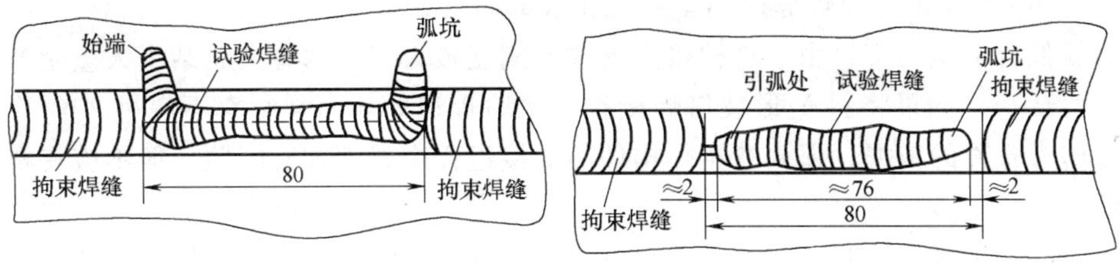

a) 手弧焊　　b) 自动送进焊条电弧焊

图 4-6 试验焊缝的焊接方式

试验焊缝可在各种不同温度下施焊，焊后静置 24h 再检测，检测裂纹可用肉眼和放大镜来观察焊接接头的表面和断面上是否存在裂纹，并用下述方法分别计算出表面裂纹率、根部裂纹率和断面裂纹率。试样上裂纹长度计算的示意图如图 4-7 所示。

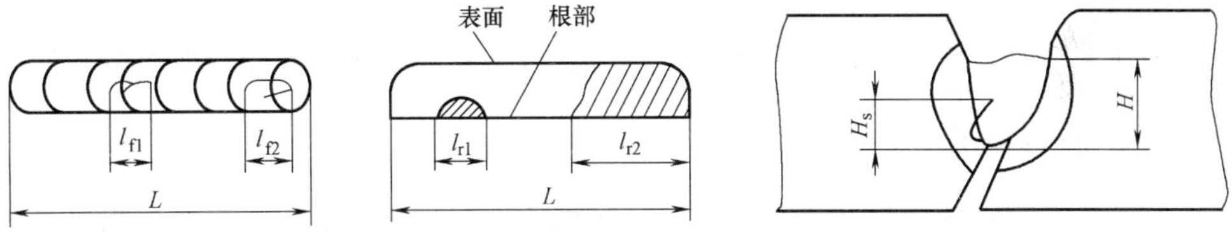

a) 表面裂纹　　b) 根部裂纹　　c) 断面裂纹

图 4-7 试样上裂纹长度计算

1）表面裂纹率。

$$C_f = \frac{\sum L_f}{L} \times 100\%$$

式中　C_f——表面裂纹率（%）；

$\sum L_f$——表面裂纹长度之和（mm）；

L——试验焊缝长度（mm）。

2）根部裂纹率。试样先经着色检验，然后拉断或弯断。

$$C_r = \frac{\sum L_r}{L} \times 100\%$$

式中　C_r——根部裂纹率（%）；

$\sum L_r$——根部裂纹长度之和（mm）。

3）断面裂纹率。在试验焊缝上切下 4～6 块试片，检查 5 个断面上的裂纹深度。

$$C_s = \frac{\sum H_s}{\sum H} \times 100\%$$

式中　C_s——断面裂纹率（%）；

$\sum H_s$——5 个断面上裂纹深度之和（mm）；

$\sum H$——5 个断面焊缝最小厚度之和（mm）。

就低合金钢而言，由于这种接头形式的刚度极大，铃木春义总结了大量生产实际经验认为，如果将斜 Y 形坡口焊接裂纹试验焊道的表面裂纹率不超过 20% 作为确定施焊条件的依据，那么在实际构件的焊接过程中就不会有问题，但不应有根部裂纹。

管线钢现场焊接时，焊接接头的拘束应力和附加应力都比较大，焊接条件苛刻，为此也可应用“加强拘束斜 Y 形坡口焊接裂纹试验法”来评定其冷裂纹敏感性。该方法是将标准的斜 Y 形坡口焊接裂纹试件的拘束焊缝焊完后，再将试板置于 400mm × 300mm × 20mm 的 16MnR 钢板上中心位置，四周用 8mm 的角焊缝固定，然后再焊试验焊道。其目的是进一步加强对试验焊道的拘束，使焊接试验条件更苛刻，接头刚度更大。

同时，也可用斜 Y 形坡口焊接裂纹试验评定管线钢再热裂纹敏感性。

特别地，在利用斜 Y 形坡口焊接裂纹试验法进行管线钢其他焊接方法的冷裂纹敏感性试验时，焊接参数应与该焊接方法进行钢管焊接时合理的焊接参数相同。

二、插销试验

此法是测定管线钢焊接热影响区冷裂纹敏感性的一种定量试验方法。因插销试验消耗钢材较少，试验结果稳定可靠，在国外都有广泛应用。经适当改变，此法还可用于测定再热裂纹敏感性和层状撕裂敏感性。

插销试验是将被焊钢材加工成圆柱形的插销试棒，试棒插入底板上的孔中，试棒上端与底板表面平齐。试棒上端附近有环形或螺形缺口。试验时在底板上以规定的热输入熔敷一条焊道，其中心线通过试棒的中心，其熔深应使缺口尖端位于热影响区的粗晶区内，如图 4-8。

插销试棒的形状、尺寸如图 4-9 及表 4-4，缺口位置 a 与热输入 E 的关系见表 4-5。

表 4-4　插销试棒的尺寸

缺口类型	A/mm	h/mm	θ/(°)	R/mm	P/mm	l/mm
环形	8	0.5 ±0.05	40 ±2	0.1 ±0.02	—	大于底板的厚度，一般约为30 ~ 150
螺形					1	
环形	6	0.5 ±0.05	40 ±2	0.1 ±0.02	—	
螺形					1	

表 4-5　缺口位置 a 与热输入 E 的关系

E/(kJ/cm)	a/mm	E/(kJ/cm)	a/mm
9	1.35	15	2.0
10	1.45	16	2.1
13	1.85	20	2.4

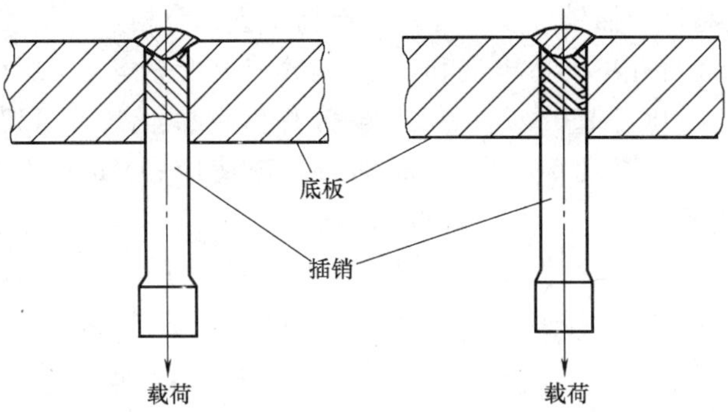

a) 环形缺口试棒　　b) 螺形缺口试棒

图 4-8　插销试棒、底板及熔敷焊道

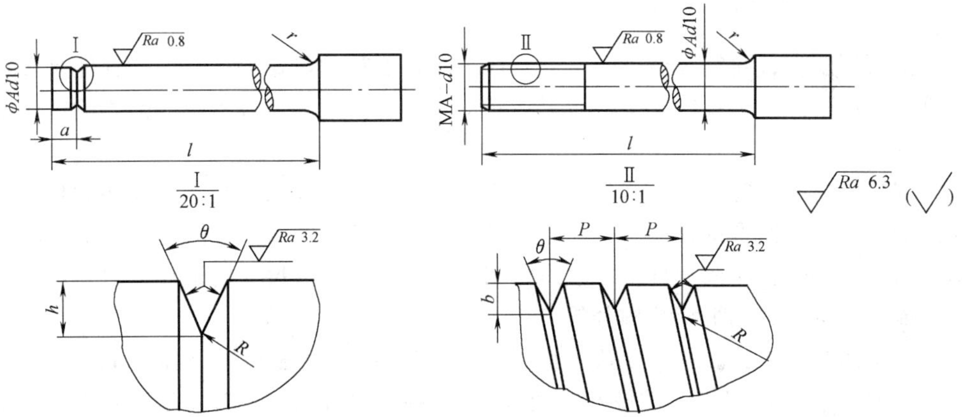

a) 环形缺口试棒　　b) 螺形缺口试棒

图 4-9　插销试棒的形状

底板材料应与被试钢材相同或热物理常数基本一致，其形状及尺寸如图 4-10 所示。

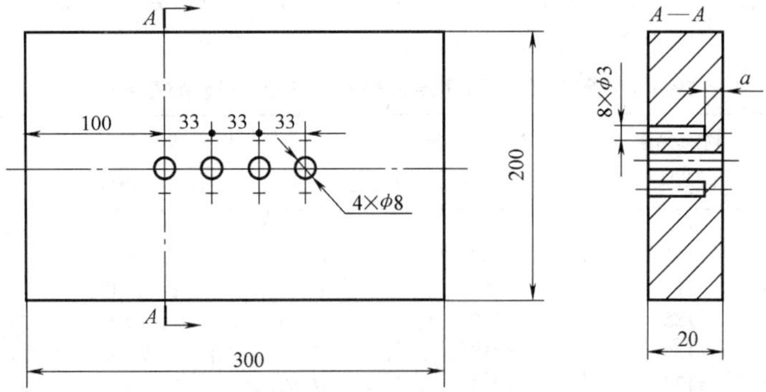

图 4-10　底板形状尺寸

试验前，应对每个插销试棒尺寸进行严格检查，合格后才能使用。施焊时，利用焊在底板 ϕ3mm 盲孔中的热电偶和 $x-y$ 函数记录仪测定 $t_{8/5}$ 或 t_{100} 等焊接热循环参数，焊道长度为 100 ~ 150mm。如不预热，焊后冷却至 100 ~ 150℃时加载。如有预热，应在高于预热温度 50 ~ 70℃ 时加载。载荷应在 1min 之内，且在冷却至 100℃或高于预热温度 50 ~ 70℃之前施加完毕。如有后热，应在后热之前加载。

在无预热条件下，载荷保持 16h 而试棒未断裂即可卸载。有预热条件下，载荷保持至少 24h 才可卸载。经多次改变载荷，即可求出在试验条件下不出现断裂的临界应力 σ_{cr}。σ_{cr} 可以用启裂准则［即（σ_{cr}）$_F \geqslant \sigma_s$］，也可以用断裂准则［即（σ_{cr}）$_C \geqslant \sigma_s$］，但应加以注明。通常插销试验的断裂临界应力（σ_{cr}）$_F$ 较启裂临界应力（σ_{cr}）$_C$ 高。管线钢插销试验时，多用启裂准则。σ_{cr} 的大小，即可相对比较材料抵抗产生冷裂纹的能力。

三、焊接热模拟试验

众所周知，管线钢在经受焊接热及应力、应变后的热影响区组织和性能是决定焊接接头质量和影响管线安全、可靠运行的关键，因此如何改善焊接热影响区的组织和性能，是人们一直关注的重要问题。

焊接热模拟试验就是利用焊接热模拟试验机，对试样进行与实际焊接时相同或相近的热循环，使得试样在一个相当大的区域（如 3 ~ 7mm）获得与所需研究的热影响区特定部位相同或相近组织状态，因而可以制备足够尺寸的试样，对其进行各种性能的定量测试或组织结构分析。

焊接热模拟试验的主要参数包括平均加热温度 $\overline{\omega}_H$、最高加热温度 T_{max}、高温停留时间 t_H 和 800 ~ 500℃的冷却时间 $t_{8/5}$。这些参数可以通过对实际焊接热循环曲线的测定来确定，也可以通过有关公式进行计算。至今，已经提出了许多相当准确的计算公式，因此，热模拟试验参数的确定一般都利用有关公式计算，如果需要，再通过实际焊接热循环曲线的测定对计算值进行修正。

对壁厚为 8mm 的管线钢在不同焊接热输入的热循环参数下进行计算和实测，最后通过模拟组织结构和实焊组织结构对比，确定的焊接热模拟试验主要参数见表 4-6。

表 4-6 管线钢在不同焊接热输入下的热模拟试验参数

模拟焊接热输入 E/(kJ/cm)	平均加热温度 $\overline{\omega}_H$/(℃/s)	加热峰值温度 T_m/℃	高温停留时间 t_H/s		$t_{8/5}$/s
			900℃以上	1100℃以上	
5	135	1350	1.61	1.06	4.44
8	135	1350	4.11	2.73	11.36
11	135	1350	7.77	5.16	21.48
16	135	1350	16.44	10.92	45.47
20	135	1350	25.69	17.06	71.02
30	135	1350	67.80	38.38	159.8
40	135	1350	102.76	68.22	284.08

焊接热模拟试验的参数除上述各参数之外，为了模拟焊接过程中的应力、应变循环，其参数还应包括应力、应变循环参数。

焊接热模拟试验仍有以下不足之处：

1）模拟试样的加热和冷却过程是在无拘束的条件下进行的，试样均温区宽度可以是 3～7mm，它的金相组织和晶粒尺寸均与实际焊接影响区有一定的偏差。一般来讲，模拟试样的晶粒度均偏于粗大。

2）模拟试样是在隔离的体系中加热、冷却和施以应力应变，不像焊接接头那样有元素相互扩散作用和相邻部位间的应力作用，在性能上还很难反映实际热影响区的真实情况。

因此，焊接热模拟试验目前在应用上还有局限性，它还不能完全反映实际焊接热影响区的真实情况，还需进行较大的改进和提高。

四、横向可调拘束裂纹试验法

此法主要用于评定管线钢的热裂纹敏感性。这种方法的原理是在焊缝凝固的后期施加一定的应变，当外加的应变值在某一温度下超过焊缝金属的塑性变形能力时，就会出现热裂纹，从而可以比较焊接热裂纹敏感性，如图 4-11 所示。

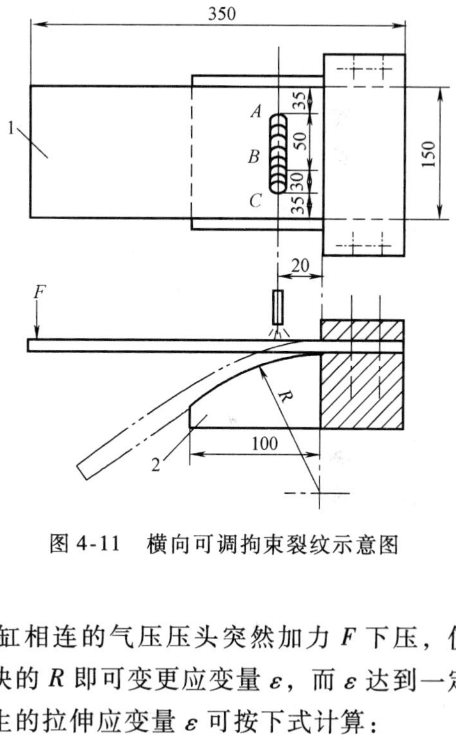

图 4-11　横向可调拘束裂纹示意图

所用试板尺寸为：(5～16) mm × 150mm × 350mm。焊条按规定烘干，再以规定的焊接参数进行施焊（焊条直径 ϕ4mm，焊接电流为 170A，电弧电压为 24～26V，焊接速度为 150mm/min）。如图 4-11 所示，由 A 点焊至 C 点后熄弧，焊接到达 B 点时，由行程开关控制，与气缸相连的气压压头突然加力 F 下压，使试板发生强烈变形而与模块贴紧。变更模块的 R 即可变更应变量 ε，而 ε 达到一定数值时就会在焊缝发生裂纹。试板表面产生的拉伸应变量 ε 可按下式计算：

$$\varepsilon = \frac{t}{2R} \times 100\%$$

式中　t——试板厚度（mm）；

R——弧形模块曲率半径（mm）。

然后，取下试板在立体显微镜下的测量最大裂纹的纵向长度 L_{max}，画出 $\varepsilon - L_{max}$ 关系曲线。根据实测的焊接熔池冷却曲线和 $\varepsilon - L_{max}$ 关系曲线，便可得到材料的临界应变速率 CST、脆性温度区间 ΔT_B、最低塑性值 δ_{min}，其测定原理如图 4-12

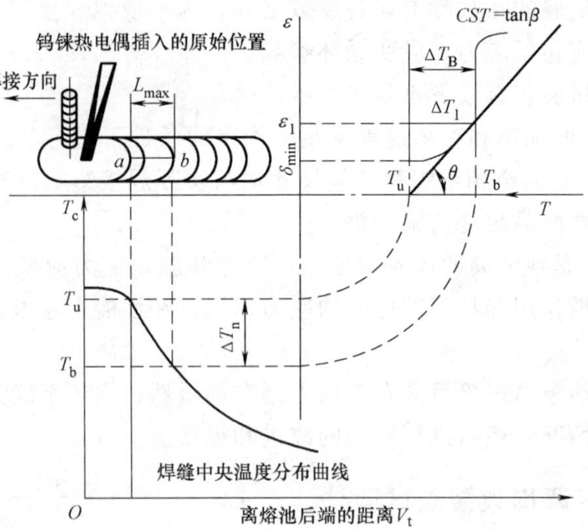

图 4-12　材料临界应变速率 CST、脆性温度区间 ΔT_B 和最低塑性值 δ_{min} 的确定

所示。

五、微型剪切试验法

焊接接头各区域组织的不同及分布的不均匀性导致其力学性能的差异，有必要对其力学性能的分布进行精确的测定，从而找出焊接接头中的最薄弱环节。然而，一般常规试验方法，例如实际焊接接头的拉伸或缺口冲击等力学性能试验以及热模拟试验等，难以准确获得焊接接头各区域局部力学性能及断裂韧度的梯度变化或分布情况。微型剪切试验法是将微型试样从待评价性能的焊接接头上切取下来，采用逐点剪切的方法，获取一系列材料的剪切性能参数，如微型剪切强度、微型剪切塑性、微型剪切韧度（分别简称为微剪强度、微剪塑性、微剪韧度）等。

为了尽可能地搞清焊接接头各组织区的性能，微型剪切试样应从焊缝中相应位置处截取，所有试样应取自平行于工件表面的同一深度。这样只要坡口形状规则、焊接规范稳定、壁厚均匀，则在同一批试件上距熔合线（或焊缝中心）相同距离处的各点都会有相同的焊接热循环，从而具有相同的组织和性能。否则，各试件在焊接过程中所经历的热循环就不同，可能会出现不同的组织结构和性能。

焊接接头微型剪切试样的制作，可按如下步骤进行：

1）如图 4-13 所示，沿 y 轴方向截取 4mm 厚的焊接接头微型剪切试样毛坯。其沿 x 轴方向的尺寸就是将来微型剪切试样的长度，一般小于 50mm。

2）磨光 $x-z$ 面，进行宏观腐蚀，确定熔合线或焊缝中心位置，并作好标记。

3）依据检验位置要求，并尽量使其位于试件中心线上，平行于 x 轴加工成 4mm × 4mm × Lmm（x 轴方向）的方形长条；试样沿 x 轴方向的尺寸 L，主要视焊接热影响区的大小而定。其确定的原则是：确保微型剪切试样从焊缝金属开始，穿过整个焊接热影响区，直达母材的前提下，使试样尽可能地短，以减少不必要的试验重复次数和试件的加工量，一般取30mm。

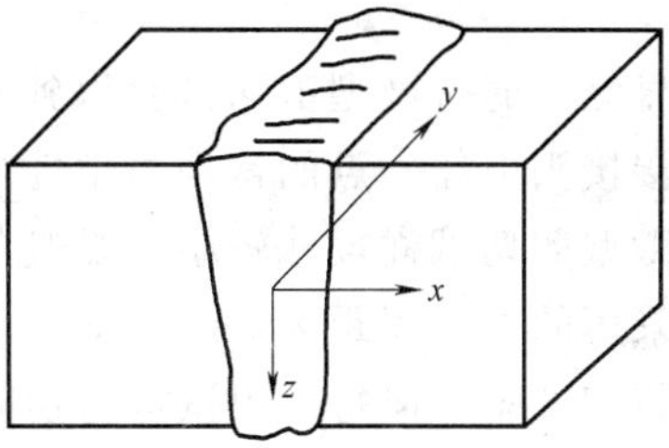

图4-13 微型剪切试样在焊接接头中取样位置示意图

4）依据宏观腐蚀后所作的标记，将试件毛坯切断，使其一个端面刚好是焊缝中心，并作好标记；然后粗车成 ϕ2mm 的圆棒或用刨床加工成 2mm×2mm 的小方条；再精磨到 ϕ1.5mm 的圆棒或 1.5mm×1.5mm 的小方条，试件表面粗糙度 $Ra \leqslant 0.2\mu m$。

由于圆形试件加工比较复杂，一般均选用方形试样。

微型剪切试验是在微型剪切试验机上进行的。微型剪切试验机一般由剪切加载系统（自动或手动）、剪切夹具系统及剪切刀头、微型试样逐点剪切等距离精密进给装置、载荷和位移传感器及数据记录系统等组成。剪切试验时，记录剪切载荷（P）随剪切刀头位移（S）的变化曲线，在该曲线上即可求出材料或焊接接头的微剪强度、微剪塑性及微剪韧度。对焊接接头试样的不同区域进行逐点剪切，即可获得沿试样长度方向各局部区域完整的性能变化梯度曲线。微剪强度 τ_b、微剪屈服强度 τ_s、微剪塑性 a（也称为微剪截面压入率）及微剪韧度 W_s 可由下式定义：

$$\tau_b = P_{max}/A$$

$$\tau_s = P_s/A$$

$$a = 1 - S_f/b$$

$$W_s = W/A$$

$$W = \int P(S)\,ds$$

式中 A——微型剪切试样原始横截面面积（mm^2）；

P_{max}——最大剪切载荷（N）；

P_s——剪切屈服载荷（N）；

S_f——断裂点的剪切位移（mm）；

b——试样原始宽度（mm）；

W——剪切功（J）。可由载荷 $P-S$ 位移曲线下断裂点以前的面积求出。

近年来，国内外学者通过大量试验，将其试验数据进行一次线性回归处理，在微型剪切试验参数与常规力学性能试验参数和断裂力学参数之间建立起的线性回归方程式如下：

$$R_m = 2.079\tau_b - 242.9$$

$$R_{eL} = 1.76\tau_s + 74.67$$

$$Z = 1.35a + 4.42$$

$$\delta_i = 1.1965a - 35.068$$

显然，通过微型剪切试验得到 τ_b、τ_s、a，随后，通过上式的对应换算，即可对焊接接头上任一点的常规力学性能指标进行定量的分析和研究。

微型剪切试样尺寸较小，要避免剪切间距过小对试验结果的影响。如果每一根试样采用的剪切间距为2mm，同一种焊接规范下的试样，均采用5根相同的试样进行剪切试验，但每一根试样剪切时起始剪切位置不同，这样，由5根相同的试样即可获得一条相当于剪切间距为0.4mm的焊接接头各个区域的性能分布曲线。因此缩小剪切间距或增大试样数量，均可获得准确的焊接接头各个区域的性能分布规律。但一般认为剪切间距不能小于0.5mm，否则会因前一次剪切形成的剪切强化区对后一次剪切的影响而降低试验准确度。试件数量增大，试验费用也增大。因此，一般相邻剪切点间的距离选为0.6～1.0mm。

六、压板对接（FISCO）焊接裂纹试验法

此法主要用于评定热裂纹敏感性，也可以做钢材与焊条匹配性的试验。试验装置如图4-14所示。在C形夹具中，垂直方向有14个螺栓以 3×10^5 N的力压紧试板，横向有4个螺栓以 6×10^4 N的力顶住试板，这样使试板牢牢固定在试验装置内。试板尺寸如图4-15所示。坡口为I形，厚板时可用Y形。

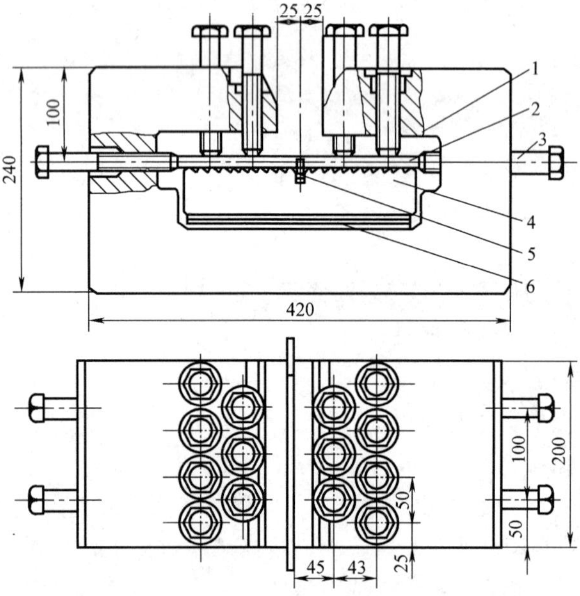

图4-14　FISCO试验装置

1—C形拘束装置　2—试板　3—紧固螺栓　4—齿形底座　5—定位塞片　6—调节板

试板在试验装置内安装时用定位塞片5来保证坡口间隙（变化范围0～6mm）。先将横向螺栓紧固，再将垂直方向的螺栓用测力扳手以12000Ncm的扭矩紧固。然

后按生产使用的焊接参数依次焊接 4 条约 40mm 长的焊缝，间距约 10mm，弧坑不必填满，如图 4-16 所示。

焊后经过 10min 取下试板，待冷却至室温后将试板沿焊缝纵向弯断，观察有无裂纹，测量裂纹长度。裂纹率按下式计算：

$$C_F = \frac{\sum l_F}{\sum L_F} \times 100\%$$

式中　C_F——FISCO 试验的裂纹率（%）；

$\sum l_F$——4 条试验焊缝上裂纹长度之和（mm）；

$\sum L_F$——4 条试验焊缝长度之和（mm）。

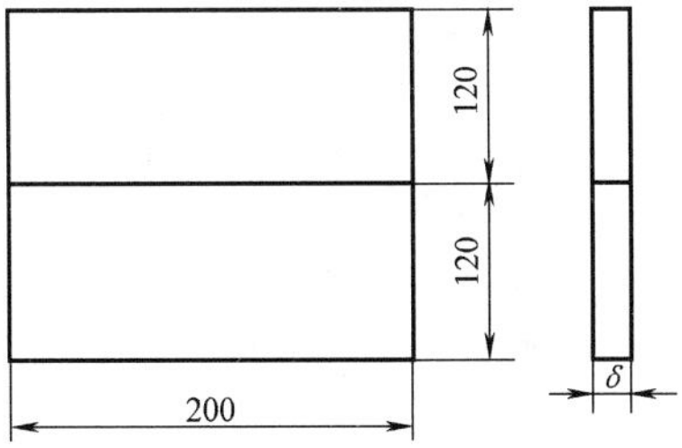

图 4-15　FISCO 试验试板尺寸

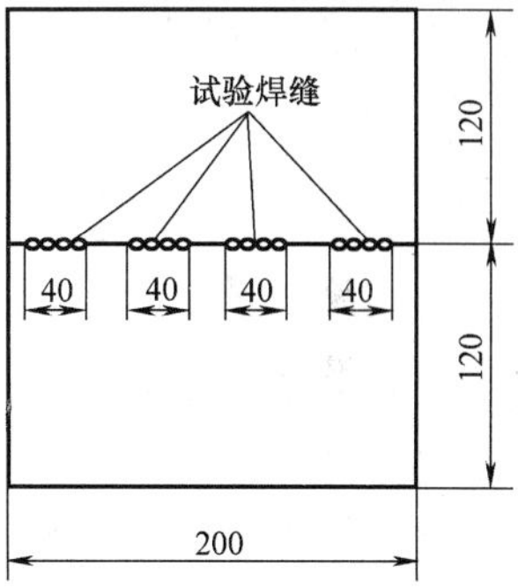

图 4-16　FISCO 试验的焊缝位置

七、焊接热影响区最高硬度试验法

此法适用于焊条电弧焊，是以热影响区的最高硬度来相对地评价钢材冷裂倾向的试验方法。

试件形状和尺寸分别参见图 4-17 和表 4-7。试件的标准厚度为 20mm，若板厚超过 20mm，则需机械切削加工成 20mm 厚，并保留一个轧制表面。若板厚小于 20mm，则毋须加工。试件可以采用气割下料。

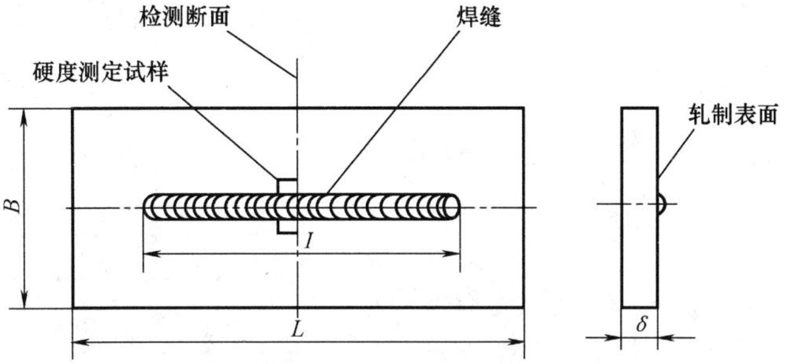

图 4-17　试件的形状

表 4-7 试件尺寸

试件名称	L/mm	B/mm	l/mm
1 号试件	200	75	125 ± 10
2 号试件	200	150	125 ± 10

试件焊接前应采取适当的方法去除试件表面有害于焊接的水、油、铁锈及过厚的氧化皮。焊条原则上适应于所焊试件，直径为 4mm。焊接时，在试件两端要支撑架空，试件下面要留有足够的空间。

1 号试件在室温下进行焊接，2 号试件在预热温度下进行焊接。应在平焊位置进行沿试件轧制表面的中心线焊出长（125 ± 10）mm 的试验焊缝。焊接参数原则上为：焊接电流（170 ± 10）A，焊接速度为（150 ± 10）mm/min。试件焊后在空气中自然冷却，且不进行任何热处理。

试件经过至少 12h 后才能截取测量硬度的试样，取后要尽快测试硬度。

在室温下，采用机械加工方法垂直切割焊缝的中部，然后在此断面上取硬度的测量试样，切割时，必须边冷却边加工以免焊接热影响区的硬度因断面温度的升高而降低。硬度测量试样的检测面经研磨后，再加以腐蚀，然后如图 4-18 所示，划一条平行于试板轧制表面且切于熔合线底部的直线，在此直线上每隔 0.5mm 进行室温下、载荷为 10kg 的维氏硬度的测定，切点 O 及其两侧各 7 个以上的点作为测定点。硬度测定试验的其他有关事项应按《金属维氏硬度试验法》的规定。

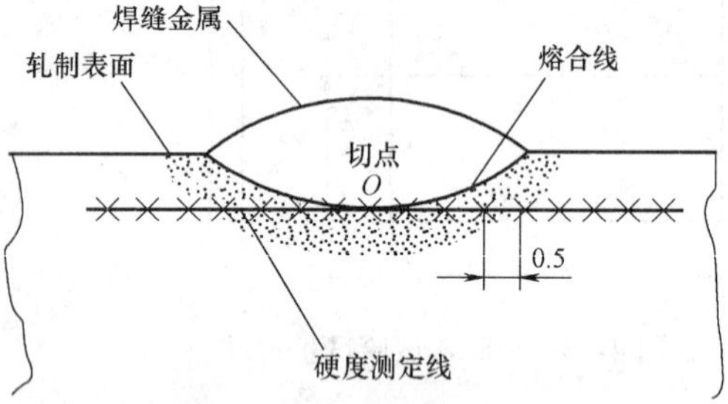

图 4-18 硬度的检测位置

按照国际焊接学会（ⅡW）最高硬度试验的评定标准，焊接热影响区最高硬度 <350HV不会出现裂纹。

八、其他焊接性试验方法

1. 刚性固定对接裂纹试验（Restrained-Butt Joint Cracking Test）

此法主要用于测定焊缝的冷裂纹和热裂纹倾向，但也可以测定热影响区的冷裂纹倾向。其试件形状、尺寸如图 4-19 所示。四周固定焊缝的焊脚 $K = 12$mm，若板厚 $\delta <$

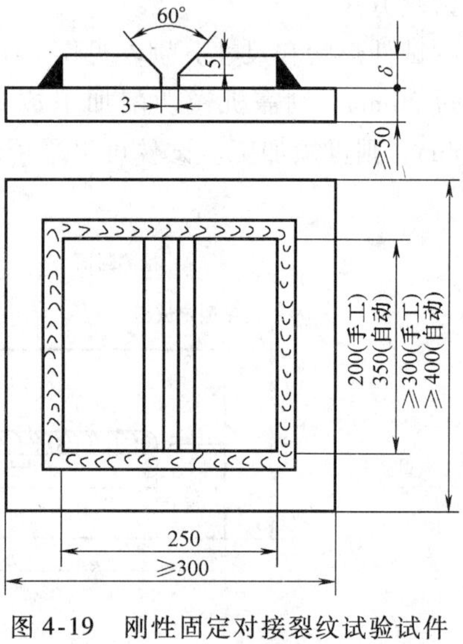

图 4-19 刚性固定对接裂纹试验试件

12mm，则 $K=\delta$。

试验焊缝按实际生产的焊接参数施焊。焊后在室温下放置24h后检查焊缝表面有无裂纹，再横向切焊缝取两块磨片检查有无裂纹，一般以有无裂纹为评定标准。

2. 窗形拘束裂纹试验法（Windows Type Restraint Cracking Test）

此法主要用于测定多层焊时焊缝横向冷裂纹及热裂纹的敏感性，为选择焊接材料及确定工艺条件提供依据，其示意图见图4-20。事先将试板焊在窗口部位，然后从两面填满坡口完成试验焊缝。焊后放置24h再检查，一般以有无裂纹为准则，也可以裂纹率为相对比较。

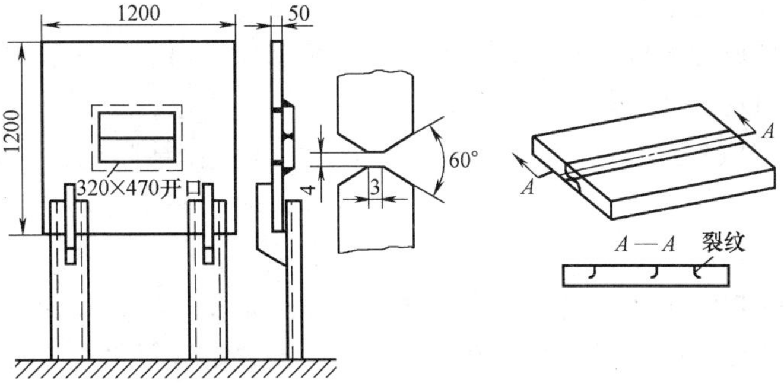

a) 窗口及试板　　b) 焊后解剖试板检查裂纹的方式

图4-20 窗形拘束裂纹试验

第四节 管线钢的焊接性问题表征

管线钢的焊接性不仅取决于它的化学成分，而且也取决于焊接工艺条件。随着管线钢强度级别的提高和合金元素含量的增加以及焊接工艺条件的变化，焊接性也发生变化。焊接性通常表征为两个方面的问题：一是焊接引起的各种缺陷，对管线钢来说主要是焊接气孔、夹杂和焊接裂纹问题；二是焊接时材料性能的变化，对管线钢来说主要是脆化和软化问题。

一、焊缝中的气孔

气孔是焊接这类钢时最常见的焊接缺陷之一。气孔的存在，不仅影响管道致密性，造成管道泄漏，而且当气孔的尺寸和数量超过一定界限时，会减少焊缝的有效截面积，降低焊缝的强度、塑性和韧性。同时对于暴露在焊缝表面的气孔则有损于焊缝表面质量。

熔焊时，一方面由于焊接熔池处于强烈的过热状态，高温下的液态金属往往溶解了较多的气体（如 H_2、N_2）；另一方面，在焊接冶金过程中，由于化学冶金反应也能产生大量的气体（如CO、H_2O）。它们在熔池凝固时，来不及逸出，会残留在焊缝金属中成为气孔。

氢气孔的形成是由于在高温时，氢在焊接熔池液态金属和熔滴中的溶解度很高，吸收了大量的氢，而当冷却凝固时，氢在金属中的溶解度急剧下降，例如铁从液态变为固态时，氢的溶解度可从 32mL/100g 降为 10mL/100g。因此氢将析出成为气泡，如果焊接熔池结晶速度很快，氢气泡来不及上浮到熔池表面残留在焊缝中，则成为内部气孔。

氢气孔主要是在结晶过程中形成的。在相邻树枝晶凹陷处是氢气孔发生源，它的上浮受到很大阻力，但氢的扩散能力强，它一般可以上浮到达焊缝表面，形成旋涡状，喇叭形开口的表面气孔。

氮气孔的形成与氢气孔相似，但它常呈蜂窝状成堆出现。一般情况下，在焊接生产中氮气孔出现的几率较小。

CO 气孔主要是由于焊接冶金反应产生大量的 CO 在结晶过程中来不及逸出而残留在焊缝内部的气孔。CO 气孔常以沿结晶方向的长条虫形状出现在焊缝内部，很少能到达焊缝表面。

影响管线钢焊缝中产生气孔的因素很多，而且是多种因素综合作用的结果。

熔渣氧化性对焊缝中气孔倾向有很大影响。随着熔渣氧化性的增加，焊缝中 H 与 O 反应生成稳定性很高的 OH，焊缝中氢气孔倾向减小，但熔渣氧化性增加到一定程度后，CO 气孔倾向加大。一般常用［C］×［O］来表示焊缝中 CO 气孔倾向。但是，在不同的渣系中，产生 CO 气孔的［C］［O］值却有很大差别，在酸性渣中产生气孔的［C］×［O］值较高，而在碱性渣中［C］×［O］值较低即可产生气孔。这是由于不同渣系中［FeO］的活度不同所致。

焊条药皮或焊剂中加入 CaF_2，焊接时可以发生下列反应而生成 HF。

$$CaF_2 + H_2O = CaO + 2HF$$

$$CaF_2 + H = CaF + HF$$

$$CaF_2 + 2H = Ca + 2HF$$

如果在焊条药皮或焊剂中加入 CaF_2 的同时，再加入 SiO_2，焊接时可以发生下列反应而生成 HF。

$$2CaF_2 + 3SiO_2 = SiF_4 + 2CaSiO_3$$

$$SiF_4 + 2H_2O = 4HF + SiO_2$$

$$SiF_4 + 3H = 3HF + SiF$$

$$SiF_4 + 4H + O = 4HF + SiO$$

通过这些反应可以吸收大量 H，生成稳定性很高且不溶于液态金属的 HF，从而可以防止氢气孔的形成，特别是 SiO_2 和 CaF_2 同时存在时，对防止气孔产生更为有效，如图 4-21 所示。

此外，在药皮或焊剂中适当增加氧化性组成物（如 FeO、MnO 等）的含量，对于消除氢气孔也是有利的。因为它们在高温时能与 [H] 反应生成 OH^-，OH^- 也不溶于液态金属。在酸性焊条药皮中不含 CaF_2，主要依赖于这些氧化物来防止氢气孔。

在碱性焊条药皮中的碳酸盐（如 $CaCO_3$、$MgCO_3$ 等）焊接时可以分解出大量 CO_2，它是一种氧化性气氛，在高温时也能与氢反应生成 OH^- 和 H_2O，但如果焊缝金属中还原剂不足时，则会导致产生 CO 气孔。

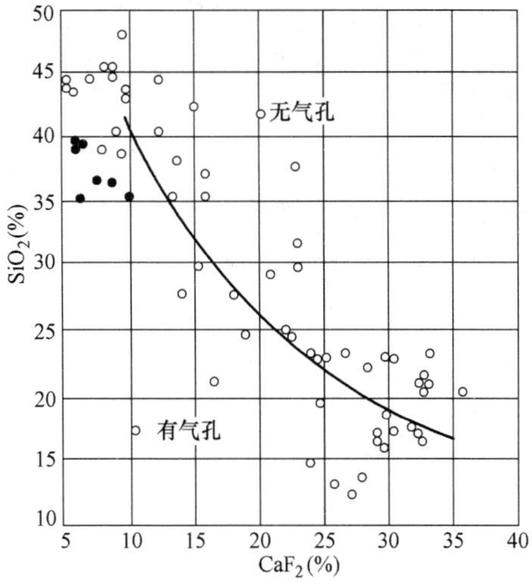

图 4-21　CaF_2 和 SiO_2 对焊缝气孔倾向的影响

管线钢焊接坡口附近的铁锈、油污、水分等也是导致焊缝中产生气孔的重要原因。铁锈的成分是 $mFe_2O_3 \cdot nH_2O$（$Fe_2O_3 \approx 83.28\%$，$FeO \approx 5.7\%$，$H_2O \approx 10.7\%$）。它们在焊接高温下将发生下列反应：

$$3Fe_2O_3 = 2Fe_3O_4 + O$$

$$2Fe_3O_4 + H_2O = 3Fe_2O_3 + H_2$$

$$Fe + H_2O = FeO + H_2$$

因此，存在铁锈时，一方面增加了氧化性，可以导致 CO 气孔产生。另一方面，由于反应生成大量氢，又可以导致氢气孔产生。所以，铁锈是极为有害的杂质，它大大增加了焊缝对两类气孔的敏感性。尤其在螺旋埋弧焊管时，由于其焊接的特殊性，铁锈极易聚集在内焊缝处，从而增大了内焊缝产生气孔的倾向。

此外，焊接坡口附近的氧化皮（FeO）、焊条或焊剂受潮，或空气潮湿等因素，也会促使焊缝中形成气孔倾向增加，所以，焊前应十分重视焊件表面的清理和焊条、焊剂的烘干。从焊接规范上可以考虑降低焊接速度，这是因为熔池结晶速度与焊接速度成正比，降低焊接速度有利于熔池中气体及气泡的上浮逸出。

二、夹杂

焊缝和母材中有夹杂物存在时，不仅降低焊缝金属的韧性，增加低温脆性，同时也增加了热裂纹和层状撕裂的倾向。

1. 焊缝中夹杂物的种类及其危害性

焊缝中常遇到的夹杂物有以下三种：

1）氧化物。焊接金属材料时，氧化物夹杂是普遍存在的，在焊条电弧焊和埋弧焊时，氧化物夹杂主要是 SiO_2，其次是 MnO、TiO_2 和 Al_2O_3 等，一般多以硅酸盐的形式存在。这种夹杂物如果密集的以块状或片状分布时，在焊缝中会引起热裂纹，在母材中也易引起层状撕裂。

焊接过程中熔池的脱氧越完全，焊缝中氧化物夹杂物越少。实践证明，这些氧化物夹杂主要是在熔池进行冶金反应时产生的，如 SiO_2、MnO 等，只有少量夹杂物是由于操作不当而混入焊缝中的。

2）氮化物。焊接管线钢时，氮化物夹杂主要是 Fe_4N。Fe_4N 是在焊缝时效过程中由过饱和固溶体析出的，并以针状分布在晶粒上或贯穿晶界。

由于 Fe_4N 是一种脆硬的化合物，会使焊缝的硬度增高，塑性、韧性急剧下降。一般焊接条件下焊缝很少存在氮化物夹杂，只有在保护条件不好时才可能发生。

应当指出，由于氮化物具有强化作用，从 20 世纪 40 年代开始已把氮作为合金元素加入钢中。例如，钢中含有 Mo、V、Nb、Ti 和 Al 等合金元素时，若能与氮形成弥散氮化物，从而在不过多损失韧性的条件下，可大幅度提高强度。经过热处理（如正火），可使钢具有良好的力学性能。

3）硫化物。硫化物夹杂主要来源于焊条药皮和焊剂，经冶金反应转入熔池。但也有时会由于母材或焊丝中含硫量偏高而形成硫化物夹杂。

硫在铁中的溶解度随温度变化而有较大的变化。高温时，硫在 δ 铁中的溶解度为 0.18%（质量分数），而在 γ 铁中的溶解度只有 0.05%（质量分数），所以在冷却过程中，硫便从过饱和固溶体中析出而成为硫化物夹杂。

焊缝中的硫化物夹杂，主要有两种，即 MnS 和 FeS。MnS 的影响较小，而 FeS 的影响较大。因 FeS 是沿晶界析出，并与 Fe 或 FeO 形成低熔共晶（988℃），它是引起热裂纹的主要原因之一。

2. 防止焊缝中夹杂物的措施

防止焊缝中产生夹杂物最重要的方面就是正确选择焊条、焊剂，使之更好地脱氧、脱硫等。其次是注意工艺操作：

1）选择合适的焊接参数，以利于熔渣的浮出。

2）层焊时，应注意清除前层焊缝的焊渣。

3）焊条要适当地摆动，以便于熔渣浮出。

4）操作时注意保护熔池，防止空气侵入。

应注意，如果原材料中的夹杂物较多（包括母材和焊丝中），势必造成焊缝中产生夹杂物。

三、热裂纹

热裂纹是在焊接冷却高温阶段所产生的裂纹，有代表性的是焊缝金属的结晶裂纹和热影响区中的液化裂纹。热影响区的液化裂纹常见于 S、P 含量较高的钢材，因而管线钢焊接时，焊接热影响区液化裂纹很少发生。这里主要分析管线钢焊缝中的结晶裂纹。

由金属结晶理论可知，金属在结晶过程中先结晶的是高熔点组元，后结晶的是低熔点组元。在钢中 S、P 等杂质所形成的共晶都具有较低的熔点（如 FeS + Fe 共晶，熔点 988℃；Fe_3P + Fe 共晶，熔点 1050℃），由于结晶前沿的成分过冷，结晶金属以树枝状成长，这时候结晶的低熔点组元或杂质元素往往被排斥到柱状晶的前沿或相邻柱状晶的交界，形成所谓“液态薄膜”，在冷却收缩应力和附加应力作用下，由于具有低熔点的偏析区不具备足够的塑性进行变形，于是就在柱状晶的膜和焊前沿焊缝中心部位或柱状晶之间产生裂纹。因此，产生结晶裂纹的原因是焊缝金属中存在液态薄膜结晶过程中受到拉伸应变共同作用的结果。可以认为，液态薄膜是产生结晶裂纹的内因，拉伸应变是产生结晶裂纹的必要条件。

焊缝中的结晶裂纹具有高温沿晶断裂性质，是由于金属所承受的拉伸应变超过了该温度下金属所具有的塑性值所致。可以用图 4-22 来说明产生结晶裂纹的条件。是否产生结晶裂纹，取决于在脆性温度区间 ΔT_B 中金属所具有的最低塑性 δ_{min} 与所承受的拉伸应变 ε 或应变增长率 $\frac{\partial \varepsilon}{\partial T}$ 的对比关系。

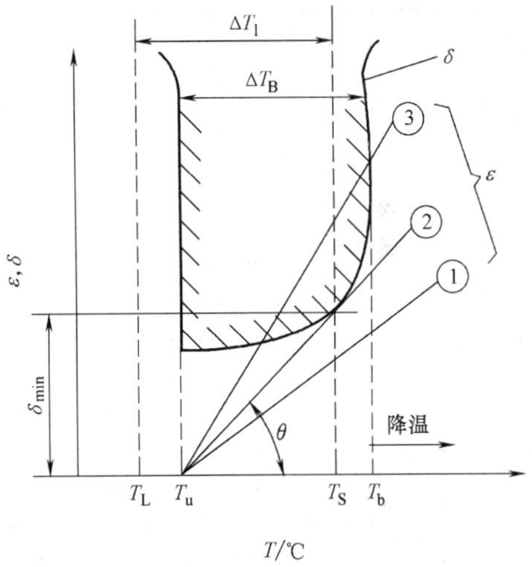

图 4-22　结晶裂纹产生条件示意图

T_S—固相线　T_l—液相线　ε—应变量

T_u—枝晶开始交织长合的温度即脆性温度区间上限

T_b—晶间液层完全凝固的温度即脆性温度区间下限

δ—金属具有的塑性值

焊缝金属在脆性温度区间内承受的拉伸应变 ε，取决于随温度下降拉伸应变的增长率以及脆性温度区间的大小，即

$$\varepsilon = \frac{\partial \varepsilon}{\partial T}(T_u - T_b)$$

如果焊缝金属在脆性温度区间内承受的拉伸应变 ε 的数值超过金属在此温度区间内的最低塑性值 δ_{min}，则产生结晶裂纹，如图 4-22 中应变增长率为直线③的情形。反之，则不会产生结晶裂纹，如图 4-22 中直线①的情形。所以结晶裂纹的形成条件为：

$$\varepsilon > \delta_{min}$$

在临界条件下，当 $\varepsilon = \delta_{min}$ 时的拉伸应变速率 $\frac{\partial \varepsilon}{\partial T}$ 的值称为临界应变速率，以 *CST*（Critical strain rate for Temperature drop）表示，正是图 4-22 中的直线②，表达式为

$$CST = \tan\theta$$

CST 与材料成分有关，研究认为，只有用 *CST* 作为热裂纹敏感性判据，才能反映出各种因素的综合影响，反映材料的热纹敏感性。

几种管线钢的凝固塑性曲线、*CST* 实测结果和脆性温度区间 ΔT_B 以及在 ΔT_B 内金属所具有的最低塑性 δ_{min}，见表 4-8。抗裂试验用管线钢的化学成分见表 4-9。

表 4-8　试验用几种管线钢的 *CST*、ΔT_B 和 δ_{min}

钢号	X60	X60H	X65/G	X65/J	X70(2)	X70(3)A	X70(1)	X70(3)B
δ_{min}(%)	1.17	1.33	0.33	2.50	1.30	0.30	1.67	0.60
ΔT_B/℃	142.6	86.7	107.4	78.1	60.5	138.7	116.4	113.3
CST($\times 10^{-3}$%/℃)	19.39	37.6	12.46	42.80	39.16	10.34	24.20	16.55

表 4-9　抗裂试验用管线钢的化学成分

序号	钢号	化学成分（质量分数,%）											
		C	Si	Mn	P	S	Nb	Ti	V	Cu	Al	Cr	Mo
1	X60 宝钢料	0.089	0.300	1.42	0.015	0.001	0.045	0.02	0.053	—	—	—	—
2	X60H 武钢料	0.10	0.28	1.28	0.014	0.004	0.040	—	—	0.040	—	—	—
3	X65/G 西德蒂森	0.07	0.35	1.30	0.019	0.004	0.044	—	0.024	0.014	0.026	0.029	0.004
4	X65/J 日本新日铁	0.07	0.26	1.35	0.013	0.001	0.030	—	—	0.001	—	0.002	—
5	X70(2) 日本川崎	0.08	0.20	1.19	0.018	0.002	0.045	0.001	0.039	—	—	—	—
6	X70(3) 宝钢料	0.096	0.299	1.60	0.014	0.001	0.054	0.018	0.049	—	—	—	—
7	X70(1) 宝钢料	0.088	0.311	1.53	0.017	0.004	0.042	0.029	0.082	—	0.054	—	—
8	X70(3)B 宝钢料	0.109	0.326	1.48	0.018	0.005	0.042	0.029	0.001	—	0.048	—	—

不同的材料，不仅脆性温度区间 ΔT_B 的大小不同，最低塑性 δ_{min}（以产生裂纹的最小附加应变 ε_{min} 表示）的变化也明显不同，因而产生裂纹的临界应变速率 *CST* 也各不相同。

一般情形下，焊缝金属在脆性温度区间内的最低塑性 δ_{min} 越低，而脆性温度区间的温度范围越宽，则形成结晶裂纹的倾向越大。δ_{min} 与 ΔT_B 值主要取决于焊缝金属的化学成分、杂质含量、焊缝结晶过程中的偏析程度以及结晶方式与晶粒粗细等冶金因素。

焊缝金属在脆性温度区间内所承受的拉伸应变速率 $\frac{\partial \varepsilon}{\partial T}$ 越高，则形成结晶裂纹的倾向也越大。$\frac{\partial \varepsilon}{\partial T}$ 值主要与焊接拘束度、接头形式、焊接熔池形状及焊接热循环等有关。如果用材料的临界应变速率 *CST* 与焊缝金属在脆性温度区间内所承受的

拉伸应变速率的关系来描述结晶裂纹的形成条件，则有

$$\frac{\partial \varepsilon}{\partial T} > CST$$

焊缝金属的化学成分对结晶裂纹的产生有重要影响。一般来讲，S、P、C 元素含量越高，结晶裂纹敏感性越大，而 Mn 元素具有减少结晶裂纹的作用。这是因为 Mn 具有脱 S 作用，能置换 FeS 为 MnS，同时也能改善硫化物的分布形态，使薄膜状 FeS 变为球状分布，因而有利于减少结晶裂纹的形成。一些试验结果表明，对于不同含碳量的焊缝，抑制结晶裂纹形成的 Mn、S 含量是不同的。含碳量一定时，硫含量增加，裂纹倾向增大，而增大含锰量，则裂纹倾向减小。并且随含碳量的增加，硫的有害作用加剧。

为了进一步防止结晶裂纹的产生，可向焊缝中加入稀土、V、Ti、Zr 等微合金元素，因为它们具有脱硫和改变硫化物形态的作用。在高韧性管线钢中常含有微合金元素 Nb，对结晶裂纹的形成具有促进作用，这是因为 Nb 促进低熔点硫化物和碳化物的形成，如经常可在结晶裂纹表面发现薄膜状的 Nb_4C_3 覆盖物。

Carland 和 Bailey 根据焊缝金属化学成分确定的结晶裂纹敏感系数 *UCS* 公式（式中元素符号表示该元素的质量分数）：

$$UCS = 230\mathrm{C}^* + 190\mathrm{S} + 75\mathrm{P} + 45\mathrm{Nb} - 12.3\mathrm{Si} - 5.4\mathrm{Mn} - 1$$

希望 $UCS \leqslant 25$（对接）或 $UCS \leqslant 19$（T 形接头）。当 $\mathrm{C} \leqslant 0.08\%$ 时，$\mathrm{C}^* = 0.08\%$。因此，应尽可能限制焊缝金属中的 C、S、P 含量，一般希望 $w(\mathrm{S})$、$w(\mathrm{P}) < 0.03\% \sim 0.04\%$，$w(\mathrm{C}) \leqslant 0.12\%$。为此，应注意控制管线钢和焊接材料中 C、S、P、Mn 的含量，注意熔合比的影响。

在管线钢的焊接过程中，由于管线钢属于低碳微合金控轧钢，不仅具有低的含碳量，而且硫、磷等杂质的含量也较低，因而焊缝中的结晶裂纹主要取决于焊缝金属在脆性温度区间内所承受的拉伸应变速率 $\frac{\partial \varepsilon}{\partial T}$ 的大小。

在钢管成形焊接过程中，一般是在上卷成形方式或下卷成形方式卷成管坯的第二个螺距位置开始内焊，此时，由于其成形缝螺旋线的对缝两个边在前进过程中往往发生前进“速度”不一样的现象，从咬合开始，一个边的前移量逐步超过另一个边的前移量，即存在所谓“成形缝螺旋线超越现象”。这样就使得内焊缝金属在脆性温度区间内所承受的拉伸应变速率 $\frac{\partial \varepsilon}{\partial T}$ 增大，加剧了内焊缝产生结晶裂纹的倾向。

此外，如果钢管成形方式是外控辊成形，由于管坯脱离外控辊控制时就会释放出较大的变形张应力，因此当已成形的管坯在其内焊缝金属完全凝固之前就脱离外控辊控制时，内焊缝金属的结晶裂纹倾向也会增大。

在管线钢的现场安装焊接过程中，同样会存在着由于安装工艺所引起的附加应

力，这种附加应力对环焊缝结晶裂纹的产生具有很大的影响。

综上所述，管线钢焊缝中的热裂纹不仅与焊缝的化学成分有关，而且与焊接过程中存在的各种附加应力有关。对于管线钢焊接而言，后者有时起主导作用，因此，在分析管线钢焊缝中热裂纹倾向时，一定要结合具体条件进行。

四、冷裂纹

冷裂纹是焊接管线钢时可能出现的一种严重缺陷。冷裂纹一般是在焊接冷却过程中，在马氏体开始转变温度 M_s 点附近或更低温度区间逐渐产生的，多发生在100℃以下。冷裂纹可以在焊后立即出现，也可以在焊后经过一段时间（几小时、几天甚至更长时间）才出现，因而冷裂纹往往具有延迟产生的特征。

大量的生产实践和理论研究表明，钢的淬硬倾向、焊接接头中含氢量及其分布，以及焊接接头的应力状态是管线钢焊接时产生冷裂纹的三大因素。

由于管线钢现场焊接时，易于满足冷裂纹产生的三大条件，因而管线钢焊接冷裂纹主要发生在管线钢现场焊接接头中。

1. 管线钢的淬硬倾向

不同成分钢材的冷裂纹敏感性，可以通过反映钢材焊接热影响区淬硬倾向的模拟焊接热影响区连续冷却转变（SHCCT）曲线来进行分析比较。若无这种曲线时也可以借用钢材一般的连续冷却转变（CCT）曲线或恒温转变（TTT）曲线来进行近似的分析。因为 SHCCT 曲线、CCT 曲线和 TTT 曲线都反映了钢材冷却过程中组织转变的特点。凡是淬透倾向大的钢材，由于它的过冷奥氏体的稳定性增加，孕育期延长，因此无论哪一种曲线都是向右移动。但由于冷却条件不同，因此不同曲线的右移程度不同。如 CCT 曲线右移的程度比 TTT 曲线大 1.5 倍以上，而 SHCCT 曲线右移就更多。因此，在比较两种钢材的淬硬倾向时，必须注意采用同一种曲线；另外，在采用同一种曲线作比较时，还必须要求钢材加热前的原始组织、奥氏体化温度和时间基本相同，因为这些因素都会影响到冷却过程中奥氏体的稳定性。

钢中显微组织结构对冷裂纹具有不同的敏感性，钢中马氏体数量越多，越容易产生冷裂纹。这是因为马氏体是碳在 α 铁中的过饱和固溶体，碳原子以间隙原子存在于晶格之中，使铁原子偏离平衡位置，晶格发生较大的畸变，属于一种硬脆组织，发生断裂时只需消耗较低的能量。但由于低碳马氏体的 M_s 点较高，转变后有自回火作用，它不仅有较高的强度，而且还具有足够的韧性，故此类马氏体的抗冷裂性能优于高碳马氏体。

冷裂纹常起源于焊接粗晶区，这是因为在焊接条件下，此处加热温度最高，奥氏体晶粒严重长大，当快速冷却时，易形成粗大淬硬组织的缘故。

此外，在焊接这种热力不平衡条件下所形成的淬硬组织中会具有更多的晶格缺陷：空位和错位。例如，低碳马氏体内亚结构的位错，密度约为 $(0.3 \sim 0.9) \times 10^{12}/\mathrm{cm}^2$。同时，在这种应力和热力不平衡条件下，空位和位错都会产生运动、聚集，当它们达到一定浓度时，即形成裂纹源，在应力的继续作用下，就会不断地扩展而形成宏观裂纹。

因此，可以用钢的淬硬倾向来衡量其冷裂纹敏感性。一般用最大硬度 HV_{max}来表示。管线钢的 HV_{max}求解见本章第二节相关内容，这里不再赘述。

2. 氢的作用

氢是引起管线钢焊接冷裂纹的重要因素之一，氢在钢中分为两部分：残余的固溶氢和扩散氢，只有扩散氢对钢的焊接冷裂纹有直接影响。

已知氢在不同组织中的溶解度和扩散能力是不同的，在奥氏体中溶解度大而扩散系数小，在铁素体中溶解度小而扩散系数大。若为马氏体组织，氢的扩散系数则比在铁素体中小得多，比在奥氏体中稍大一点。

在焊接过程中，受热源的作用，焊缝金属中溶解了大量的氢，冷却时又极力进行扩散和逸出，由于焊缝的含碳量一般低于母材，所以焊缝金属在较高温度下就发生相变，此时，焊接粗晶区金属因含碳量较高，相变尚未进行，仍为奥氏体组织。金属发生相变时，氢在其中的溶解度会突然下降，而氢在铁素体、珠光体中具有较大的扩散系数，因此焊缝中的氢将很快穿过熔合线 *ab* 向仍为奥氏体的焊接粗晶区扩散，如图 4-23 所示。氢一旦进入粗晶区金属，由于氢在奥氏体中的扩散系数较小，溶解能力较大，从而在靠近熔合线粗晶区一侧形成富氢的奥氏体带，当这种富氢的奥氏体转变为马氏体时，氢即以过饱和状态残留其中，促使此处金属的进一步脆化而可能导致产生冷裂纹。如果这种富氢的奥氏体转变成有利于氢扩散逸出的组织（如 F + P），则冷裂纹倾向会显著降低。

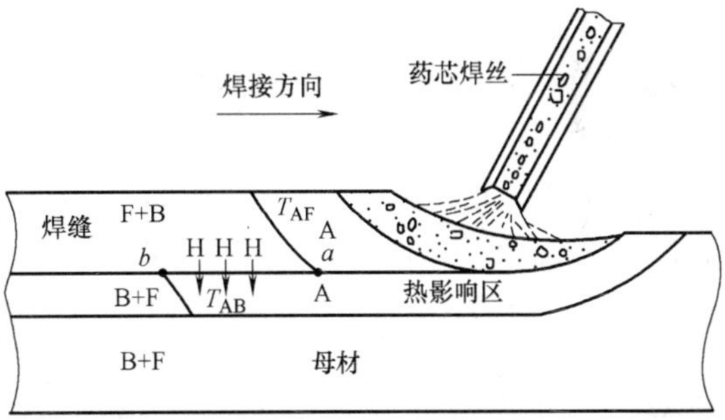

图 4-23　管线钢焊接粗晶区冷裂纹的形成过程

对于冷裂纹的产生，真正起作用的应是产生裂纹部位的残余扩散氢含量 $[H]_R$。而焊缝金属刚凝固时的扩散氢初始浓度 $[H]_D$并不等于形成裂纹时的残余扩散氢 $[H]_R$，因为在冷却过程中会有相当一部分氢扩散逸出。另外，由于氢在金属中的扩散是不均匀的，常在应力集中或缺口等有塑性应变的部位产生氢的局部聚集。因而，存在缺口的焊根与焊趾部位易产生冷裂纹。

3. 应力的作用

管线钢焊接冷裂纹不仅决定于钢的淬硬倾向和氢的有害作用，而且还决定于焊接接头所处的应力状态，甚至在某些情况下，应力状态还起决定性作用。

管线钢在焊接过程中的应力有不同的来源，其中包括不均匀加热及冷却过程中所产生的热应力、金属相变时产生的组织应力、结构自身拘束条件所造成的应力和焊接施工工艺引起的附加应力。由于热应力、组织应力和自拘束应力都受到各种条件的拘束，因此统称为拘束应力。

焊接拘束应力的大小决定于受拘束的程度，可以采用拘束度 R 来表示。R 的定义为单位长度焊缝，在根部间隙产生单位长度的弹性位移所需要的力。可用下式表示：

$$R=\frac{E\times t}{L}$$

式中 E——母材金属的弹性模量（N/mm^2）；

L——拘束距离（mm）；

t——板厚（mm）。

则作用于焊缝上的拘束应力 σ_w 为：

$$\sigma_w=m\cdot R$$

式中，m 为拘束系数，与钢的热物理性能（如线胀系数、比热容、热焓、失去弹性时的温度等）及工艺条件（如环境温度、坡口角度等）有关。对于管线钢平板对接焊条电弧焊时 $m\approx(3\sim5)\times10^{-2}$；对于管线钢环焊时，$m$ 值应按窄缝 slit 模型考虑，经 slit 研究 $\overline{m}\approx8\times10^{-2}$，相当于平板对接时的两倍。因此，管线钢环缝焊接时的拘束应力比同样拘束条件下的平板对接要大且复杂。

焊接过程中包括管道的预装、打底焊接，去掉内部对中夹具，并且用方木将管子垫起所产生的附加应力也是相当大的，此时焊接拘束应力可能已超过钢材的屈服强度值。而且局部预热不均匀也会产生附加拘束应力，从而使焊接拘束应力更大，恶化了焊接接头的抗裂性。

管线钢焊接时由于局部预热而产生的附加应力可由下式计算：

$$\Delta\sigma_T=R\alpha B(T_p-T_0)/h_w$$

式中 $\Delta\sigma_T$——局部预热时产生的附加应力（MPa）；

R——拘束度（N/mm^2）；

α——母材线胀系数，约为 1.14×10^{-5}/℃；

B——预热宽度（mm）；

T_p——预热温度（℃）；

T_0——初始温度（℃）；

h_w——焊缝厚度（mm）。

综上所述，管线钢产生焊接冷裂纹的三个因素是密切相关、互相促进的，可以说，冷裂纹是在三者共同作用下形成的。因此，控制冷裂纹实质上就是控制这三大因素，即尽可能降低作用在焊接接头上的应力，消除一切氢的来源，改善组织，如图 4-24 所示。

五、再热裂纹

再热裂纹一般发生在含有一定沉淀强化元素 Cr、Mo、V、Nb、Ti 等的管线钢

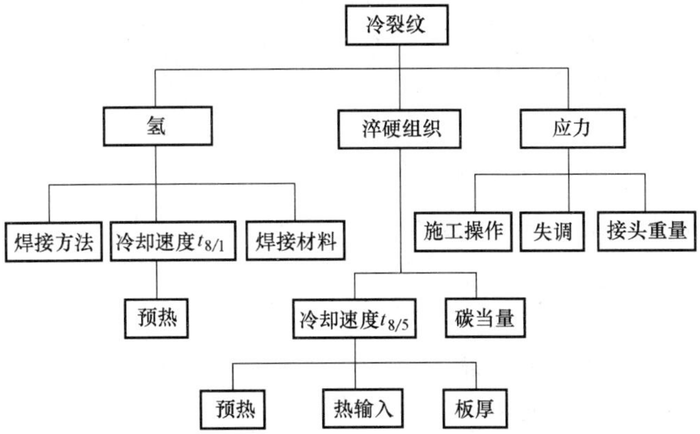

图 4-24　冷裂纹的影响因素与预防措施

焊接粗晶区中，是由 500 ~ 700℃ 的焊后热处理引起的一种焊接缺陷，且具有典型的沿晶断裂特征。这是因为含有一定沉淀强化元素的管线钢，在焊接热循环的作用下，其中的碳化物、氮化物等强化相，由于受高温（1100℃ 以上）的影响会固溶于金属中，在随后的冷却过程中，由于冷却速度大使其不能充分析出，而在二次加热过程中，晶内析出的碳化物、氮化物及沉淀相将使晶内强化，使应力松弛所需的塑性变形就集中于晶界，当晶界的塑性不足时，就会产生再热裂纹。

由于管线钢焊后一般不进行热处理，因而关于再热裂纹的问题可以不予考虑。但随着油、气田的开发，特别是高寒地带和海洋管线的建设，往往为了提高管线的韧性，对钢管要进行焊后热处理，此时应注意这一问题。

六、应力腐蚀裂纹

金属在拉应力和特定的环境介质共同作用下所产生的低应力脆断现象，称为应力腐蚀开裂（Stress Corrosion Cracking，简写为 SCC）。

虽然目前对油、气均进行净化处理，但如果净化处理不善，油、气中硫化氢含量较高或因钢管保护涂层老化等原因而使钢管的外壁与土壤和地下水接触时，就容易在管线钢焊接区产生 SCC，这除了组织因素外，最主要的原因是因为存在较大的焊接残余应力。

SCC 是一种电化学现象，它包括阳极活性通道腐蚀型 SCC（Active Path Corrosion SCC，简写为 APC—SCC）和阴极析氢致脆型 SCC（Hydrogen Embrittlement SCC，简写为 HE—SCC）两个共轭过程。它们的腐蚀过程如图 4-25 所示。

如图 4-25 所示，在应力作用下阳极发生 Fe 的溶解，即 Fe 以离子状态溶入介质：

$$Fe \longrightarrow Fe^{2+} + 2e$$

这就是所谓的阳极通道腐蚀型 SCC 过程。

与此同时，电子 e 通过金属内部流向阴极，与介质中的氢离子 H^+ 结合成原子氢，即

$$H^+ + e \longrightarrow H$$

这种结合的氢，将向金属中扩散溶解，造成脆化，即所谓阴极析氢致脆型 SCC 过程。

在输送酸性油、气时，管道内部接触 H_2S 和 CO_2。在应力和 H_2S 等腐蚀介质的共同作用下，经常发生与应力方向垂直的硫化物应力腐蚀裂纹（Sulfide Stress Corrosion Cracking，简写为 SSCC 或 SSC）。

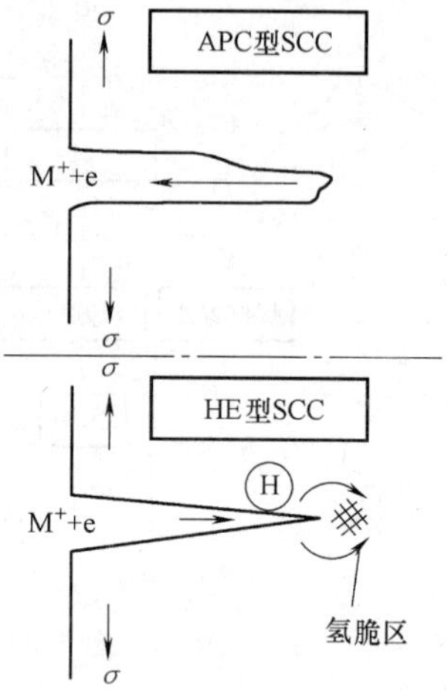

图 4-25　APC 和 HE 应力腐蚀过程示意图

由于受输送管道外保护涂层老化等因素的影响，钢管的外壁与土壤或地下水接触也会产生 SCC。其中硝酸根离子（NO_3^-）、氢氧根离子（OH^-）、碳酸根离子（CO_3^{2-}）和酸式碳酸根离子（HCO_3^-）是现场引起管线 SCC 的几种介质。

由以上分析可知，管线钢焊接接头是产生应力腐蚀裂纹的敏感区，但在具体生产条件下如何控制 SCC 的产生及其扩展，是一个比较复杂的问题。它涉及从结构设计、安装施工到生产管理各个环节，具体可以从以下几个方面考虑：

1）结构设计。合理选材，避免应力集中等。

2）施工制造。合理选用焊接材料，合理制定成形、装配焊接工艺，消除应力处理等。

3）生产管理。介质隔离（涂层、衬里），电化学防蚀，定期检查、及时修补等。

七、氢致裂纹

近年来，随着酸性天然气输送压力 P_0 的增加，氢致裂纹 HIC（Hydrogen Induced Crack），已成为输气管道主要的破坏形式之一，对 HIC 的研究也开始不断深化。

在今后几十年内，我国的能源结构将逐渐改观，石油、天然气在整个能源结构中所占的份额将急剧增加，两者中尤其以天然气显著，如近几年来重点建设的西气东输工程、忠 - 武输气工程和计划中拟建的中俄大口径输气管线工程等，这些管线均采用抗 HIC 钢管。

HIC 的产生及严重程度决定于输送气体介质中 H_2S 的分压。

国际上规定：

$$p_{H_2S} > 350\text{Pa} \quad 酸气$$

$$p_{H_2S} \leqslant 350\text{Pa} \quad \text{甜气}$$

式中　p_{H_2S}——H_2S 的分压（Pa）。

输送甜气时对管材及其焊缝不必提出抗 HIC 要求；对酸气，根据 p_{H_2S} 的大小要提出不同的抗 HIC 要求。

p_{H_2S} 可按下式计算：

$$p_{H_2S} = p_0 \times H_2S\% \tag{4-12}$$

式中　$H_2S\%$——输送介质中 H_2S 的体积百分比；

p_0——管道操作压力（Pa）。

由式（4-12）可看出，同样 $H_2S\%$，p_0 越高则 p_{H_2S} 也越高，从而越容易产生 HIC。近年来，p_0 的选取有增高的趋势，我国早期在四川省所建气管道 p_0 约在 2.0～2.5MPa 之间，而近年多取 p_0 在 8.0～10.0MPa 之间，预计将要建设的中俄管道压力也不会低于此范围。

为防止 HIC，尤其是在 p_0 较高的情况下，通常从两个方面做工作：

1）在天然气进入管道之前先经过脱硫处理，这些脱硫设备必须有高度的可靠性及性能稳定性，但随着 p_0 的提高，则需要 $H_2S\%$ 降得很低，如当 $p_0 = 10.0\text{MPa}$ 时，则需将 $H_2S\%$ 降至 0.004% 以下，这一点是很难做到的，即使做到也要在脱硫设备上花费很大的投资。

2）第二个方面是对管材及其焊缝提出适当的 HIC 要求。

在实际工作中，往往采取两个方面互相"迁就"，最终找到最佳配合，采用优化设计，目标函数为投资费及运营费综合指标最低。

HIC 的产生大体按以下 6 个步骤进行：

1）天然气中的水分附着于钢管的内表面，H_2S 在水中形成离子状态：

$$H_2S \longrightarrow 2H^+ + S^{2-}$$

2）Fe 夺取 H^+ 的正电荷，成为 Fe^{2+} 及氢原子：

$$Fe + 2H^+ \longrightarrow Fe^{2+} + 2H$$

3）形成 FeS：

$$Fe^{2+} + S^{2-} \longrightarrow FeS$$

FeS 为红褐色，附着于管壁内表面，清管时可清除下来成为粉末状排出管外。

4）氢原子（H）体积很小，可向钢中扩散，p_{H_2S} 越大扩散越严重，氢原子首先聚集在非金属夹杂物（如 MnS 等）、气孔、偏析中。

5）在氢原子（H）存留处，氢原子（H）变成氢分子（H_2），体积增大 20 倍。

6）体积增大过程中，存留处的压力也随之增大，随着时间的延续，氢原子（H）不断渗入，并不断转变为氢分子（H_2），压力也就随之不断增加，当增至超过金属的起裂条件时，则会造成裂纹扩展。若存留处在管子外表面，则形成鼓泡；若在较深的部位则形成平行于金属表面的裂纹，这些裂纹通常呈阶梯状。

以上是典型情况。个别情况下，氢原子与钢中的碳生成 CH_4，而 CH_4 在缺陷中或晶界处聚集并形成裂纹，此时在裂纹扩展处的钢中有脱碳现象。另外一种情况下，氢原子可侵入晶格，使钢材松、脆进而使其损坏。

由此看来，对于输送酸气的长输管道必须要重视 HIC 的问题，具体到提高输气管线焊接接头 HIC 能力的基本措施主要有以下几个方面：

1）对输送介质进行脱硫和脱水。这是传统的、最有效的方法，然而随着操作压力 p_0 的提高，对 $H_2S\%$ 要求越来越低，这意味着脱硫设备及脱水设施的投资及操作费用的大幅提高，是有效办法，但并非唯一办法。

2）采用合适的输送介质温度。试验表明，介质温度在 20～40℃之间易产生 HIC。随着温度的提高，硫化氢（H_2S）的饱和浓度下降，如有可能应使介质温度避开这一温度区间。

3）非金属夹杂物是氢原子渗入钢中的主要去处，故首先要减少焊缝中的非金属夹杂物。非金属夹杂物以 MnS 为主，故在焊接材料选取上要重视，通常对焊缝要做到：$w(S)\% \leqslant 0.005\%$，$w(Mn)\% < 1.5\%$；有些焊缝中 $w(Mn)\% < 1\%$。

4）尽量减小偏析，降低磷含量。研究人员的实践经验表明，将焊接材料中的 Mn 与 P 加以控制可减少偏析，通常焊接材料熔敷金属中取：$w(Mn) < 1.5\%$，$w(P) < 0.015\%$。

5）尽可能避免气孔产生。这就要求焊接过程中气体保护焊时加强保护，焊条电弧焊时进行短弧操作，避免采用小电流高电压焊接规范操作方式及大电流快速焊操作方式等。此外，还要注意选取工艺性能较好的焊接材料提高根焊道背部成形能力以防止未焊透、背部咬边等缺陷的产生。

6）焊后对焊缝进行热处理，使晶粒细化、组织均匀，减少马氏体硬块。

八、焊接热影响区的性能变化

管线钢焊接热影响区是一个在成分、组织、晶粒度以及性能等方面均有较大差异的不均体，其性能的变化与所焊钢材的种类、合金系统及焊接工艺条件等都有很大关系。对管线钢来说主要是脆化和软化问题。

1. 脆化问题

管线钢焊接时，热影响区的主要性能变化之一是脆化问题，它常常是引起管线开裂和脆性破坏的主要原因。管线钢焊接热影响区脆化有多种类型，表现为粗晶区脆化、临界粗晶区脆化和热应变时效脆化等。

（1）粗晶脆化　粗晶脆化的主要原因是晶粒粗化。晶粒粗化或长大受许多因素的影响，对于已经确定了的化学成分和组织状态的钢而言，奥氏体晶粒长大的倾向主要受加热温度和保温时间的影响，而且加热温度的影响远大于保温时间的影响，加热温度越高，晶粒粗化越严重。

焊接粗晶区实际长大的程度决定于焊接热循环的特性，其主要是在碳化物、氮化物的平衡溶解度极限温度以上发生的。在焊接热循环这种连续加热与冷却的条件下，晶粒的长大，在加热过程中最为激烈，而且在冷却过程中还有长大的趋势。实践证明，只有在超过1100℃时钢的奥氏体晶粒才明显长大。因此为防止晶粒长大，必须尽可能减少高温持续时间 t_H，特别是1100℃以上的持续时间。为此可从控制焊接热输入、调整管线钢化学成分、调整焊接冷却条件和焊后进行热处理四个方面着手。

（2）临界粗晶区脆化　临界粗晶区脆化或称为两相区脆化，它出现在管线钢前一焊道产生的粗晶区又受到后一焊道加热到（Ac_1 ~ Ac_3）临界区温度的区域，是管线钢双面焊和多道焊中的一种特殊的脆化现象。临界粗晶脆化区被认为是管线钢焊接热影响区中最脆的区域之一。临界粗晶脆化区的原因主要是粗晶区的组织遗传性和显微组织的变化。

组织遗传是指在某些条件下，原始粗大的非平衡组织经快速加热到临界温度以上，虽发生了 $\alpha \rightarrow \gamma$ 相变，但原始晶粒并没有得到细化，而是保留了其粗晶形貌和结晶学位相关系。多道焊时，管线钢一次热循环粗晶区粗大的非平衡组织是在奥氏体的 $\{111\}_r$上以切变方式生成，并与母相保持着 K－S 的位相关系，因而当第二次热循环的温度不太高时（Ac_1 ~ Ac_3），为了减少相变阻力，奥氏体形核总是力求与这些结晶学有序组织在密排面和密排方向上保持平行。这种取向结果使得在承受第二次热循环作用且峰值温度处于（$\alpha + \gamma$）两相区时，由于组织遗传性而使晶粒未得到细化，形成粗大的、含碳量较高的 M－A 组元和块状铁素体，这些组元经常沿晶界分布，在变形过程中很易造成它与基体之间的分离，进而导致管线钢焊接 HAZ 临界粗晶区脆化。

（3）热应变脆化　钢材在室温下受到塑性预应变后，在室温放置较长时间或稍经加热可使硬度和屈服强度升高，同时塑性、韧性降低。高温下的预应变，尤其在200~300℃的预应变，比室温时预应变的脆化效应还要严重。在管线钢板卷拆卷及钢管的生产过程中，钢板因卷板和钢管成形引起的局部应变，在随后的焊接热作用下即会引起热应变时效脆化（Hot Straining Embrittlement，简记 HSE）。一般把室温或低温下受到预应变后产生的时效现象，称为静应变时效。静应变时效的原因，认为主要是由于存在于 α－Fe 间隙中的 C、N 原子，通过扩散重新聚集于位错周围，形成所谓的 Cottrell 气团而钉扎位错所致。一般把在较高温度下（如200~400℃）承受塑性应变时产生的时效现象，称为动应变时效。动应变时效的原因，认为是由于热应力产生塑性变形使位错增殖，同时诱发碳、氮原子快速扩散，集聚于位错周围形成所谓 Cottrell 气团而钉扎位错所致。

关于热应变脆化（HSE 脆化）的机理，目前认识尚不够深入，一般认为热应变脆化是动应变时效和静应变时效综合作用的结果。发生 HSE 脆化时，并不一定伴随金相组织的变化。焊接接头由于受到热作用，金相组织具有明显的不均匀性，对于产生 HSE 具备了良好的条件。实践证明，焊接接头中明显产生 HSE 的部位是 HAZ 的熔合区和 Ac_1 以下的 HAZ（200～600℃）。由于焊接接头在其熔合区最易产生各种缺陷，尤其是咬边、未焊透等造成的缺口效应，更易看到 HSE 脆化现象。合金化程度低和不含有能固定 N 元素的钢种，HSE 脆化程度最大。

对于无缺口的焊接接头，在焊接过程中 Ac_1 以下的 HAZ 所受到的热应变一般不超过 1%，这时动应变时效脆化程度不会很大。而静应变时效脆化的程度则往往取决于钢材在焊前所受到的预应变量，一般可达 5%。因此，焊接接头 HAZ 应变脆化，往往是以静应变时效为主，动应变时效为辅的综合作用。

为了衡量管线钢在焊接条件下的应变时效脆化程度，常用静态应变时效试验方法，即从母材取样，室温下预拉伸应变 5%，在 250℃加热 0.5～1h，然后制成冲击试样，进行冲击吸收能量试验。依据国际标准规定，采用敏感系数 C_v 作为钢材静应变时效评定的参考。C_v 的表达式为：

$$C_v = \frac{\overline{E}_t - \overline{E}_{ts}}{\overline{E}_t} \times 100\%$$

式中 $\overline{E}_t$——母材在 t℃时的平均冲击吸收能量（J）；

$\overline{E}_{ts}$——母材经过一定应变时效后，在 t℃时的平均冲击吸收能量（J）。

2. 软化问题

热影响区的另一主要性能变化是高强度管线钢的软化问题。

近十余年来，随着抗大变形钢管、X90、X100 和 X120 等高强度管线钢的开发，发现焊接热影响区硬度降低（见图 4-26），表现为热影响区软化。在地震、永久冻土等大位移环境中，为使管道在拉伸、压缩和弯曲状态下具有避免屈曲、失稳和延性断裂的极限应变能力，对热影响区的软化问题正日益受到关注。

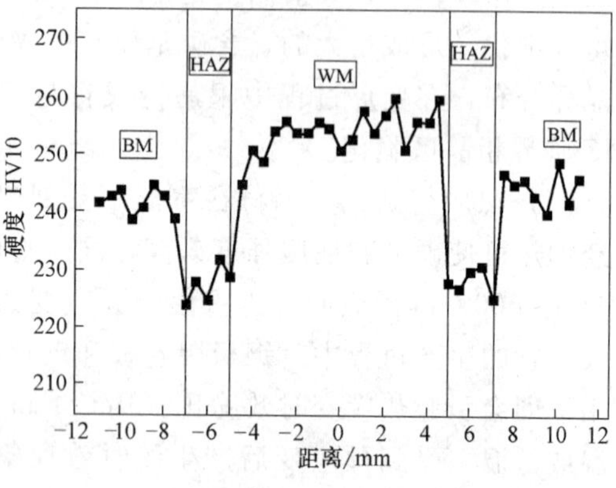

图 4-26 X90 钢环焊接头的硬度测试数据图

有文献资料表明，受管线钢冶金特点及生产工艺的影响，抗大变形管线焊接时必定会在热影响区（HAZ）产生软化，而且由于焊接材料的选择及焊接工艺特点的影响，整个环焊缝的强度也是不均匀的，如根焊位置强度偏低，有可能局部成低匹配状态。另外环焊缝也是容易产生缺陷的区域。对于承受大位移的管线，应变将在 HAZ 软化区及低匹配焊缝区产生强烈集中，如果热影响区的强度比母材低 10%，则热影响区的应变集中系数可以高达 9。在没有缺陷的情况下，如果软化区尺寸足够小（1/4～1/2 管壁厚度），应变集中不影响整个接头的静载变形能力。但是在焊缝及热影响区经常会出现缺陷，此时材料的后屈曲行为及缺陷的尺寸对输送管的变形能力有着直接的影响，所以在基于应变的设计中焊接热影响区软化现象应尽量避免。

国外研究表明，在 X100 和 X120 等高强度管线钢中，由于在控轧、控冷过程中强烈加速冷却和贫合金化技术路线的实施，HAZ 软化是普遍存在的，埋弧焊多道焊软化区的宽度通常在 3～5mm 之间，环焊接头多道焊软化区的宽度通常在 0.5～3mm 之间。研究也表明，软化区宽度是焊接热过程的函数，低速、高预热、大的焊接热输入使软化区宽度增加。因此，为防止热影响区软化现象，应兼顾材料的选择和焊接工艺的优化。

思　考　题

1. 简述焊接性概念及进行焊接性分析试验的目的。
2. 简述管线钢的发展趋势。
3. 简述冷裂敏感性分析方法有哪些？
4. 对于某管厂提供的 X80（L555）ϕ1219mm × 18.4mm 钢管，其化学成分如下：

（质量分数，%）

C	Si	Mn	P	S	Cr	Mo	Ni	Nb	V	Al	Cu	Ti	B	Mo
0.06	0.27	1.91	0.015	0.003	0.230	0.009	0.014	0.080	0.030	0.032	0.012	0.016	0.0003	0.130

采用 KOBE LB-52U ϕ3.2mm 低氢焊条根焊时，热输入控制在不大于 15kJ 时，请利用本章节提到的相关公式预测其现场焊接时需要的最低预热温度。

5. 简述选择或制定焊接性试验方法的原则。
6. 简述目前管线钢焊接性存在的主要问题。

第五章 长输管道工程焊接工艺及工艺评定

第一节 国内外长输管道工程常用焊接工艺

依托焊接方法的不断变革，焊接设备历经了从传统的弧焊变压器、旋转式直流弧焊机→磁放大器式直流焊机→可控硅整流式直流焊机→脉冲式直流焊机→逆变式直流焊机→波控式直流焊机→人机对话式焊机的发展历程，相应产品也不断推陈出新，可靠性变得更加优良且逐渐国产化。

焊接材料则历经了传统的酸性与低氢型向上焊焊条→低强度埋弧焊与活性气体保护焊用实心焊丝→纤维素型与铁粉低氢型向下焊焊条→低钢级自保护与气保护药芯焊丝、高强度埋弧焊实心焊丝→高强度自保护药芯焊丝与活性气体保护焊用实心焊丝过渡的历程。焊接材料的品牌和钢级多样化，工艺性能与使用性能也更趋于优良，但以国外品牌为主。

而焊接工艺则由单一的焊接方法、焊接材料、传统的60°V形焊接坡口和单面焊双面成形技术逐渐被组合的焊接方法、焊接材料、功效高的U形、VY形复合窄坡口及单面焊双面成形技术与管内外组合焊技术共存的成形技术所代替，且自动化程度越来越高。许可施焊环境温度也由过去的5℃以上逐步推向-20℃的低温甚至极限的-50℃的低温环境。

结合国内外长输管道近十年常用焊接工艺应用基本情况，从焊接工艺的组合情况、匹配的设备及其适应性、适用的焊接材料、施工效率、无损检测情况、完成的接头力学性能、国内相应技术掌握的程度及新工艺技能培训的周期、相应焊接工艺适用的场合、相应焊接材料适合的管材等级等方面情况进行系统的收集汇总，详细情况见表5-1～表5-3。

国内外长输管道常用焊接工艺基本情况的汇总信息如下：

1）随着长输管道向着高钢级、大口径、厚壁化方向的发展，今后长输管道的干线焊接工艺要重点研究并推广高效的自动焊向下焊接工艺，尤其是十分高效的“CRC IWM内焊机气体保护向下根焊+CRC P260焊机气体保护向下热焊+CRC P600焊机气体保护向下填充盖面焊”焊接工艺。考虑到目前向下自动焊未熔合几率较高的实情，今后几年对于自动焊技术开发的重点放在如何优化焊接参数和施工技术措施来克服焊缝中的边缘未熔合缺欠问题。另外，国外单弧双丝焊技术、双弧

表 5-1 国内外长输管道常用焊条电弧焊焊接工艺基本情况汇总表

焊接工艺	常用焊接材料	施工效率	无损检测情况(执行 SY/T 4109—2013 规范)	力学性能	国内掌握程度、培训周期及应用场合	设备稳定性及低温环境的适应性	相应焊接材料适合的管材等级
纤维素焊条向上根焊 + 低氢焊条向上焊	奥地利伯乐 BOEHLER FOX CEL ϕ3.2mm/BOEHLER FOX CEL 75 ϕ3.2mm/美国林肯 LINCOLN FLEETWELD 5P + ϕ3.2mm(根焊) + 奥地 BOEHLER E7018—Aϕ3.2mm/林肯 Pipeliner 18Pϕ3.2mm/Pipeliner 19Pϕ3.2mm/神冈 LB—106ϕ3.2mm(填充、盖面)	比较慢;X65 级以上钢管焊接时需要较高的预热温度;ϕ1219mm × 22mm 钢管焊接效率 10 道口/10h · 机组左右	焊缝外观成形一般,射线和超声检测结果统计为夹渣、气孔缺欠几率高,合格率 85% 左右	焊缝强韧性较好,焊缝断面主要表现为灰口	部分人掌握;零起点焊工培训周期 45 天左右;主要应用于连头、返修和特殊场合	采用美国林肯焊接电源基本不出现故障,低温环境适应性强	BOEHLER FOX CEL 75 ϕ3.2mm(根焊)、Pipeliner 19Pϕ3.2mm/神冈 LB—106ϕ3.2mm(填充盖面)可用于 X80 级钢管焊接,其他焊接材料用于 X80 以下钢级钢管焊接
低氢焊条向上焊	日本神冈 KOBE LB52U ϕ3.2mm/LB62U ϕ3.2mm/瑞士奥林康 OERLIKON TENAX56Sϕ3.2mm/伯乐 BOEHLER FOX EV PIPEϕ3.2mm/林肯 PIPELINER 16Pϕ3.2mm/90/美国郝伯特 HOBART 7016ϕ3.2mm/瑞典伊萨 ESAB OK 53.70ϕ3.2mm(根焊) + 伯乐 BOEHLER E7018—Aϕ3.2mm/BOEHLER FOX EV 60 PIPE ϕ3.2mm/林肯 Pipeliner 18Pϕ3.2mm/Pipeliner 19Pϕ3.2mm/神冈 LB—106ϕ3.2mm(填充、盖面)	比较慢;X65 级以上钢管焊接时需要预热温度适中;ϕ1219mm × 22mm 钢管焊接效率 10 道口/10h · 机组左右	无损检测情况同上。尤其是 KOBE 牌焊条全位置焊接工艺性能较好,焊缝背面成形较好	焊缝强韧性优于纤维素焊条根焊的焊缝。焊缝断面主要表现为灰口	同上	同上	KOBE LB62U ϕ3.2mm(根焊)、Pipeliner 19P ϕ3.2mm/神冈 LB—106 ϕ3.2mm(填充盖面)可用于 X80 级钢管焊接,其他焊接材料用于 X80 以下钢级钢管焊接

（续）

焊接工艺	常用焊接材料	施工效率	无损检测情况（执行 SY/T 4109—2013 规范）	力学性能	国内掌握程度、培训周期及应用场合	设备稳定性及低温环境的适应性	相应焊接材料适合的管材等级
纤维素焊条向下根焊、热焊+低氢焊条向下填充盖面焊	BOEHLER FOX CEL ϕ4.0mm/林肯 FLEETWELD 5P + ϕ4.0mm/神冈 KOBE—6010 ϕ4.0mm/伊萨 ESAB SUBWELD 10P ϕ4.0mm/BOEHLER FOX CEL 75ϕ4.0mm（根焊）+ BOEHLER FOX CEL 85 ϕ4.0mm/FOX CEL 90 ϕ4.0mm/LINCOLN SHIELD—ARC 70 +/KOBE—8010S ϕ4.0mm/ESAB SUBWELD 810P ϕ4.0mm（热焊）+ BOHLER FOX BVD 85 ϕ4.0mm/FOX BVD 90 ϕ4.0mm/FOX BVD 100 ϕ4.0mm/FOX BVD 110 ϕ4.0mm/LINCOLN LH D80 LB—88VS ϕ4.0mm/ESAB OK 53.38 ϕ4.0mm（填充、盖面）	较慢；X65 级以上钢管焊接时需要较高的预热温度；ϕ1219mm × 22mm 钢管焊接效率 15 道口/10h·机组左右	焊缝外观成形一般，射线和超声检测结果统计为夹渣、气孔缺欠几率高，合格率 80% 左右，且随低氢焊接材料强度的提高而降低	焊缝强韧性一般，焊缝断面主要表现为灰口	部分人掌握；零起点焊工培训周期 50 天左右；主要应用于干线、连头和特殊场合焊接	同上	BOEHLER FOX CEL 75 ϕ4.0mm（根焊）+ BOEHLER FOX CEL 90 ϕ4.0mm + BOHLER FOX BVD 100 ϕ4.0mm/BOHLER FOX BVD 110 ϕ4.0mm（填充、盖面）可用于 X80 级钢管焊接，其他焊接材料用于 X80 以下钢级钢管焊接
低氢焊条向上根焊 + 低氢焊条向下填充盖面焊	KOBE LB52U ϕ3.2mm/LB62U ϕ3.2mm/OERLIKON TENAX56S ϕ3.2mm/BOEHLER FOX EV PIPE ϕ3.2mm/LINCOLN PIPELINER 16Pϕ3.2mm/HOBART 7016 ϕ3.2mm/ESAB OK 53.70 ϕ3.2mm（根焊）+ BOHLER FOX BVD 85 ϕ4.0mm/FOX BVD 90 ϕ4.0mm/FOX BVD 100 ϕ4.0mm/FOX BVD 110 ϕ4.0mm/LINCOLN LH D80 LB—88VS ϕ4.0mm/ESAB OK 53.38 ϕ4.0mm（填充、盖面）	较慢；X65 级以上钢管焊接时需要预热温度适中；ϕ1219mm × 22mm 钢管焊接效率 15 道口/10h·机组左右	同上	焊缝强韧性优于纤维素焊条根焊的焊缝。焊缝断面主要表现为灰口	同上	同上	KOBE LB62U ϕ3.2mm（根焊）+ BOEHLER FOX CEL 90 ϕ4.0mm + FOX BVD 100 ϕ4.0mm/FOX BVD 110 ϕ4.0mm（填充、盖面）可用于 X80 级钢管焊接，其他焊接材料用于 X80 以下钢级钢管焊接

表 5-2 国内外长输管道常用半自动焊焊接工艺基本情况汇总表

焊接工艺	常用焊接材料	施工效率	无损检测情况（执行 SY/T 4109—2013 规范）	力学性能	国内掌握程度、培训周期及应用场合	设备稳定性及低温环境的适应性	相应焊接材料适合的管材等级
纤维素焊条向下根焊＋自保护药芯焊丝半自动向下热焊、填充盖面焊	奥地利 BOEHLER FOX CEL φ4.0mm/BOEHLER FOX CEL 75 φ4.0mm 林肯 FLEETWELD 5P ＋ φ4.0mm/神冈 KOBE—6010 φ4.0mm/瑞典 ESAB SUBWELD 10P φ4.0mm（根焊）＋美国郝伯特 HOBART 81N1 φ2.0mm/HOBART FABSHIELD X80 φ2.0mm/美国林肯 Lincoln NR207 WEPPφ2.0mm/LINCOLN NR208—XP φ2.0mm/LINCOLN Primacore SW—88P φ2.0mm/瑞典 ELGASHIELD BFS 424Ni1 φ2.0mm/ELGASHIELD BFS 464Ni 2 φ2.0mm/中国金桥 JC—30φ2.0mm（热焊、填充、盖面）	尚可；X65 级以上钢管焊接时需要预热温度较高；φ1219mm × 22mm 钢管焊接效率 20 道口/10h·机组左右	外观成形较好，射线和超声检测结果统计为夹渣、气孔缺欠，未熔合缺欠几率极低，合格率 95% 以上	较好，但焊缝低温韧性离散性大，厚壁管焊接时焊缝氢含量高；焊缝断面主要表现为脆性断口	绝大部分焊工掌握，技术水平高。零起点焊工培训周期 35 天左右，主要应用于干线、连头焊接	采用美国林肯成套设备基本不出现故障，低温环境适应性强	仅 BOEHLER FOX CEL 75 φ4.0mm（根焊）＋ HOBART FABSHIELD X80 φ2.0mm/LINCOLN Primacore SW—88P φ2.0mm/ ELGASHIELD BFS 464Ni2φ2.0mm/JC—30φ2.0mm（热焊、填充、盖面）可用于 X80 级钢管焊接，左表中所列焊接材料均可用于 X80 以下钢级钢管焊接
美国 LincolnSTT（表面张力过度）技术气体保护实心焊丝半自动向下根焊＋自保护药芯焊丝半自动向下热焊、填充盖面焊	奥地利 BOEHLER SG3—P φ1.2mm/林肯 Pipeliner 70S—6φ1.2mm/林肯 Super Arc L—56φ1.2mm（根焊）＋美国郝伯特 HOBART 81N1 φ2.0mm/HOBART FABSHIELD X80 φ2.0mm/美国林肯 Lincoln NR207 WEPPφ2.0mm/LINCOLN NR 208—XPφ2.0mm/LINCOLN Primacore SW—88P φ2.0mm/瑞典 ELGASHIELD BFS 424Ni1φ2.0mm/ELGASHIELD BFS 464 Ni2φ2.0mm/中国金桥 JC—30φ2.0mm（热焊、填充、盖面）根焊保护气体：100% CO_2	比较高；X65 级以上钢管焊接时需要预热温度适中；φ1219mm × 22mm 钢管焊接效率 25 道口/10h · 机组左右	外观成形尤其是根焊成形较好，射线和超声检测结果统计为夹渣、气孔缺欠，未熔合缺欠几率极低，合格率 95% 以上	同上。特别是采用 STT 技术进行根焊时，焊接参数选取不当易导致根焊道虽已熔合但不充分，致使根焊道弯曲性能较差	绝大部分焊工掌握，技术水平高。零起点焊工培训周期 30 天左右，主要用于干线、连头焊接	采用美国林肯相应设备基本不出现故障，低温环境适应性强	仅 BOEHLER SG3—P φ1.2mm /Pipeliner 70S—6φ1.2mm（根焊）＋ HOBART FABSHIELD X80φ2.0mm/LINCOLN Primacore SW—88P φ2.0mm/ELGASHIELD BFS 464Ni2φ2.0mm/JC—30φ2.0mm（热焊、填充、盖面）可用于 X80 级钢管焊接，左表中所列焊接材料均可用于 X80 以下钢级钢管焊接

（续）

焊接工艺	常用焊接材料	施工效率	无损检测情况（执行 SY/T 4109—2013 规范）	力学性能	国内掌握程度、培训周期及应用场合	设备稳定性及低温环境的适应性	相应焊接材料适合的管材等级
美国米勒 RMD（短弧控制）技术气体保护实心焊丝半自动向下根焊＋自保护药芯焊丝半自动向下热焊、填充盖面焊	奥地利 BOEHLER SG3—P ϕ1.2mm/林肯 Pipeliner 70S—6ϕ1.2mm/林肯 Super Arc L—56ϕ1.2mm（根焊）＋美国郝伯特 HOBART 81N1 ϕ2.0mm/HOBART FABSHIELD X80ϕ2.0mm/美国林肯 Lincoln NR207 WEPPϕ2.0mm/LINCOLN NR208—XPϕ2.0mm/LINCOLN Primacore SW—88P ϕ2.0mm/瑞典 ELGASHIELD BFS 424Ni1ϕ2.0mm/ELGASHIELD BFS 464Ni2ϕ2.0mm/中国金桥 JC—30ϕ2.0mm（热焊、填充盖面） 根焊保护气体：Ar80% ＋ CO_2 20%（体积分数）	同上	外观成形较好，射线和超声检测结果统计为根焊气孔缺欠几率较高。填充盖面夹渣、气孔缺欠，未熔合缺欠几率极低，合格率 90%以上	较好，但焊缝低温韧性离散性大，厚壁管焊接时氢含量较高；焊缝断面主要表现为脆性断口	部分焊工掌握根焊技术，技术水平尚可。大多数焊工掌握填充盖面技术，水平较高。零起点焊工培训周期 30 天左右；主要用于干线、连头焊接	采用林肯相应填充盖面设备基本不出现故障，低温环境适应性强。米勒 RMD 设备低温环境下运行情况尚不明确	仅 BOEHLER SG3—P ϕ1.2mm/Pipeliner 70S—6ϕ1.2mm（根焊）＋HOBART FABSHIELD X80 ϕ2.0mm/LINCOLN Primacore SW—88P ϕ2.0mm/ELGASHIELD BFS 464Ni2ϕ2.0mm/中国金桥 JC—30ϕ2.0mm（热焊、填充、盖面）可用于 X80 级钢管焊接，左表中所列焊接材料均可用于 X80 以下钢级钢管焊接
美国米勒 RMD（短弧控制）技术气体保护金属粉芯焊丝半自动向下根焊＋自保护药芯焊丝半自动向下热焊、填充盖面焊	美国郝伯特 HOBART TRI—MARK METALLOY 80N1 ϕ1.2mm/瑞士奥林康 OERLIKON FLUXOFIL M10 PG ϕ1.2mm（根焊）＋美国郝伯特 HOBART 81N1 ϕ2.0mm/HOBART FABSHIELD X80ϕ2.0mm/美国林肯 Lincoln NR207 WEPPϕ2.0mm/LINCOLN NR208—XP ϕ2.0mm/LINCOLN Primacore SW—88P ϕ2.0mm/瑞典 ELGASHIELD BFS 424 Ni1ϕ2.0mm/ELGASHIELD BFS 464Ni2ϕ2.0mm/中国金桥 JC—30ϕ2.0mm（热焊、填充盖面） 根焊保护气体：Ar80% ＋ $CO_2$20%（体积分数）	同上	根焊气孔缺欠几率较 STT 稍高，其他同上	同上	部分焊工掌握根焊技术。大多数焊工掌握填充盖面技术，水平较高。零起点焊工培训周期 30 天左右；主要用于干线、连头焊接	同上	HOBART TRI—MARK METALLOY 80N1 ϕ1.2mm/瑞士奥林康 OERLIKON FLUXOFIL M10 PG ϕ1.2mm（根焊）＋HOBART FABSHIELD X80 ϕ2.0mm/LINCOLN Primacore SW—88P ϕ2.0mm/ELGASHIELD BFS 464Ni2ϕ2.0mm/JC—30ϕ 2.0mm（热焊、填充、盖面）可用于 X80 级钢管焊接，其他焊接材料均可用于 X80 以下钢级钢管焊接

（续）

焊接工艺	常用焊接材料	施工效率	无损检测情况（执行 SY/T 4109—2013 规范）	力学性能	国内掌握程度、培训周期及应用场合	设备稳定性及低温环境的适应性	相应焊接材料适合的管材等级
低氢焊条向上根焊＋自保护药芯焊丝半自动向下热焊、填充盖面焊	神冈 KOBE LB52U ϕ3.2mm/KOBE LB62U ϕ3.2mm/瑞典奥林康 OERLIKON TENAX56Sϕ3.2mm/奥地利伯乐 BOEHLER FOX EV PIPEϕ3.2mm/美国林肯 LINCOLN PIPELINER 16Pϕ3.2mm/美国郝伯特 HOBART 7016ϕ3.2mm/瑞典伊萨 ESAB OK 53.70ϕ3.2mm（根焊）＋美国郝伯特 HOBART 81N1 ϕ2.0mm/HOBART FABSHIELD X80ϕ2.0mm/美国林肯 Lincoln NR207 WEPPϕ2.0mm/LINCOLN NR208—XPϕ2.0mm/LINCOLN Primacore SW—88P ϕ2.0mm/瑞典 ELGASHIELD BFS 424Ni1ϕ2.0mm/ELGASHIELD BFS 464Ni2ϕ2.0mm/中国金桥 JC—30ϕ2.0mm（热焊、填充盖面）	一般；X65 级以上钢管焊接时需要预热温度适中；ϕ1219mm×22mm 钢管焊接效率 18 道口/10h·机组左右	外观成形较好，射线和超声检测结果统计为夹渣、气孔、未熔合缺欠几率低，合格率 95%以上	同上	绝大部分焊工掌握，技术水平高。零起点焊工培训周期 35 天左右；主要用于干线、连头焊接	设备基本不出现故障，低温环境适应性强	仅 KOBE LB52U/LB62U ϕ3.2mm（根焊）＋HOBART FABSHIELD X80ϕ2.0mm/LINCOLN Primacore SW—88P ϕ2.0mm/ELGASHIELD BFS 464Ni2ϕ2.0mm/JC—30ϕ2.0mm（热焊、填充、盖面）可用于 X80 级钢管焊接，左表中所列焊接材料可用于 X80 以下钢级钢管焊接
美国 CRC IWM 内焊机气体保护实心焊丝向下根焊＋自保护药芯焊丝半自动向下热焊、填充盖面焊	伯乐 BOEHLER SG3—Pϕ0.9mm/伯乐蒂森 TS—6ϕ0.9mm（根焊）＋郝伯特 HOBART 81N1 ϕ2.0mm/HOBART FABSHIELD X80ϕ2.0mm/林肯 Lincoln NR207 WEPPϕ2.0mm/LINCOLN NR208—XPϕ2.0mm/LINCOLN Primacore SW—88P ϕ2.0mm/瑞典 ELGASHIELD BFS 424Ni1ϕ2.0mm/ELGASHIELD BFS 464Ni2ϕ2.0mm/中国金桥 JC—30ϕ2.0mm（热焊、填充盖面） 根焊保护气体：Ar75% ＋ $CO_2$25%（体积分数）	比较高；X65 级以上钢管焊接时需要预热温度适中；ϕ1219mm×22mm 钢管焊接效率 40 道口/10h·机组左右	外观成形较好，射线和超声检测结果统计为夹渣、气孔缺欠几率低，合格率 95%以上	同上	绝大部分焊工掌握，技术水平高。零起点焊工培训周期 25 天左右；主要应用于坡度≤15°的干线焊接	内焊机设备偶尔出现故障，低温环境适应性强	仅 BOEHLER SG3—P ϕ0.9mm/TS—6ϕ0.9mm＋HOBART FABSHIELD X80ϕ2.0mm/LINCOLN Primacore SW—88P ϕ2.0mm/ELGASHIELD BFS 464Ni2 ϕ2.0mm（填充盖面）可用于 X80 级钢管焊接，其他焊接材料用于 X80 以下钢级钢管焊接

表 5-3 国内外长输管道常用自动焊焊接工艺基本情况汇总表

焊接工艺	常用焊接材料	施工效率	无损检测情况（执行 SY/T 4109—2013 规范）	力学性能	国内掌握程度、培训周期及应用场合	设备稳定性及低温环境的适应性	相应焊接材料适合的管材等级
STT 技术气体保护实心焊丝半自动向下根焊 + PAW2000 气体保护实心焊丝自动向下热焊、填充盖面焊	BOEHLER SG3—P ϕ1.2mm/林肯 Pipeliner 70S—6ϕ1.2mm/林肯 Super Arc L—56ϕ1.2mm(根焊) + BOEHLER SG3—P ϕ1.0mm/伯乐蒂森 THyssen TS—6 ϕ1.0mm(热焊) + BOEHLER SG3—P ϕ1.0mm/奥地利 BOEHLER NiMo1—IG ϕ1.0mm/BOEHLER SG8—P ϕ1.0mm/THyssen TS—6 ϕ1.0mm/BOHLER K600ϕ1.0mm/蒂森 THyssen K Nova Niϕ1.0mm/德国 Union NiMo 80ϕ1.0mm(填充盖面焊) 根焊保护气体：CO_2 热焊保护气体：CO_2 填充盖面保护气体：Ar80% + $CO_2$20%(体积分数)	比较高；X65 级以上钢管焊接时需要预热温度适中；ϕ1219mm × 22mm 钢管焊接效率 30 道口/10h · 机组左右	焊缝外观成形比较好，射线和超声检测结果统计为坡口边缘未熔合、气孔缺欠几率高，合格率 90% 以上	很好，强韧性较均匀，焊缝断面主要表现为灰口	部分焊工掌握，技术水平尚可。零起点焊工培训周期 15 天左右；主要应用于坡度 ≤15° 的干线焊接	管道局产 PAW2000 设备偶尔出现故障，-20℃ 以下低温环境适应性一般	BOEHLER SG3—P ϕ1.2mm/Pipeliner 70S—6ϕ1.2mm(根焊) + BOEHLER SG3—P ϕ1.0mm/TS—6 ϕ1.0mm(热焊) + BOEHLER NiMo1—IG ϕ1.0mm/SG8—P ϕ1.0mm/Union NiMo 80 ϕ1.0mm(填充盖面焊)可用于 X80 级钢管焊接，其他焊接材料用于 X80 以下钢级钢管焊接
STT 技术气体保护实心焊丝半自动向下根焊 + NOREST 焊机气体保护实芯焊丝自动向下填充盖面焊	奥地利 BOEHLER SG3—P ϕ1.2mm/林肯 Pipeliner 70S—6ϕ1.2mm/林肯 Super Arc L—56ϕ1.2mm(根焊) + 奥地利 BOEHLER SG3—P ϕ0.9mm/伯乐蒂森 TS—6 ϕ0.9mm(热焊) + 奥地利 BOEHLER SG3—P ϕ0.9mm/奥地利 BOEHLER NiMo1—IG ϕ0.9mm/BOEHLER SG8—P ϕ0.9mm/伯乐蒂森 TS—6 ϕ0.9mm/奥地利 BOHLER K600ϕ0.9mm/蒂森 THyssen K Nova Niϕ0.9mm/德国 Union NiMo 80ϕ0.9mm(填充盖面焊) 根焊保护气体：CO_2 热焊保护气体：CO_2 填充盖面保护气体：Ar80% + $CO_2$20%(体积分数)	同上	同上	同上	同上	英国 NOREST 设备偶尔出现故障，-20℃ 以下低温环境适应性一般	BOEHLER SG3—P ϕ1.2mm/Pipeliner 70S—6ϕ1.2mm(根焊) + BOEHLER SG3—P ϕ0.9mm/TS—6 ϕ0.9mm(热焊) + BOEHLER NiMo1—IG ϕ0.9mm/SG8—P ϕ0.9mm/Union NiMo 80 ϕ0.9mm(填充盖面焊)可用于 X80 级钢管焊接，其他焊接材料用于 X80 以下钢级钢管焊接

（续）

焊接工艺	常用焊接材料	施工效率	无损检测情况（执行 SY/T 4109—2013 规范）	力学性能	国内掌握程度、培训周期及应用场合	设备稳定性及低温环境的适应性	相应焊接材料适合的管材等级
RMD 技术气体保护实心焊丝半自动向下根焊 + PAW2000 焊机气体保护实心焊丝自动向下填充盖面焊	奥地利 BOEHLER SG3—P ϕ1.2mm/林肯 Pipeliner 70S—6ϕ1.2mm/林肯 Super Arc L—56ϕ1.2mm（根焊）+ 意大利 FILEUR ARS 11/美国郝伯特 HOBART TRI—MARK METALLOY 101 ϕ1.2mm/瑞士奥林康 OERLIKON FLUXOFIL 20HD（填充盖面焊） 根焊保护气体：Ar80% + $CO_2$20%（体积分数） 热焊保护气体：CO_2 填充盖面保护气体：Ar80% + $CO_2$20%（体积分数）	同上	焊缝外观成形比较好，射线和超声检测结果统计为根焊气孔缺欠几率较 STT 稍高。填充盖面气孔、未熔合缺欠几率较高，合格率 85% 以上	同上	同上	PAW2000 设备情况如前述。美国米勒 RMD 设备低温环境下运行情况尚不明确	BOEHLER SG3—P ϕ1.2mm/Pipeliner 70S—6ϕ1.2mm（根焊）+ FILEUR ARS 11/TRI—MARK METALLOY 101 ϕ1.2mm/OERLIKON FLUXOFIL 20HD（填充盖面焊）可用于 X80 级钢管焊接，其他焊接材料用于 X80 以下钢级钢管焊接
RMD 技术气体保护金属粉芯焊丝半自动向下根焊 + PAW2000 焊机气体保护实心焊丝自动向下填充盖面焊	美国郝伯特 HOBART TRI—MARK METALLOY 80N1 ϕ1.2mm/瑞士奥林康 OERLIKON FLUXOFIL M10 PG ϕ1.2mm（根焊）+ 意大利 FILEUR ARS 11/美国郝伯特 HOBART TRI—MARK METALLOY 101 ϕ1.2mm/瑞士奥林康 OERLIKON FLUXOFIL 20HD（填充盖面焊） 根焊保护气体：Ar80% + $CO_2$20%（体积分数） 热焊保护气体：CO_2 填充盖面保护气体：Ar80% + $CO_2$20%（体积分数）	同上	同上	同上	同上	同上	HOBART TRI—MARK METALLOY 80N1 ϕ1.2mm/OERLIKON FLUXOFIL M10 PG ϕ1.2mm（根焊）+ FILEUR ARS 11/TRI—MARK METALLOY 101 ϕ1.2mm/OERLIKON FLUXOFIL 20HD（填充盖面焊）可用于 X80 级钢管焊接

（续）

焊接工艺	常用焊接材料	施工效率	无损检测情况（执行 SY/T 4109—2013 规范）	力学性能	国内掌握程度、培训周期及应用场合	设备稳定性及低温环境的适应性	相应焊接材料适合的管材等级
STT 技术气体保护半自动向下根焊 + CRC M300 焊机气体保护药心焊丝向下热焊 + CRC M300 焊机气体保护药心焊丝向上填充盖面焊	BOEHLER SG3—P ϕ1.2mm/Pipeliner 70S—6ϕ1.2mm/林肯 Super Arc L—56ϕ1.2mm（根焊）+ Pipeliner Autoweld G70M ϕ1.32mm/Pipeliner Autoweld G80Mϕ1.32mm/伊萨 OK Tubrod 15.19 ϕ1.32mm/伊萨 OK Tubrod 15.09 ϕ1.32mm/林肯 Pipeliner Autoweld G90Mϕ1.32mm 向下热焊 + 林肯 Pipeliner Autoweld G70M ϕ1.32mm/Pipeliner Autoweld G80Mϕ1.32mm/伊萨 OK Tubrod 15.19 ϕ1.32mm/伊萨 OK Tubrod 15.09 ϕ1.32mm/林肯 Pipeliner Autoweld G90Mϕ1.32mm 填充盖面 根焊保护气体：CO_2 热焊、填充、盖面保护气体：Ar75% + $CO_2$25%（体积分数）	同上	焊缝外观成形比较好，射线和超声检测结果统计夹渣、气孔、未熔合缺欠几率低，合格率 95% 以上	比较好，强韧性离散性大，焊缝断面主要表现为脆性断口	少部分人掌握。零起点焊工培训周期 12 天左右；主要应用于坡度≤15°的干线焊接	美国 CRC M300 设备偶尔出现故障，-40℃以上低温环境适应性强	奥地利 BOEHLER SG3—P ϕ1.2mm/林肯 Pipeliner 70S—6ϕ1.2mm（根焊）+ 林肯 Pipeliner Autoweld G90M ϕ1.32mm 热焊填充盖面可用于 X80 级钢管焊接，其他焊接材料用于 X80 以下钢级钢管焊接
CRC IWM 内焊机气体保护向下根焊 + CRC P260 焊机气体保护向下热焊 + CRC P600 双焊矩焊机气体保护向下填充盖面焊	奥地利伯乐 BOEHLER SG3—Pϕ0.9mm/伯乐蒂森 TS—6 ϕ0.9mm（根焊、热焊）+ 奥地利 BOEHLER SG3—P ϕ10mm/奥地利 BOEHLER NiMo1—IG ϕ1.0mm/BOEHLER SG8—P ϕ1.0mm/伯乐蒂森 TS—6 ϕ1.0mm/奥地利 BOHLER K600ϕ1.0mm/蒂森 THyssen K Nova Niϕ1.0mm/德国 Union NiMo 80 ϕ1.0mm（填充盖面焊） 根焊保护气体：Ar75% + $CO_2$25%（体积分数） 热焊保护气体：CO_2 填充盖面保护气体：Ar85% + $CO_2$15%（体积分数）	特别高；X65 级以上钢管焊接时需要预热温度适中；ϕ1219mm × 22mm 钢管焊接效率 50 道口/10h · 机组左右	焊缝外观成形比较好，射线和超声检测结果统计为气孔、未熔合缺欠几率高，先期合格率 85% 以上，后期能稳定在 90% 以上	很好，强韧性较均匀，焊缝断面主要表现为灰口	部分焊工掌握，技术水平一般。零起点焊工培训周期 20 天左右；主要应用于坡度≤15°的干线焊接	美国 CRC 设备经常出现故障，-40℃以上低温环境适应性尚可	BOEHLER SG3—P ϕ0.9mm/TS—6 ϕ0.9mm（根焊、热焊）+ BOEHLER NiMo1—IG ϕ1.0mm/SG8—P ϕ1.0mm/Union NiMo 80ϕ1.0mm（填充盖面焊）可用于 X80 级钢管焊接，其他焊接材料用于 X80 以下钢级钢管焊接

（续）

焊接工艺	常用焊接材料	施工效率	无损检测情况（执行 SY/T 4109—2013 规范）	力学性能	国内掌握程度、培训周期及应用场合	设备稳定性及低温环境的适应性	相应焊接材料适合的管材等级
CRC IWM 内焊机气体保护实心焊丝向下根焊 + CRC P260 焊机气体保护实心焊丝向下热焊 + CRC P200 焊机气体保护实心焊丝向下填充盖面	奥地利伯乐 BOEHLER SG3—Pϕ0.9mm/伯乐蒂森 TS—6 ϕ0.9mm（根焊、热焊）+ 奥地利 BOEHLER SG3—P ϕ0.9mm/奥地利 BOEHLER NiMo1—IG ϕ0.9mm/BOEHLER SG8—P ϕ0.9mm/伯乐蒂森 TS—6 ϕ0.9mm/奥地利 BOHLER K600ϕ0.9mm/蒂森 THyssen K Nova Niϕ0.9mm/德国 Union NiMo 80 ϕ0.9mm（填充盖面焊） 根焊保护气体：Ar75% + $CO_2$25%（体积分数） 热焊、填充保护气体：CO_2 盖面保护气体：Ar75% + $CO_2$25%（体积分数）	很高；X65 级以上钢管焊接时需要预热温度适中；ϕ1219mm × 22mm 钢管焊接效率 45 道口/10h·机组左右	焊缝外观成形比较好，射线和超声检测结果统计为坡口边缘未熔合、气孔缺欠几率低，合格率 90% 以上	比较好，强韧性较均匀，焊缝断面主要表现为灰口	极少部分人掌握，零起点焊工培训周期 20 天左右；主要应用于坡度≤15°的干线焊接	设备偶尔出现故障，-40℃以上低温环境适应性强	BOEHLER SG3—P ϕ0.9mm/TS—6 ϕ0.9mm（根焊、热焊）+ BOEHLER NiMo1—IG ϕ0.9mm/BOEHLER SG8—P ϕ0.9mm/Union NiMo 80ϕ0.9mm（填充盖面焊）可用于 X80 级钢管焊接，其他焊接材料用于 X80 以下钢级钢管焊接
意大利 PWT CWS.02NRT 焊机气体保护实心焊丝自动向下根焊 + 加拿大 RMS MOW—1 焊机气体保护实心焊丝自动向下热焊、填充盖面焊	奥地利 BOEHLER SG3—P ϕ1.2mm（根焊、热焊）+ 奥地利 BOEHLER SG3—P ϕ0.9mm/BOEHLER SG8—P ϕ0.9mm/奥地利 BOEHLER NiMo1—IG ϕ0.9mm（填充盖面焊） 根焊保护气体：Ar50% + $CO_2$50%（体积分数） 热焊保护气体：CO_2 填充盖面保护气体：Ar75% + $CO_2$25%（体积分数）	很高；X65 级以上钢管焊接时需要预热温度适中；ϕ1219mm × 22mm 钢管焊接效率 30 道口/10h·机组左右	同上	很好，强韧性较均匀，焊缝断面主要表现为灰口	部分焊工掌握，技术水平较好。零起点焊工培训周期 15 天左右；坡度≤15°的干线焊接	设备偶尔出现故障，—30℃以上低温环境适应性强	奥地利 BOEHLER SG3—P ϕ1.2mm（根焊、热焊）+ 奥地利 BOEHLER NiMo1—IG BOEHLER SG8—P ϕ0.9mm/ϕ0.9mm（填充盖面焊）可用于 X80 级钢管焊接，其他焊接材料用于 X80 以下钢级钢管焊接

双丝焊技术、自保护药芯焊丝自动焊技术、4 焊枪或更多焊枪的自动外焊技术、激光复合焊技术及管道视觉焊接系统焊接技术也要实时地跟踪。

2）自保护药芯焊丝半自动焊因抗风能力强、野外焊接适应性好，焊缝效率较高和焊缝合格率高的实情，今后很长的一段时间内在管道干线焊接中仍要被推广使用。根焊宜采用高效的气体保护焊，重点推广高效高质量的“内焊机气体保护实心焊丝向下根焊 + 自保护药芯焊丝向下半自动填充盖面焊”焊接工艺。此外还应更多关注 X80 级及以上高钢级钢管自保护药芯焊丝的研制生产，实现 X80 级及以上高钢级钢管焊接材料匹配等强化、焊接材料品牌多样化、焊接材料性价比合适化。

3）随着长输管道向着高钢级、大口径、厚壁化方向的发展，焊条、电弧焊主要用于连头、返修和特殊场合的焊接。对于返修和特殊场合的焊接应重点推广接头强韧性好、焊缝致密性高“低氢焊条向上根焊、填充、盖面焊”焊接工艺，连头焊接考虑到焊接质量和效率的实情建议使用“低氢焊条向上根焊 + 低氢焊条向下填充、盖面焊”焊接工艺。“纤维素焊条向下根焊、热焊 + 低氢焊条向下填充盖面焊”焊接工艺在小管径（管外径 $\phi \leqslant 406.4$mm）、薄壁管长输管线干线焊接中可以推广使用。

第二节　长输管道环焊接头焊接工艺评定

一、焊接工艺评定的目的及要求

焊接工艺评定是通过对焊接接头的力学性能或其他性能的试验证实预焊接工艺规程的正确性和合理性的一种程序，其目的在于验证用此工艺能否得到具有合格力学性能（如强度、塑性和硬度）的完好焊接接头。受管道工程的主管单位或建设单位（以下简称业主）委托进行焊接工艺评定的焊接技术单位都应按国家有关标准、监督规程或国际通用法规，如 ASME Ⅸ锅炉与压力容器法规第九卷《焊接和钎接工艺、焊工、钎接工、焊接和钎接操作工评定标准》，自行组织并完成焊接工艺评定工作。焊接工艺评定单位不准将焊接工艺评定的关键工作，如焊接工艺指导书的编制、评定试板或管口的焊接委托另一个单位完成。但如果本企业因设备或检测手段不完备，可将试件的下料和坡口加工、试件的无损检测、试件取样及加工、力学性能试验及其他性能的检验等委托其他单位完成，但焊接工艺评定单位仍应对整个工艺评定工作及试验结果负全部责任。

二、焊接工艺评定程序

目前国内重大工程在开工之前，一般都要针对现场用钢管进行的焊接工艺评定。长输管道焊接工艺评定工作已开展多年，成为长输管道建设中控制焊接质量的有效手段并积累了相当多的经验，目前已形成一套完整的焊接工艺评定程序。焊接工艺评定流程图如图5-1所示，其具体实施程序如下：

1. 焊接工艺评定立项

1）焊接工艺评定按焊接工艺方案立项，受业主委托焊接工艺评定单位负责提交。对于大口径、高强度、厚壁的管道焊接，通常要求编制焊接工艺方案，其中包括需完成的焊接工艺评定项目。一旦管道焊接工艺评定方案经焊接工艺评定单位焊接技术负责人签字并报业主项目负责人批准后，其中所列的焊接工艺评定项目即可列入工作计划。

2）按管道施工过程中的重大更改立项。在管道焊接施工中可能出现如焊接位置、焊接方向、接头形式、材料和工艺的重大更改，焊接工艺规程需重新编制，则对重要焊接参数变更后的焊接规程需重新做焊接工艺评定。

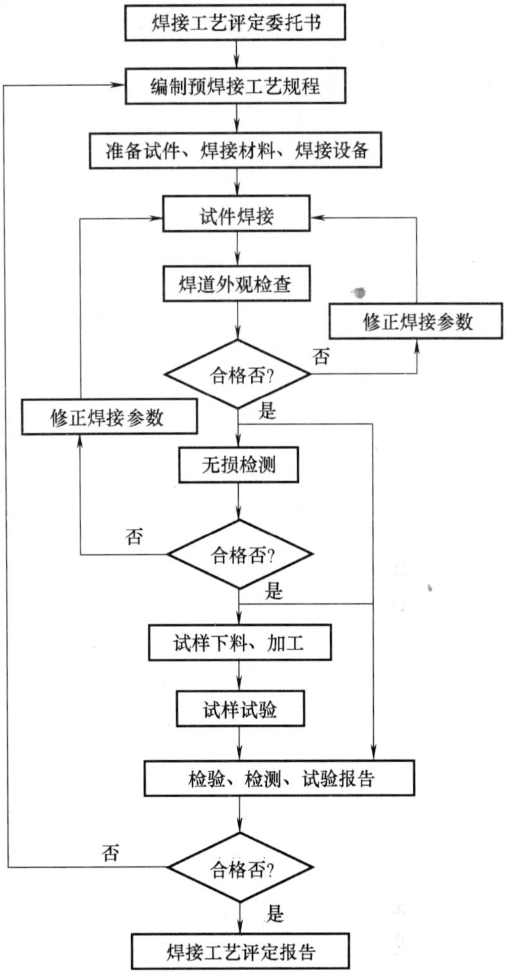

图5-1　焊接工艺评定流程图

2. 下达焊接工艺评定任务书

焊接工艺评定立项后，通过审批程序，由业主项目负责人根据管道的技术条件下达焊接工艺评定任务书。其内容包括：管材及钢管订货号、管板及钢管规格、接头形式、工艺评定执行的标准要求、接头性能要求、理化性能试验项目及其相应合格标准、无损检测要求等。

3. 编制预焊接工艺规程（PWPS）

预焊接工艺规程（PWPS——Preliminary Welding Procedure Specification）是为进行焊接工艺评定所拟定的焊接工艺文件。焊接工艺评定单位按照焊接工艺评定任务书提出的条件和技术要求编制预焊接工艺规程书，预焊接工艺规程书指导书的格式可参照焊接工艺规程编制。在预焊接工艺规程中原则上只要求填写所要评定的重要参数，而焊接工艺的次要参数，尤其是操作技术参数可列也可不列，由编制者自行决定。但为便于正式焊接工艺规程的编制，大多数焊接工艺规程都列出焊接工艺的次要因素，特别是对评定试件焊接质量有较大影响的次要因素。预焊接工艺规程中重要因素至少包括下列内容：焊接方法、接头形式、坡口形式及尺寸、钢管材质和规格、焊接材料型号和规格、焊接位置、焊接方向、预热和道间温度控制、焊后热处理制度、保护气体成分及流量、电流种类及极性、焊接参数等。

4. 编制焊接工艺评定试验执行计划

焊接工艺评定单位负责编制焊接工艺评定试验执行计划，该执行计划的内容包括完成所列焊接工艺评定试验的全部工作，从试件备料、坡口加工、试件组焊、焊后热处理、无损检测和理化性能检验、焊接工艺评定报告及规程编制等的计划进度、费用预算、负责单位、协作单位分工及要求。

5. 试件加工及焊接材料的准备

工艺评定计划书经批准后，由焊接工艺评定单位负责加工试板和管口，领取试验用焊接材料。根据试验用管材、钢管的检验号、炉批号和焊接材料批号核对合格证书和质保书。对要求烘干的焊接材料进行烘干保温处理。

6. 管材焊接性试验分析

关于管线钢的焊接性及试验分析方法，在第八章进行了专题叙述，这里不再赘述。

目前管材焊接性试验分析主要是进行工艺性能和冷裂纹敏感性试验分析，工艺性能主要是针对指定的母材考核焊接材料、焊接方法、焊接参数对全位置操作性能、焊缝成形与焊缝缺欠情况的影响，冷裂纹敏感性试验分析主要是考核预热行为、焊接参数对接头冷裂纹倾向的影响，其由焊接工艺评定单位负责组织安排。冷裂纹敏感性焊接性试验分析方法多采用理论计算分析和实际试验同时进行。理论计算可采用碳当量法、焊接冷裂纹敏感指数法评估冷裂纹敏感性，并为科学指导实际试验提供技术支持。实际试验可采用斜 Y 形坡口对接裂纹试验法、插销试验法进行。通过对焊接性试验分析，进而确定管线钢焊接时合适的焊接方法、焊接材料、预热温度及焊接参数等。

7. 评定管口试件的焊接

试件的焊接由焊接工艺评定单位负责组织安排。对于成熟的、传统的焊接工艺评定，评定管口试件的焊接应由有相应焊接资格证的熟练焊工按预焊接工艺规程规定的焊接参数焊接。对于与新技术、新工艺、新方法、新装备关联的焊接工艺评定，如激光复合焊评定，可以由有经验的、技能全面的焊工来完成试件的焊接，此时焊工可以不需要有相应的焊工资格证。

管口焊接全过程中，应由焊接技术人员监控并记录焊接方法、接头形式、坡口形式、焊接位置和方向、钢管材质、规格及批号、焊接材料型号、规格及批号、预热和道间温度控制、热处理情况、焊接设备、电流种类及极性、保护气体组分及流量、焊接参数、焊接环境实测数据等，记录人应对记录的数据签字确认。

焊接次要参数一般可不作记录，如试件组装方式及坡口尺寸、后热制度、根焊道与热焊道时间间隔、热焊道和第一遍填充焊道之间的时间间隔、焊道清理及打磨方式、焊接材料烘干情况、焊接道数及焊层厚度、对口器的类型及拆移方式、气保护焊时的喷嘴孔径及距工件的距离、焊丝的伸出长度、焊接过程中的熔滴过渡方式、焊接过程中的操作技术措施等，如负责工艺评定试验的焊接责任师认为有必要，也可记录焊接过程中各参数的实际使用范围，供编制正式焊接工艺规程时参考。

8. 外观检验、无损检测及理化性能检验

试件焊完后，由焊接工艺评定单位负责组织安排焊接责任师检查焊缝外形，并对焊缝外形拍照存档。外观检查合格后，再送至检测室进行无损检测，合格后，方可进行理化性能试验。理化性能试验项目包括拉伸试验、刻槽锤断试验、弯曲试验、冲击试验、宏观金相和硬度试验等项目。此外，在特定情况下还可能要考虑抗氢致裂纹（HIC）性能试验、抗应力腐蚀（SCC）试验等。理化性能试样加工要求严格按标准执行并进行编号。试样加工后送至理化试验室进行力学性能试验并有专人监督试验过程。试样试验后拍外观照片备案，力学性能试验报告送交负责工艺评定试验的焊接责任师存档。

在检验过程中，任一检查、试验项目不符合标准要求时，则焊接工艺评定不合格，在这种情况下，首先应分析失败的原因，然后进行影响工艺评定结果的各参数修改并重新修订预焊接工艺规程，再重复进行上述程序，直至评定试验结果全部合格为止。特别地，当试件外观检查缺陷与焊工技能有直接关系而不是焊缝力学性能本质影响因素时，如表面未熔合、咬边、表面气孔、余高超高等可以进行修补，不需重焊。

9. 焊接工艺评定报告（PQR）编制

各项规定的检验和理化性能试验合格后，由焊接工艺评定单位负责工艺评定试验的焊接责任师整理有关数据和资料编写焊接工艺评定报告。焊接工艺评定报告（PQR——Welding Procedure Qualification Record）是记载验证性试验数据及其检验结果，对拟定的预焊接工艺规程进行评价的报告。焊接工艺评定报告经焊接责任师签名以示负责，经焊接技术负责人审核、审定后，焊接工艺评定报告报焊接工艺评定单位管理者或管理者代表批准并加盖单位公章方可生效。焊接工艺评定参考的格式见附录 A。

编写焊接工艺评定报告最重要的原则是如实记录，无论是试验条件还是检验结果都必须是实测的记录数据。焊接工艺评定报告至少包括下列内容：焊接方法、接头形式、坡口形式及尺寸、试件组装方式及坡口尺寸、焊接位置和方向、钢管材质、规格及批号、焊接材料型号、规格、批号、焊接材料烘干制度、预热和道间温度控制、热处理情况、焊接设备及电源特性、电流种类及极性、熔滴过渡形式、保护气体组分及流量、焊接参数、焊接环境实测数据、后热制度、根焊道与热焊道时间间隔、焊接道数及焊层厚度、编制、审核与批准等。

焊接工艺评定报告是一种必须由企业管理者代表签字的重要质保文件，也是技术监督部门和用户代表审核企业质保能力的主要依据之一。因此，编写人员必须认真负责，一丝不苟，如实填写，不得错填和涂改。

另外，焊接工艺评定报告整理归档时，还应随附以下附件：①现场焊接参数记录表；②外观检查报告（外观检查记录）；③射线检测报告（射线检测记录）；④加盖 CMA 签章的理化性能检验报告；⑤母材与焊接材料材质单；⑥焊工资格证书等。

焊接工艺评定报告应当保存至该工艺评定失效为止，焊接工艺评定试样应至少保存 5 年以上。用户有特殊要求时，焊接工艺评定报告及试样的保管期限由焊接工艺评定单位与业主方协商解决。

10. 文件存档

焊接工艺评定报告审批有效后，有效原件及相关实际施焊数据记录、外检记录、检测报告及理化试验报告应由焊接工艺评定单位归档备查，同时向业主提交一份完整的焊接工艺评定报告原件及其附件备份存档。随着长输管道建设又一个高峰期的到来，长输管线焊接工艺评定项目将日渐增多，对焊接工艺评定的科学管理也会提出更高的要求。为简化检索程序，缩短核查时间，应将评定报告的内容，包括报告编号、项目名称、报告类别、焊接方法、钢管规格及壁厚、接头形式、焊接材料等输入计算机。编制出一份报告总目录，以备有关人员查阅并提供质量管理部门随时审查。

三、焊接作业工艺文件编制

焊接工艺评定完成后，应针对具体的长输管道工程进行焊接作业工艺文件编制，以指导现场焊接施工。焊接作业工艺文件有两种，即焊接工艺规程（WPS——Welding Procedure Specification）和焊接作业指导书（WWI——Welding Working Instruction）。焊接工艺规程是根据合格焊接工艺评定报告编制的，用于产品施焊的焊接工艺文件。焊接作业指导书是与现场环焊缝焊接有关的加工和操作细则性作业文件。焊工施焊时使用的作业指导书，可保证施工时质量的再现性。

焊接工艺规程和焊接作业指导书的区别在于：

1. 编制的依据对象不一致

按照 NB/T 47014—2011 标准相关内容的理解，焊接工艺规程是根据合格的焊接工艺评定报告并结合相应的焊评标准而编制，只保证焊接接头的力学性能、弯曲性能等符合焊评执行标准规定。主要反映可覆盖的母材、焊接材料及其规格，允许的坡口形式、焊接层（道）数、焊接位置及方向，允许的焊接参数，预热、层间控制、热处理控制、熔滴过渡形式、保护气体及流量、主要的技术要求等。而焊接接头的力学性能、弯曲性能等只是焊接质量的一个方面，此外，尚有诸如焊缝外观质量控制、焊缝内外缺欠、应力与应变、施焊技术要求、施工便利性、合理性和经济性等一系列涉及焊接生产、管理质量等众多方面问题，这显然是焊接工艺规程所不具备的。而需要靠焊接作业指导书来完成。编制焊接作业指导书则主要依据焊接工艺规程、相应焊接施工及验收规范、现场情况和施工工法而编制。

2. 相应的技术要求不一致

除包含焊接工艺规程约定的内容外，焊接作业指导书还规定了指导现场焊接施工的各种技术要求，如组对焊接前的管端检查要求、管口组对实施方案及内外对口器的拆移要求、施焊焊工的数量及施焊方式的要求、未完全焊口的壁厚要求、排焊及错位搭接的要求、制管管焊缝的布置及间隔要求、排焊沟槽的要求、预热层温控制及测温要求、焊枪（条）控制、接头与焊道处理、施焊环境要求、焊缝标志要求、焊缝检测要求及其他影响焊接质量、效率和效益的相关要求等；特别地，某些焊接作业指导书还约定了关于返修操作及控制的相关要求。

3. 负责编制的对象不一致

原则上来讲，焊接工艺规程一般由评定单位焊接责任师依据焊接工艺评定报告负责编制完成，而焊接作业指导书一般由各使用单位或各施工机组参照焊接工艺规程要求并结合自身的人员装备情况、现场施焊条件、验收规范及施工工法等进行编制，对于形式单一、结构简单的产品，用焊接工艺规程就可直接指导其焊接。

4. 部分要素的宽泛性不一致

焊接工艺规程体现的施焊母材、焊接材料及焊接位置相对宽泛，而焊接作业指导书中的母材、焊接材料及焊接位置往往是单一的要素，针对具体焊接部位或焊接场合而编制；焊接工艺规程中适宜坡口形式要求、焊接参数范围、预热层温要求完全包容焊接工艺指导书中对同要素的要求，但焊接工艺指导书施焊环境要求一般比焊接工艺规程中要宽泛，施焊技术要求相对要具体，具有针对性；另外焊接工艺指导书是针对具体施焊部位进行编制；特别地，某些焊接工艺指导书还约定了用原焊接工艺进行返修的操作要求。

尽管有焊接工艺规程和焊接工艺指导书一说，尽管也存在上述差异，但对于长输管道现场焊接作业工艺文件，一般由焊接工艺评定单位编制，且仅编制了焊接工艺规程用于指导现场焊接施工，这是多年来形成的特殊情况。当然，若在焊接工艺规程中再现了焊接作业指导书要求体现的相关内容及要求，也可不用另外专门编制焊接作业指导书，直接用完善的焊接工艺规程指导现场焊接施工即可。完善的焊接工艺规程参考格式及内容见附录 B。

第三节　长输管道工程焊接工艺评定执行标准

目前国内外长输管道焊接工艺评定执行的标准主要有：

1. 干线焊接工艺评定执行标准

1）NB/T 47014—2011《承压设备焊接工艺评定》。

2）SY/T 4103—2006《钢质管道焊接及验收》。

3）Q/SY GJX 137. 1—2012《油气管道工程焊接技术规范——第 1 部分：线路焊接》。

4）API 1104—2013《管道及相关配件的焊接》。

5）美国 ASME IX—2013《焊接和钎焊评定标准》。

6）澳大利亚 AS 2285. 2—1995《油气管线的焊接》。

7）欧洲 EN 14163《石油和天然气工业管道输送系统——管道焊接》。

2. 站场焊接工艺评定执行标准

1）GB 50236—2011《现场设备、工业管道焊接工程施工规范》。

2）NB/T 47014—2011《承压设备焊接工艺评定》。

3）SY/T 0452—2012《石油天然气金属管道焊接工艺评定》。

4）Q/SY GJX 137. 2—2012《油气管道工程焊接技术规范——第 2 部分：站场工艺管道焊接》。

5）ASME IX 2013《中文版 焊接和钎焊评定标准》。

3. 长输管道带压维抢修焊接工艺评定执行标准

1）SY/T 4103—2006《钢质管道焊接及验收》。

2）API 1104—2007《钢质管道焊接及验收》附录 B。

3）API RP 1107《管道维修焊接作业》。

上述标准中，SY/T 4103—2006《钢质管道焊接及验收》标准在技术内容上与 API 1104—2005《管道及相关配件的焊接》标准内容基本一致，只是各章的内容不变或稍有改变，根据我国的国情和实际应用情况，同时引用或部分引用了国家或行业标准。常用的 Q/SY GJX 137. 1—2012《油气管道工程焊接技术规范——第 1 部分：线路焊接》标准是在 SY/T 4103—2006《钢质管道焊接及验收》标准基础上进行编制，主要不同之处在于增加了冲击试验、金相检验和硬度试验并提出了相应的验收指标，同时删除了 SY/T 4103—2006《钢质管道焊接及验收》标准中的附录 A 和附录 B。

长输管道站场焊接工艺评定常用 GB 50236—2011《现场设备、工业管道焊接工程施工规范》、NB/T 47014—2011《承压设备焊接工艺评定》、SY/T 0452—2012《石油天然气金属管道焊接工艺评定》、Q/SY GJX 137. 2—2012《油气管道工程焊接技术规范——第 2 部分：站场工艺管道焊接》。上述标准都是参照 ASME Ⅸ标准进行编制的，内容上基本一致。

第四节 国内外长输管道焊接施工及验收标准对比分析

这里重点对国内外几个典型的长输管道干线工程焊接施工及验收标准进行对比分析，即对 SY/T 4103—2006 与 API 1104—2013、AS 2285. 2—1995、EN 14163—

表 5-4　SY/T 4103—2006 与 API 1104—2013、AS 2285.2—1995、EN 14163—2001 标准差异性对比分析

不同的技术内容		SY/T 4103—2006 标准要求	API 1104—2013 标准要求	EN 14163—2001 标准要求	AS 2285.2—1995 标准要求	对比分析
焊接接头的破坏性试验要求	焊接接头的试验内容	焊接工艺评定破坏性试验内容包括拉伸试验、刻槽锤断试验、弯曲试验（包括面弯、背弯、侧弯）	除拉伸试验、刻槽锤断试验、弯曲试验（包括面弯、背弯、侧弯）与 SY/T 4103—2006 标准规定相同外，还规定对于有断裂韧度要求的焊接工艺评定应执行本标准附录 A.3（焊接工艺）的相关要求	试验内容包括拉伸试验、夏比冲击试验、宏观金相及硬度检验	试验内容包括拉伸试验、弯曲试验（仅要求做侧弯）、宏观金相及硬度检验	应综合考虑这四个标准的试验内容
	拉伸试验要求	要求 $\sigma_{b试样} \geqslant \sigma_{b管材名义}$，若 $\sigma_{b试样} < \sigma_{b管材名义}$，则该焊缝不合格，需重新试验	与 SY/T 4103—2006 标准规定相同	要求 $\sigma_{b试样} \geqslant 95\% \sigma_{b管材名义}$，若 $\sigma_{b试样} < 95\% \sigma_{b管材名义}$，执行破坏性试验复测规定	与 SY/T 4103—2006 标准规定相同	EN 14163—2001 标准规定符合焊接工艺评定实际情况
	刻槽锤断试验要求	本标准对刻槽锤断试样做出了相应的验收规定	与 SY/T 4103—2006 标准规定相同，但增加白点不作为不合格的原因这一规定	不要求做刻槽锤断试验	不要求做刻槽锤断试验	刻槽锤断试验旨在反映接头熔合情况，间接反映焊接参数的合理性，应予以采纳，但 API 1104—2013 将白点不作为不合格的原因理由过于牵强，因白点反映了焊缝的氢含量较高，给延迟开裂带来可能性的隐患
	弯曲试验要求	弯轴直径为 88.9mm，弯曲角度为 180°。试样表面出现以下情况，则合格： 1）不起源于试样边缘的裂纹长度 $l \leqslant 1/2T \cap 3.2$mm（$T$ 为公称壁厚）； 2）起源于试样边缘的裂纹长度 $l \leqslant 6.4$mm	与 SY/T 4103—2006 标准规定基本相同	不要求做弯曲试验	弯轴直径与材质、壁厚有关，弯曲角度为 180°弯曲试样表面出现以下情况，则不合格： 1）出现的裂纹不起源于试样的边缘 2）起源于试样边缘的裂纹长度 $l \leqslant 3$mm	弯曲试验旨在反映焊缝区、母材和熔合线变形的一致性情况，间接反映工艺匹配的合理性，应以采纳。AS 2285.2—1995 标准要求要合理一些

（续）

不同的技术内容		SY/T 4103—2006 标准要求	API 1104—2013 标准要求	EN 14163—2001 标准要求	AS 2285. 2—1995 标准要求	对比分析
焊接接头的破坏性试验要求	夏比冲击试验要求	不明确要求进行冲击试验	不明确要求进行冲击试验	对低温冲击试验作出了相应的规定	不明确要求进行冲击试验	冲击试验旨在反映接头抗冲击破坏的能力和止裂能力，间接反映选材的合理性，应以采纳
	宏观金相检验	不要求进行宏观金相检验	不要求进行宏观金相检验	对于 PG、PF、H-L045 以及 J-L045 焊接位置，一个试样取在 3 点位，一个试样取在 6 点位。 取样应避开裂纹及未熔合缺陷，并且该部位无损检测满足本标准要求	宏观金相试样出现以下情况，则合格： 1）焊道的顺序及数量符合焊接工艺的要求 2）无裂纹及其他不合格缺陷 3）无超过焊层厚度的缺陷	宏观金相试验旨在反映接头的熔合情况，间接反映焊接工艺的合理性，应予以采纳，其验收规定应综合考虑 EN 14163—2001 标准和 AS 2285. 2—1995 标准要求
	硬度检验	不要求进行硬度测试	不要求进行硬度测试	本标准对不同介质环境、不同壁厚、不同焊接工艺、不同位置的焊接接头硬度值作出了相应的验收规定	本标准对不同介质环境下的焊接接头硬度值作出了相应的验收规定，其验收值与 EN 14163 标准规定不同	硬度试验旨在间接反映焊缝微观组织状态和焊接参数的合理性，应予以采纳，EN 14163—2001 标准关于硬度值的验收规定较合理
	破坏性试验复测	无相应规定	无相应规定	因试样存在缺欠使破坏性试验结果不合格时，允许加倍取样试验 若因其他原因使试验结果不合格时，需重新评定	无相应规定	EN 14163—2001 标准规定符合焊接工艺评定实际情况

（续）

不同的技术内容		SY/T 4103—2006 标准要求	API 1104—2013 标准要求	EN 14163—2001 标准要求	AS 2285.2—1995 标准要求	对比分析
焊接工艺评定规则	管材	管材组别变更时应对焊接工艺重新评定。 本标准将所有碳钢及低合金钢进行以下分组： 1）$\sigma_{s名义}\leqslant$289MPa 2）289MPa < $\sigma_{s名义}$ < 448MPa 3）$\sigma_{s名义}\geqslant$448MPa 的各级碳钢及低合金钢均应进行单独的评定试验	与 SY/T 4103—2006 标准规定相同	管材发生以下变化时应重新评定 1）钢级：除非 $\sigma_{s名义}\leqslant$290MPa，则焊接工艺规程只能适用于同钢级的材料 2）化学成分：CE 值的增加值应 ≤0.030。P_{cm} 增加值应 ≤0.020。对于酸性介质，应适当降低该数值 3）供货条件：焊接工艺规程只在相同供货条件下才能被批准	管材出现以下变更时应重新评定。 1）管材 $\sigma_{s名义}$ 由 < 413MPa 变更为 ≥ 413MPa，或反之 2）$\sigma_{s名义}\geqslant$413MPa 的各级碳钢及低合金钢均应进行单独的评定试验 3）碳当量 CE < 0.35% 时，碳当量 CE 增加值超过 0.05% 4）碳当量 $CE\geqslant$0.35% 时，碳当量 CE 增加值超过 0.03%	重新进行焊接工艺评定时管材分组 SY/T 4103—2006 标准合理些；关于化学成分和供货条件的变化带来是否重新进行焊接工艺评定的问题 EN 14163—2001 标准规定要苛刻一些
	壁厚	壁厚分组变更需重新评定。管壁厚分组如下： 1）T < 4.8mm 2）4.8mm ≤ T ≤ 19.1mm 3）T > 19.1mm	与 SY/T 4103—2006 标准规定相同	对于焊缝焊接，许可壁厚为（0.75 ~ 1.5）T。对于支管焊接和角焊接，许可壁厚范围根据 ISO 9956—3 确定	焊接接头两侧较厚母材壁厚许可范围为（0.5 ~ 1.25）T。壁厚超出此范围需重新评定	四个标准规定均合理，进行焊接工艺评定时应综合考虑
	管外径	管外径分组变更需重新评定： 1）ϕ < 60.3mm 2）60.3mm ≤ ϕ ≤ 323.9mm 3）ϕ > 323.9mm	与 SY/T 4103—2006 标准规定相同	评定管 ϕ ≤ 168.3mm 时许可管外径（0.5 ~ 2.0）ϕ 评定管 ϕ > 168.3mm 时许可管外径 ≥ 0.5ϕ	与 SY/T 4103—2006 标准规定相同	上述标准要求均可借鉴

（续）

不同的技术内容		SY/T 4103—2006 标准要求	API 1104—2013 标准要求	EN 14163—2001 标准要求	AS 2285.2—1995 标准要求	对比分析
焊接工艺评定规则	焊接位置与焊接方向	焊接位置由旋转焊变为固定焊，或反之 焊接方向从向下焊改为向上焊，或者反之 发生上述变化需重新评定	与 SY/T 4103—2006 标准规定相同	对环对接焊、支管焊及角焊，其合格的焊接工艺规程适用的焊接位置及方向进行了明确规定 对于钢管每种位置角度变化接近 25°也可以适用	本标准对于环对接、支管连接、角接及套轴连接，其合格的焊接工艺规程适用的焊接位置及方向进行了明确规定	EN 14163—2001 标准和 AS 2285.2—1995 标准规定的要合理一些
	接头形式	接头设计的重大变更（如 V 形坡口改为 U 形坡口）。坡口角度或钝边的变更不属于重要因素	与 SY/T 4103—2006 标准规定相同	对接焊接工艺评定支持角接，反之不可。带背衬垫对接工艺评定不支持不带背衬垫对接接头焊接	接头形式发生以下变化需重新评定： 1）坡口角度变化； 2）钝边尺寸变化； 3）对接接头，在无特殊要求的前提下根部间隙超出 0.8～2.0mm 的范围	AS 2285.2—1995 规定过于苛刻，SY/T 4103—2006 与 EN 14163—2001 两标准的规定合理
	填充金属	填充金属的下列变更需重新评定： 1）填充金属组别变更 2）管材 $\sigma_{s名义} \geq 448MPa$ 时，其填充金属型号的变更 3）在管材 $\sigma_{s名义} \leq 289MPa$ 或 $289MPa < \sigma_{s名义} < 448MPa$ 分组内变更填充金属，但应从力学性能的角度保持母材和填充金属的一致性	与 SY/T 4103—2006 标准规定相同，但填充金属的类型进行了拓展	填充金属的下列变更需重新评定： 1）焊接材料厂商或品牌的变更，其他特殊规定除外 2）需要做冲击和全焊缝金属拉伸试验时，可对指定的厂商或品牌作修改 3）无衬垫单面焊的前两层焊道的焊接中焊条/焊丝直径不能改变，其他情况下，焊条/焊丝直径范围为评定试验用焊条/焊丝直径低一级的到比其高一级的	填充金属的下列变更需重新进行焊接工艺评定： 1）填充金属组别的变更 2）单面焊双面成形对接焊缝及角接焊缝的根焊用焊条（焊丝）直径或型号的变更 3）强度高于 E4110 的纤维素型焊条焊芯的合金元素或制造商的变更	EN 4163—2001 与 AS 2285.2—1995 规定较切合工程实际情况。事实上，同一型号不同牌号的填充金属所形成的接头力学性能有些情况下会存在较大差异 应综合考虑这四个标准关于填充金属的相应规定

（续）

不同的技术内容		SY/T 4103—2006 标准要求	API 1104—2013 标准要求	EN 14163—2001 标准要求	AS 2285.2—1995 标准要求	对比分析
焊接工艺评定规则	焊接热输入	无相应规定	无相应规定	要求冲击试验时热输入适用范围可比评定试验时热输入低15% 要求硬度试验时热输入适用范围可比评定试验时热输入高15%。对于酸性介质，热输入不能低于评定试验时的记录值	焊条电弧焊时根焊热输入低于评定试验时热输入的10%以上，或进行其他焊层焊接时热输入低于评定试验时热输入的20%以上 其他方法焊时热输入超出评定试验时热输入的±15%	EN 14163—2001 标准规定较合理一些
	预热与层温	没作为重要因素进行明确表述	降低焊接工艺规程中的最低预热温度，应重新进行焊接工艺评定	预热温度适用范围为不得低于评定试验时预热温度但增加值≤50℃ 层间温度的适用范围为预热温度到评定试验时层间温度的最大值 此外对加热范围、测温与加热源去除时间间隔进行了明确规定	预热温度和层间温度低于焊接工艺评定时相应预热温度和层间温度25℃以上，或高于焊接工艺评定时相应预热温度和层间温度50℃以上	EN 14163—2001 标准规定较合理和明确一些
	后热处理	没作为重要因素进行明确规定	没作为重要因素进行明确规定	后热处理加热的次数和持续时间应与评定试验时的规范相同或更高	没作为重要因素进行明确规定	EN 14163—2001 标准规定较合理和明确一些
	焊后热处理	没作为重要因素进行明确表述	增加焊后热处理，改变焊接工艺规程中焊后热处理的范围或温度，应重新进行焊接工艺评定	本标准对加热宽度、加热带的边缘温度、保温覆盖区宽度、保温时间、炉加热时钢管放入和取出温度、炉或现场热处理升温或降温要求及支管加热等作出了明确规定	焊后热处理制度的变更	EN 14163—2001 标准规定较合理和明确一些

（续）

不同的技术内容		SY/T 4103—2006 标准要求	API 1104—2013 标准要求	EN 14163—2001 标准要求	AS 2285.2—1995 标准要求	对比分析
焊接工艺评定规则	焊道之间的时间间隔	根焊热焊之间的最大时间间隔的增加	与 SY/T 4103—2006 标准规定相同	采用非低氢型焊接材料和非低氢型焊接方法焊接时，根焊和第二道焊之间的间隔不应大于焊接工艺评定时的时间间隔	无相应规定	EN 14163—2001 标准规定较为合理
	重要因素——保护气体和流量	一种保护气体换成另一种保护气体，或一种混合气体换成另一种混合气体，或保护气体流量范围较大地增加或减小	与 SY/T 4103—2006 标准规定相同	保护气的种类与成分须与评定试验的相同，且保护气体露点≤-30℃。对于含有指定添加成分的混合气，添加成分的变化范围不超过工艺评定采用气体成分的±10% GMAW、GSFCAW 及 GTAW，气体流量范围在评定试验记录值的±15%之内	保护气体的下列变更需重新评定： 1）一种保护气体换成另一种保护气体，或一种混合气体换成另一种混合气体，或保护气体流量增加或减小超过10% 2）单面焊双面成形对接焊保护气体中惰性气体比例的变更	EN 14163—2001 标准对保护气体和流量的规定较为明确、全面
	保护焊剂	保护焊剂型号的变更需重新评定	与 SY/T 4103—2006 标准规定相同	焊剂必须与评定试验采用的焊剂相同	保护焊剂的下列变更需重新评定： 1）保护焊剂型号、类别、规格、制造商的变更 2）导致不同类别的焊丝和焊剂组合的变更	EN 14163 对保护焊剂的适用要求较严

（续）

不同的技术内容		SY/T 4103—2006 标准要求	API 1104—2013 标准要求	EN 14163—2001 标准要求	AS 2285.2—1995 标准要求	对比分析
焊接工艺评定规则	电特性	仅将焊接速度范围的变更作为重要因素	直流焊时极性变更，或在直流与交流之间进行变更需重新进行焊接工艺评定	电特性的下列变更需重新评定： 1）焊接速度范围超出评定试验记录值的 ±10% 2）焊接电压范围超出评定试验记录值的 ±10% 3）送丝速度和电流超出评定试验记录值的 ±10% 4）焊丝伸出长度的范围超出评定试验记录值的 ±5%	电特性的下列变更需重新评定： 1）电弧形态（喷射过渡电弧形态、滴状过渡电弧形态、脉冲电弧形态、短路过渡电弧形态）的变化 2）直流电源脉冲电流增加或减小 3）导电嘴至工件距离的变化 4）焊接材料使用超出制造商说明书认可的范围	EN 14163 对焊接速度、焊接电压、电流、送丝速度、伸出长度的允许范围规定相对合理
	焊工数量	未作为重要因素进行明确规定	未作为重要因素进行明确规定	未作为重要因素进行明确规定	在焊接施工过程中，和焊接工艺评定时焊工数量相比，减少根焊或热焊时的焊工数量，需重新进行焊接工艺评定	焊接施工过程中，根焊或热焊时减少焊工数量少时，焊道冷却速度会增大，焊缝含氢量增加，从这一点来看，AS 2285.2—1995 标准规定较为合理
	返修焊接要求	应单独进行返修焊接工艺评定，编制相应的返修焊接工艺规程。除非业主同意返修，否则所有带裂纹的焊缝应按有关规定从管线上切除。当允许对裂纹进行返修时，裂纹长度应小于焊缝长度的8%。根焊道及填充焊道中出现的非裂纹性缺陷，经业主同意后方可返修。盖面焊道中出现的非裂纹性缺陷，可直接返修。同一部位的返修不得超过两次	除遵守 SY/T 4103—2006 标准中返修焊接相关要求外，还规定：①有多个裂纹的对接焊缝或支管焊缝不应被返修；②起弧和收弧处浅表性的裂纹可以打磨去除，但打磨不应低于母材外表面；③将返修焊评细分为盖面焊道返修、管内非全壁厚返修、管外非全壁厚返修、全壁厚返修、管内封底焊道返修等方面的评定工作，并对每种返修焊评破坏性试验内容提出了相应的要求	除以下几种返修焊接方式需单独作评定外，其他焊接工艺规程可用于返修焊接 1）单道焊返修 2）内部返修 3）对接母材的规定最小屈服强度超过 360MPa	对返修打磨及打磨处的检查提出了具体要求	EN 14163—2001 标准规定较为合理。但 AS 2285.2—1995 标准对返修打磨及打磨处的检查要求可以借鉴

（续）

不同的技术内容	SY/T 4103—2006 标准要求	API 1104—2013 标准要求	EN 14163—2001 标准要求	AS 2285.2—1995 标准要求	对比分析
焊工资格范围	本标准明确规定取单项资格的焊工在发生焊接方法及组合、焊接方向、管径组别、壁厚组别、填充金属组别、焊接位置、坡口形式等因素变更时，或取全项资格的焊工在发生焊接方法及组合、焊接方向、填充金属组别等因素变更时需重新进行资格考试	本标准例外规定取全项资格的焊工进行多种焊接方法组合焊接时，若焊工具有该组合工艺中各项焊接方法的资格证，则无需重新考试。其他规定与 SY/T 4103—2006 标准相同	本标准明确规定焊工在发生壁厚适用范围、管径范围、焊接方法、焊接方向、接头形式、焊接材料类型、保护气体种类及焊接设备等要素变更时需重新进行资格考试	本标准明确规定取单项资格焊工发生壁厚适用范围、管径范围、影响熔滴过渡的电弧形态、坡口角度、根部间隙及钝边高度等基本参数变更时，或取全项资格的焊工在发生单面焊时是否背部衬垫板或在坡口中预置填充金属及电弧形态等要素变更时需重新进行资格考试	这四个标准考虑各有侧重，应全面考虑这四个标准的要求。其中，AS 2285.2—1995 标准考虑全面且苛刻些
外观检查	焊缝内外咬边深度应≥12.5% $T\cap 0.8$mm。深度>(6% ~12.5%)T 或>(0.4 ~0.8mm)，取二者较小值，要求 300mm 的连续长度中，累计咬边长度应≤50.8mm。咬边深度<6% $T\cap 0.4$mm，任何长度均为合格。余高应≤1.6mm。相邻焊层引弧点应相互错开。焊缝宽度应大于坡口表面宽度 3.2mm	与 SY/T 4103—2006 标准规定相同	焊缝余高≤3mm 焊缝内外表面的咬边深度≤10% $T\cap 1.0$mm 咬边在以下情况下是不可接受的： 1）在任何 300mm 的连续焊道上，咬边在内外焊道的总长度超过 50mm 2）咬边在内外焊道的总长度超过焊道总长度的 15% 焊缝宽度要求没定量规定	深度大于 0.8mm 的单个咬边（包括外咬边和内咬边）或在连续 300mm 焊缝长度内咬边（包括外咬边和内咬边）累计长度超过 50mm 深度大于 0.8mm 的单个咬边（包括外咬边和内咬边）或咬边（包括外咬边和内咬边）累计长度超过焊缝长度的 20%	SY/T 4103—2006 标准对咬边的相应规定要严一些

（续）

不同的技术内容		SY/T 4103—2006 标准要求	API 1104—2013 标准要求	EN 14163—2001 标准要求	AS 2285.2—1995 标准要求	对比分析
射线检测要求	未焊透	本标准将未焊透区分为根部未焊透和错边未焊透，并提出了相应的验收指标。且错边未焊透验收指标要求松些	本标准增加中间未焊透的划分并提出相应的验收指标。其他要求与 SY/T 4103—2006 标准规定相同	本标准未将未焊透进行细分，除例外规定在 300mm 的双面焊道上，未焊透总长超过 50mm 或占焊道长度的 15%之外，其他验收指标与 SY/T 4103—2006 标准中根部未焊透验收指标一致	本标准允许存在错边未焊透，除非该处同时存在未熔合缺欠。其他规定与 SY/T 4103—2006 标准要求一致	应综合考虑 API 1104—2013 标准和 EN 14163—2001 标准要求
	未熔合	在焊缝任何 304.8mm 连续长度中，夹层未熔合累计长度超过焊缝长度的 8%时，则不合格	与 SY/T 4103—2006 标准规定相同	在焊缝任何 300mm 连续长度中，夹层未熔合累计长度超过焊缝长度的 15%时，则不合格	当焊缝长度小于 300mm 时，夹层未熔合累计长度超过焊缝长度的 20%时，则不合格	未熔合是一种较严重的缺欠，故执行 SY/T 4103—2006 标准关于未熔合的验收规定较为合理
	根部内凹	当根部内凹处的射线底片黑度不超过相邻最薄母材的射线底片黑度时，任何长度均允许	与 SY/T 4103—2006 标准规定相同	当根部内凹处的射线底片黑度不超过相邻最薄母材的射线底片黑度时，凹陷累计长度不得超过焊缝长度的 25%	与 SY/T 4103—2006 标准规定相同	EN 14163—2001 标准关于根部内凹的验收规定较为合理
	烧穿	除规定管外径 ≥ 60.3mm 时，焊缝任何 ≤ 304.8mm 的连续长度中，射线底片黑度大于相邻较薄母材射线底片黑度的烧穿的最大长度的累计不得超过 12.7mm 之外，其他规定与 EN 14163—2001 标准相同	与 SY/T 4103—2006 标准规定相同	烧穿符合下列任一条，则不合格 1）烧穿处的射线底片黑度超过相邻较薄母材的射线底片黑度，且其最大长度超过 6mm 或超过较薄母材的公称壁厚 2）烧穿处射线底片黑度大于相邻较薄母材射线底片黑度的烧穿多于一处	与 SY/T 4103—2006 标准规定相同	SY/T 4103—2006 标准关于烧穿的验收规定较为合理

（续）

不同的技术内容		SY/T 4103—2006 标准要求	API 1104—2013 标准要求	EN 14163—2001 标准要求	AS 2285. 2—1995 标准要求	对比分析
射线检测要求	夹渣	本标准对管径进行了分组，并规定管外径 < 60. 3mm 时： 1）单个细长夹渣长度应≤3T（较薄侧） 2）细长夹渣的宽度超过 1. 6mm 3）宽度 > 1/2T（较薄侧）的独立夹渣累计长度应≤2T（较薄侧） 管外径≥60. 3mm 时： 1）在焊缝任何 304. 8mm 连续长度中，独立夹渣的累计长度超过 12. 7mm 2）细长夹渣和独立夹渣的累计长度超过焊缝长度的 8%	本标准除例外规定管外径 < 60. 3mm 时细长夹渣和独立夹渣的累计长度不得超过焊缝长度的 8% 外，其他规定与 SY/T 4103—2006 标准相同	本标准未对管径进行分组，并规定： 1）在焊缝任何 300mm 的连续长度中，独立夹渣的累计长度超过 50mm 2）独立夹渣的宽度超过 1/2T 3）细长夹渣和独立夹渣的累计长度超过焊缝长度的 15% 4）夹铜或夹钨的宽度超过 3mm 或壁厚的 50% 5）在焊缝任何 300mm 连续长度中，夹铜或夹钨的累计长度超过 12mm，或存在多于 4 个夹铜或夹钨缺欠 其他规定与 SY/T 4103—2006 标准中管外径≥60. 3mm 时的规定相同	与 API 1104—2013 标准要求相同	API 1104—2013、SY/T 4103—2006 标准将夹铜或夹钨视为独立夹渣，而 EN 14163—2001、AS 2285. 2—1995 标准则进行了区分，另外，API 1104—2013、SY/T 4103—2006 标准在规定夹渣的验收规定时对管径进行了分组处理 总的来看 API 1104—2013 标准关于夹渣的验收规定较为全面、细化和严一些
	气孔	所有空心焊道的累计长度超过焊缝长度的 8%，则不合格	与 SY/T 4103—2006 标准规定相同	所有空心焊道的累计长度超过焊缝长度的 15%，则不合格	与 SY/T 4103—2006 标准规定相同	SY/T 4103—2006、API-1104—2013 和 AS 2285. 2—1995 标准关于气孔的验收规定较严一些
	缺陷累积	除了咬边和错边未焊透外，当累计缺陷长度超过焊缝长度的 8% 时不合格	与 SY/T 4103—2006 标准规定相同	当累计缺陷长度超过焊缝长度的 15% 时不合格	除了咬边和错边未焊透外，当累计缺陷长度超过焊缝长度的 20% 时，则不合格	SY/T 4103—2006 和 API 1104—2013 标准关于缺陷累积的验收规定较严一些

（续）

不同的技术内容	SY/T 4103—2006 标准要求	API 1104—2013 标准要求	EN 14163—2001 标准要求	AS 2285.2—1995 标准要求	对比分析
表面检测验收标准	出现以下任一条时，则不合格： 1）线性缺陷评定为弧坑裂纹或星形裂纹，其长度超过4mm或评定为非上述裂纹的其他裂纹的线性缺陷 2）评定为未熔合的线性缺陷在焊缝任何304.8mm的连续长度中，缺陷累计长度超过焊缝长度的8%	与SY/T 4103—2006标准规定相同	当表面检测符合以下任一条时，则不合格： 1）线性缺陷评定为裂纹 2）评定为未熔合的线性缺陷，在焊缝任何300mm的连续长度中缺陷累计长度超过焊缝长度的15%	与SY/T 4103—2006标准规定相同	SY/T 4103—2006、API 1104—2013和AS 2285.2—1995标准关于表面缺陷的验收规定较严和科学一些
超声波检测验收标准	内部非裂纹线形缺陷累计长度超过焊缝长度的8%，则不合格	与SY/T 4103—2006标准规定相同	内部非裂纹线形缺陷累计长度超过焊缝长度的15%，则不合格	内部非裂纹线形缺陷累计长度超过焊缝长度的20%，则不合格	SY/T 4103—2006和API 1104—2013标准关于内部非裂纹线形缺陷累计长度的验收规定要严一些

2001 标准中焊接工艺评定规则、破坏性试验内容及缺陷的验收进行对比分析，通过对比分析以了解其各自的特点及差异性，了解究竟哪个标准规定内容较为科学，哪个标准执行起来较为合理，哪个标准某方面规定较严谨，为指导我国今后进一步完善长输管道焊接施工及验收规范提供一定的技术支持。

SY/T 4103—2006 与 API 1104—2013、AS 2285. 2—1995、EN 14163—2001 标准中焊接工艺评定规则、破坏性试验内容及缺陷的验收相关要求主要不同之处见表 5-4。

从表 5-4 对比分析可知：

1）EN 14163—2001 标准针对焊接工艺评定的规则制定，且现场焊接基本要求包括返修焊接的基本要求，相关规定较为全面、合理和明确一些，而 API 1104—2013 标准关于焊接接头的无损检测验收规定较为系统、科学和苛刻一些。

2）目前长输管道工程焊接工艺评定时十分注重焊接接头的韧性和塑性，这样看来，上述四个标准所规定的试验内容均不全面，结合多年的长输管道工程焊接工艺评定的经验来看，试验内容宜包括拉伸试验、刻槽锤断试验、弯曲试验（包括面弯、背弯、侧弯）、夏比冲击试验、宏观金相及硬度检验等试验内容，从而充分再现接头的性能，保证管道工程的焊接质量。从标准的可操作性上来看，EN 14163—2001 标准执行起来较容易和明确一些。在指导长输管道工程焊接工艺评定和现场焊接施工时，建议综合考虑上述四个标准的内容更为合理。

思 考 题

1. 简述长输管道目前常用的焊接工艺及应用场合。
2. 简述焊接工艺评定的目的及要求。
3. 简述焊接工艺评定的流程。
4. 简述焊接工艺评定、焊接工艺规程、焊接作业指导书的区别与联系。
5. 简述长输管道焊接工艺评定时的破坏性试验内容及试验目的。

第六章 长输管道工程焊工培训考试及管理

我国的长输管道是由长约12m的一根根钢管焊接而成的。每一名焊工焊接的每一寸焊道都同等的重要，每一寸焊道出现质量问题，都会对管道的安全运行产生直接的影响。要保证长输管道工程的每一道焊缝，都是合格的焊缝，就需要每一名焊工具有满足管道工程要求的焊接技术、高度的责任心、严格遵守焊接工艺规程。焊工要具备上述素质，就要通过认真的培训、严格的考试和细致的管理。培训是获得焊接技术最重要的途径，考试是对焊工焊接技术和执行焊接工艺规程情况的严格把关，对焊工进行规范化的管理是保证焊工整体技术水平的重要手段。

第一节 焊工培训

目前，焊工的培训主要有以下几种方式：①学历教育，如职业学校、技工学校、中专学校和高等职业学院焊接专业的毕业生；②对焊接专业的毕业生根据工程实际要求进行的技术培训；③对非焊接专业的毕业生进行焊接技术培训；④对在职焊工进行的技术强化培训和技术更新培训。

一、学历教育

职业学校、技工学校一般是一年半到两年的理论学习，一年到一年半的技能培训；中专学校和高等职业学院一般是两年到两年半的理论学习，半年到一年的技能培训。由于学历教育受教育经费的限制，同时也受培训技能教师技能指导能力的限制。一般理论学习较为系统，而技能水平较低。

二、对焊接专业毕业生的培训

焊接专业的毕业生包括高等职业学院毕业生、中等专业学校毕业生、技工学校毕业生和职业学校的毕业生等。本科及以上学历的毕业生一般不从事焊接的实际操作。

1. 高等职业学院毕业生的焊工培训

高等职业学院毕业生一般具有较高和较为系统的焊接理论知识，但进行焊接操作技能练习的时间较短，实际操作的技术水平不高。对于具有大专学历的焊接专业毕业生的培训，一般不需再进行专门的焊接基础理论知识培训，只进行与从事的焊接工作相适应的理论知识培训，主要的是焊接操作技能的培训。

（1）入厂教育　入厂教育主要介绍本企业的历史、主要生产（或施工）的产品（或项目）、企业文化、发展前景、优势和不足、与焊工直接相关的管理制度等。

（2）理论知识的培训主要有以下几方面的内容：

1）金属材料与热处理基本知识。

2）电弧焊基础知识，包括焊接电弧特性、弧焊电源基本知识、熔滴过渡与焊缝成形等。

3）焊接方法及焊接工艺基本知识。

4）采用焊接设备的构造、工作原理、特点及操作方法。

5）采用焊接材料型号、规格、理化性能、操作特点等。

6）接头形式及焊接位置。

7）常用工程建设标准的基础知识。

8）压力管道工程建设基本知识。

9）焊接安全与防护。

（3）操作技能培训　这里所讲的培训是焊工培训，不论学历高低，培训的目的是使其能够从事焊接的实际操作。一般在企业内部的培训机构或外委具有相应培训能力的培训机构培训。大专毕业生入厂时，操作技术水平大部分较低，但大专毕业生具有较强的学习能力和接受新知识的能力。以企业内部培训中心开展的操作技能培训为例，培训程序和培训内容如下：

1）综合基础培训。培训中心的简介、安全教育、职业道德教育、设备操作程序、熟悉培训环境。

2）摸底考试。进入培训场地后，利用3～5天的时间熟悉焊接设备的使用方法和熟悉在学校学习过焊接方法的操作。进行一次摸底考试，这样可以掌握学员的操作基础。根据学员的基础情况编制或修改培训计划。

3）焊条电弧焊板件的焊接。焊条电弧焊板件的焊接，一般应从平焊开始培训，平焊合格后进行立焊的培训，立焊合格后进行横焊的培训。应根据学员的原有基础和接受能力，确定每项的培训时间。第一次参加培训的学员一般不进行仰焊培训。

4）适用于工程的焊接培训。一般来说培训的焊工要有明确的培训目标，这里说的培训目标不是拿到初级、中级或是高级工的等级证，而是培训结束后采用什么焊接方法、焊接什么钢材、焊接什么工程。例如焊接管道工程的焊工，通常分为焊条向上焊、纤维素焊条向下焊、低氢焊条向下焊、气体保护半自动焊、自保护药芯焊丝半自动焊、管道全位置自动焊和钨极氩弧焊等焊接方法。焊条向上焊是焊接的基础。通常不论学习哪一种焊接方法，都要进行一定时间的焊条向上焊练习。当焊条向上焊掌握到能够较好地控制熔池后，可转为其他焊接方法的培训。

2. 中等专业学校毕业生的焊工培训

中等专业学校毕业生的焊接理论知识也较为系统，但较高等职业学院的毕业生稍差些，实际操作的水平也不高。对中等专业学校毕业生的焊接培训程序和内容与高等职业学院毕业生的焊工培训相类似，但由于中专生比大专生文化水平低，年龄也要小2~3岁。所以，对中专生的焊工培训除按高等职业学院的毕业生进行培训外，还应注意以下特点：

1）对焊接的基础理论知识进行综合性的复习，把在学校学到的焊接理论知识总结成较全面和较系统的焊接理论。并对将要进行实际操作的焊接方法、焊接材料和工程材料等方面的理论知识进行较为深入的学习。

2）由于年龄偏低，学员贪玩的心理更强，要加强学员的组织性和纪律性的教育和管理。另外，由于年龄偏低这部分学员的体力稍差些，所以要注意休息，不能让他们连续高强度的培训。

3）培训时间要较高等职业学院的毕业生焊工培训的时间长些。一般应进行一个月理论知识的培训，六个月操作技能的培训。

3. 技工学校毕业生的焊工培训

技工学校的毕业生，入学成绩要比中专生差些。技校生的焊接理论学习更不系统，由于受教育经费和焊接技能教师教学水平的限制，所以操作水平通常也不会高。但技工学校毕业生的目标明确，毕业后就是当焊工。他们对技能操作培训的积极性很高。对技校生的焊工培训程序和内容如下：

（1）入厂教育　入厂教育的内容与大专生电焊工的培训内容相同。

（2）理论培训　理论培训的内容与中专毕业生电焊的培训内容基本相同，但具有如下特点：由于技校的入学成绩比中专生要低，部分学员的文化基础较差，对焊接理论知识的接受能力也差。这就导致技校毕业生的焊接基础理论水平相差很大。在焊接培训的理论教学中，要照顾到这一部分学生，尽量使他们具有锅炉、压力容器、压力管道焊工资格考试理论知识考试和特种作业人员安全知识考试的理论水平。

（3）操作技能培训　技能培训的程序和内容与中专毕业生的培训程序和内容相同。

4. 职业学校毕业生的焊工培训

由于职业学校对学生入学成绩和资格要求更低，只要是初中毕业生不论成绩怎样都能进职业学校。甚至初中没有毕业，更甚者初中没有上完或根本没有上过中学的学生也能进职业学校。另外，职业学校的师资力量、教学设施，特别是技能培训的教学设施一般来说要较中专学校和技工学校差，这就导致职业学校毕业生的焊接基础理论水平和技能操作水平都不高。

对于职业学校毕业生进行的焊工培训，在培训程序和培训内容上与技工学校毕业生基本相同，但也应注意以下特点：

1）这部分学员的文化基础较差，所以在焊接理论的学习过程中，少讲或不讲高深的焊接理论，而是要以最基础的焊接理论和贴近实际的焊接理论为主。

2）在操作技能培训中，要求注重学员基本功的练习。要改掉那些不正确的操作习惯和操作手法，要培养他们养成规范的操作习惯和操作手法。

三、对社会青年的焊工培训

对于从社会上招来人员的焊工培训。这部分人员具有年龄相差较大、文化程度相差较大、学习的专业相差较大和社会阅历相差较大等特点，根据这部分人员的特点应进行下列各方面的培训。

1. 焊接专业理论及相关知识的培训

从社会上招来的人员，很少有焊接专业的毕业生。这样他们就一点焊接基础理论的知识也没有。对他们要进行较为系统的焊接基础理论知识培训，培训时间应为3~4个月。

由于焊接理论是一门综合性较强的学科，在学习焊接专业理论前还应学习金属工艺学、电工学和机械基础等方面的知识。只有基础知识学好后，方能学好焊接理论知识。

压力管道焊工要独立承担焊接作业，至少要持有焊工等级证（一般需中级或以上资格）、特种作业人员安全操作证和锅炉压力容器压力管道焊工合格证。所以焊工还必须进行金属焊接与切割安全知识和压力管道知识的培训。

2. 金属焊接与切割安全知识培训

焊工属特种作业人员。焊工在焊接作业过程中，要与电气设备、高温金属、强光辐射、有害气体、易燃易爆气体等危险因素接触，存在较大的安全隐患，所以必须对从事焊接与切割的人员进行培训，并经考试合格后方能上岗作业。

3. 压力管道知识培训

从事压力管道的焊接作业，必须了解压力管道的输送介质、输送压力，熟悉压力管道的施工工序，掌握压力管道用钢的化学成分、力学性能和焊接性。掌握压力管道常用焊接方法的工艺特点和适用范围。

4. 操作技能培训

前面的一切培训都是为技能培训服务的，压力管道焊工的任务就是从事管道的焊接。所以焊接操作技能的培训是培训的重点。焊出合格的压力管道焊缝是培训的目的。操作技能的培训一般需要6~8个月的时间。

（1）熟悉焊接设备的操作方法　掌握焊接材料型号、规格及焊接特性，学会使用焊接工具。

（2）焊接电弧的引弧、运条和熄弧的基本方法　采用药皮焊条，在平板的表面进行练习，初步掌握电弧的引燃方法、运条的方法、控制电弧长度及熄弧方法。

(3) 平板的敷焊 在平放钢板的表面上堆焊焊缝，平板敷焊的目的是进一步掌握电弧的引燃方法、控制电弧长度的方法和熄弧方法。学习电弧的摆动方法、摆动宽度、摆动步幅、摆动频率，在焊缝两侧如何停留等。开始学习如何观察熔池和控制熔池，焊出焊缝的宽度、高度应基本一致。

(4) 平板单面焊双面成形练习 在钢板上开坡口，将两块钢板对接并留有一定的间隙，放置于水平的位置，从一面焊接达到双面成形的焊接，称为平板单面焊双面成形技术。在此阶段培训期间，要学会修磨坡口、钝边，知道什么样的坡口角度、多厚的钝边有利于焊接。学会组装板状试件，如何控制间隙和反变形的角度。学习如何在坡口中引弧，如何控制焊缝的全焊透，如何控制焊缝的背面成形，如何使每一层焊道的厚度和宽度基本一致。学会焊道间的清理，学会用砂轮机、钢丝刷等工具。学会填充焊道的焊接，如何与前面的焊道熔合好，如何使坡口两侧熔合好，如何使后续焊道好焊，也是必须掌握的内容。学会盖面焊道的焊接，如何控制盖面焊道的余高和宽度，如何控制焊缝的余高和宽度均匀一致，并与母材圆滑过度。焊接结束后，学会如何清理焊缝的表面，并对焊缝进行外观检查，知道什么是合格焊缝和不合格焊缝。

(5) 立板的焊接 立板焊接与平板焊接的最大区别是，立板的焊接存在铁液下流的现象。这就要求焊接时对熔池进行良好的控制，否则焊缝就会成形不良，甚至焊缝根本就不成形。

焊接立焊焊缝所采用的焊条直径要小些，焊条直径一般不超过4mm。焊接电流也应比平焊的电流小些，应采用短弧焊接。在运条的过程中，要做到以下几点：①摆动的宽度要一致；②摆动的步幅要基本一致；③要用短弧焊接；④在焊缝中心附近摆动的速度要快些，焊缝两侧的摆动速度要慢些；⑤在焊缝的两侧要压低电弧，要有一个短暂停留的过程。其他方面的操作与平焊基本相同。

(6) 横板的焊接 横板的焊接与其他焊接位置焊接操作的区别是，横焊的焊接一般采用多层多道焊，焊道的宽度一般不超过8mm，所以稍宽的焊缝在一层中就要焊多条焊道。而其他位置的焊条向上焊，焊缝的宽度只要不超过20mm，一般采用每一层只焊一条焊道的焊接方法。所以，在进行横焊焊接时，同一焊层不同焊道间的搭接宽度是横焊培训的主要练习内容。搭接宽度一般为焊道宽度的三分之一，但要根据焊道的形状、焊层的厚度做适当的调整，以保证焊层厚度基本一致，特别是保证盖面焊的余高及圆滑过渡。

(7) 管道的焊接培训 从事管道工程焊接的焊工一般不需进行专门的板件仰焊的培训。在平、立横板焊接合格后，就可开始进行管道水平固定焊的焊接培训。目前我国管道工程焊接中最常用的是焊条向下焊和自保护药芯焊丝半自动焊两种焊接方法。

1) 管道焊条向下焊。管道焊条向下焊又分为纤维素焊条向下焊和低氢焊条向下焊两种，纤维素焊条向下焊具有焊接操作性能好、无损检测合格率高等优点，但存在的缺点是焊缝的韧性和抗裂性较差。所以纤维素焊条一般应用于钢管的强度等级较低、输送压力也较低的管道工程。

低氢焊条向下焊，一般采用纤维素焊条进行根焊道的焊接，低氢焊条进行填充和盖面焊道的焊接。目前，由于低氢向下焊焊条工艺性能较差，很难用于根焊焊道焊接。所以，一般采用强度等级较低的纤维素焊条进行根焊焊道的焊接。一是利用纤维素焊条工艺性能好的特点，保证了根焊焊道的成形；二是利用纤维素焊条焊接效率高的特点，提高根焊道的焊接效率；三是利用低匹配的方法，基本上保证了根焊道的塑性和韧性。利用低氢焊条塑性和韧性好、强度高的特点来保证整个焊接接头强度、塑性、韧性和抗裂性。但低氢焊条存在着焊接工艺性差、对焊接环境要求高、焊条使用前需进行严格的烘烤等缺点。所以，从事低氢焊条焊接的焊工必须经过严格的培训，且在焊接过程中的各个环节都必须严格操作，方能焊出合格的焊缝。

2）自保护药芯焊丝半自动焊。自保护药芯焊丝半自动焊是采用具有自身保护作用的药芯焊丝，焊接时不需外加保护气体的半自动焊接方法。但自保护药芯焊丝只能进行填充和盖面焊道的焊接，不能用于根焊焊道的焊接。其匹配的根焊道焊接目前大部分还是采用纤维素焊条向下焊或低氢焊条向上焊，也可以采用 STT 技术熔化极气体保护半自动焊（简称 STT 半自动焊）或 RMD 技术熔化极气体保护半自动焊（简称 RMD 半自动焊），或 CMT 技术熔化极气体保护半自动焊（简称 CMT 半自动焊）。

采用纤维素焊条焊接根焊焊道的优点是焊缝成形好、焊接效率较高、不需采取防风措施，缺点是焊缝的塑性和韧性较差。采用 STT 半自动焊或 RMD 半自动焊或 CMT 半自动焊焊接根焊焊道的优点是焊接效率较高、焊缝的塑性和韧性也较高，但由于采取气体作为保护介质，所以焊接时必须采取防风措施。

自保护药芯焊丝的焊接。自保护药芯焊丝是在焊丝的内部包裹着焊药，电弧燃烧时，焊药产生大量的气体和少量的熔渣，对焊接电弧和熔池产生保护作用。焊接时不需外加保护气体的一种半自动焊焊接方法。由于，此种焊接方法焊接设备价格适中，操作简单，焊接效率较高，具有较强的抗风能力，焊缝的无损检测合格率高，焊缝的力学性能能够满足工程的需要。目前，自保护药芯焊丝半自动焊是我国长输管道焊接的主要方法。

自保护药芯焊丝半自动焊进行焊工培训时，要区别于焊条电弧焊的焊接。焊条电弧焊时，在焊接电源上能调节的焊接参数只有焊接电流一项。其他参数，如电弧电压、焊接速度等都是靠人工来掌握。自保护药芯焊丝半自动焊，在焊接设备上要调节的焊接参数主要是送丝速度和电弧电压。送丝速度的大小直接决定着焊接电流和焊接效率，送丝速度越快、焊接电流就越大，焊接效率也越高。送丝速度必须与电弧电压有良好的匹配才能保证焊接质量。除送丝速度和电弧电压外，伸出长度、焊接速度等参数要靠焊工的操作来完成。

四、对在职焊工的培训

1. 在职焊工进行培训的目的

管道焊接的方法在不断地增加和改变，从20世纪70年代单纯的焊条向上焊，到20世纪80年代的焊条向下焊，20世纪70年代的药芯焊丝半自动焊和管道全位置自动焊。现在管道的焊接已发展为以半自动向下焊为主、计算机控制的管道全位置自动焊、STT焊接技术、RMD焊接技术等多种焊接新技术。从焊接方法上来说，没有一种焊接方法是绝对的好，每一种焊接方法都有其优点。从管径来区别焊接方法的优劣：如焊接ϕ60mm以下的小管，采用钨极氩弧焊就有非常明显的优势；如果焊接ϕ60～ϕ200mm的钢管，采用焊条向上焊就比较合理；如果焊接ϕ200～ϕ500mm的钢管，采用焊条向下焊较好；焊接ϕ400～800mm的钢管，采用半自动焊为好；焊接ϕ800mm以上的钢管，采用管道自动焊可降低焊工的劳动强度、提高焊接效率。在地形平坦的地段采用双管联焊技术，可降低施工成本，提高施工速度。双管联焊采用埋弧焊最为合理。

在钢管材质上也有了很大的变化，从20世纪70年代的低碳钢和16Mn等很少几个钢种，强度等级也较低，发展到现在的L系列钢管、X系列钢管等几十个钢种。钢材的屈服强度等级也从300MPa左右发展到现在的550MPa。

在焊接材料上也有了非常大的进步，原来焊接长输管道的焊接材料基本上就是J422、J506和J507三种焊条。现在焊条有向上焊焊条、向下焊焊条，强度等级从E60××～E100××。焊丝有实心焊丝、气体保护药芯焊丝、自保护药芯焊丝和金属粉芯焊丝等。目前，工程上常用的焊接材料就有几十个品种。

在坡口形式上也从原来的单一V形坡口，发展到现在的V形、U形、VY形、复合形等多种坡口形式。

在施工标准、检测方法、合格标准上也有了很大的改变。国家对安全和环保的要求也越来越高。

从以上的变化和改进来看，只会一两种焊接方法、只会焊接一两种钢材、只会用一两种焊接材料，是远远不够的。要跟上技术发展的步伐，不断学习新技术。所以，在职焊工的培训也是一项长期的工作。

2. 需要培训的对象

不论焊工水平高低，也不管焊工掌握了多少种焊接方法，所有的焊工都应参加焊接技术的培训。因为，不管你有多高的文化程度、有多强的接受能力，也不管你有多刻苦、有多少工作经历，你永远不可能掌握所有的焊接方法和所有材料的焊接，焊缝的一次合格率也不可能是100%，焊接接头也不可能一点缺陷也没有。所以，培训焊工的目标是掌握多种焊接方法，会焊接多种材料，使焊缝的一次合格率尽量的高，使焊接接头的缺陷尽量的少。

第一，焊接水平较低的焊工需要培训。所谓焊接水平低，就是只会一两种焊接方法，焊接焊缝的外观成形不良、无损检测合格率低或根本就不合格。这样的焊工当然需要培训，否则他们无法承担压力管道的焊接。给这部分焊工培训的目的，就是使他们较好地掌握一两种焊接方法的焊接，能够焊出符合要求的压力管道焊缝。

第二，焊接水平中等的焊工需要培训。这部分焊工掌握了一两种焊接方法，也能焊出合格的焊缝，但焊接的合格率一般不高。这部分焊工需要进行培训，使他们焊出质量更高的焊缝，使合格率进一步提高。并掌握更多的焊接方法，使他们具有更广泛的适用性。

第三，具有较高水平的焊工需要培训。所谓较高水平，就是掌握了两到三种焊接方法，焊接焊缝的外观成形较好，焊接焊缝的无损检测合格率也较高。这样的焊工同样需要进行培训，培训的目的是使他们掌握较为系统的焊接理论知识，使他们具有更快地掌握新的焊接方法、焊接材料和新的焊接设备的能力，使他们焊接的焊缝外观更好、无损检测合格率更高。

第四，具有较系统焊接理论水平并具有很高操作能力的焊工需要培训。一个单位的尖子焊工，在一个行业内不一定是尖子；在一个行业内是尖子，在全国就不一定是尖子。即使全国比赛获得了第一名，由于焊接方法、焊接设备、焊接材料等都在不断地更新，也有永远学不完的焊接知识。对尖子焊工的培训，是让他们起引领企业焊接技术方向的作用。他们是企业焊接技术的代表，所以这部分焊工除了使他们掌握较多的焊接方法外，还应掌握系统的焊接技术理论知识。要使他们在文化修养、职业道德等方面具有较高的水平。

3. 焊工培训的时机

焊工在任何情况下都应该进行培训。这里所说的培训，是在什么情况下必须进行培训。

第一，焊接技术不能满足工程焊接需要时应该进行培训。由于工程标准的改变等原因，焊工的焊接技术水平不能满足工程的技术要求，这样的焊工必须进行培训，使其达到工程的技术要求。

第二，采用新型的焊接设备、焊接材料和焊接工艺时必须对焊工进行培训。由于新设备的性能不同、新焊接材料的工艺不同和新焊接工艺的操作方法不同，所以在使用新设备、新材料和新工艺前必须对焊工进行培训。使其掌握新设备、新材料和新工艺的操作方法。

第三，每一项工程开工前应对焊工进行培训。一般来说每一项工程有每一项工程的特点和要求，如钢管材质、钢管规格、焊接方法、焊接材料、坡口形式、检验标准、焊接环境等都会存在着一定的差异或较大的差异。所以在每一项工程开工前要根据工程的实际需要，对焊工进行有针对性的培训，使其达到工程焊接要求。另外，在每一项大工程开工前，要组织焊工进行上岗资格考试，以验证施工单位的焊接能力和焊接水平，这也要求对焊工进行培训。

第四，压力管道焊工资格证的取证和换证考试前也需对焊工进行培训。从事锅炉、压力容器、压力管道焊接的焊工必须按 TSG Z6002—2010《特种设备焊接操作人员考核细则》的要求经考试合格后，方能从事相应合格项目的焊接作业。持证焊工，两年进行一次换证考试。焊工的取证考试包括理论知识和技能知识两部分，理论和技能均合格者，方能取得相应项目的焊接资格。取得资格证的焊工，两年内应进行换证考试，换证考试只考技能，不考理论。但当增加新的焊接方法时，必须进行理论知识和技能知识两项考试。所以在取证和换证考试前必须对焊工进行焊接技术培训。

第五，两年至少进行一次焊接安全知识培训。焊工要从事压力管道的焊接作业，除应具备压力管道焊工资格证外，还必须持有特种作业人员安全培训合格证。焊工在取证前必须按要求进行培训，并经考试合格，方能取得特种作业人员安全合格证。取得合格证后，两年应进行一次安全知识的复训，复训后经考试合格，安全合格证的有效期可延长两年，每两年必须复训一次。

第二节　焊 工 考 试

从事长输管道焊接的焊工通常要持有焊工等级证（初级、中级、高级、技师和高级技师）、压力管道焊工资格证、特种作业人员安全合格证（金属焊接与切割），较大的管道工程还要持有工程建设单位组织考试的焊工上岗证。一名焊工要同时持有四个证，且证书上的合格项目要与所承担的焊接工作相符。

一、焊工等级证考试

焊工等级证现由地方劳动部门颁发。技工学校毕业生，一般持有中级工等级证；中等专业学校的毕业生，为了就业方便，经过一定时间的实习，可考取中级工等级证；职业学校的毕业生可持有中级工等级证；职业技术学院的毕业生可考取中级工等级证；地方上办的各类培训学校（非学历教育）从社会上招收的行业青年进行 3 ~6 个月的培训，也能取得中级工等级证。上述各类学校的文化水平和人员素质不同，虽然都持有中级工等级证书，但他们的基础理论知识、操作技术水平和发展潜力都存在着较大的差异。

焊工的等级技术标准，虽然劳动部有较为明确的规定，但由于焊工所在行业的不同、所采用的焊接方法不同、所焊接构件的不同和技术要求的不同，对焊工技术水平的要求肯定存在较大的差异。

从事长输管道焊接的焊工，目前绝大部分是各类学校焊接专业的毕业生，如职业技术学院的大专生、中等专业学校的毕业生和技工学校的毕业生等。这些学生刚从学校毕业虽然持有中级电焊工证书，但不具备从事长输管道焊接技术。所以从上述学校毕业的学生要进行 3 ~6 个月的管道焊接操作技术培训后，方能达到焊接长输管道的焊接技术水平。

目前我国的初级、中级、高级工，基本上不与焊工的技术水平相对应，而主要是工作时间长短的代表。非职业技术类学校的毕业生，经过一段时间的培训后，能够从事简单焊接工作的焊工就是初级焊工；有了3~5年的焊接工作经历后，就是中级工；再经过3~5年的焊接经历后，就是高级工了。

电焊技师和电焊高级技师，除有一定的焊接工作年限要求外，还应具备高级电焊工资格，并有一定的焊接理论知识和较高的焊接操作技术，经考试合格后，方能取得电焊技师资格。对电焊高级技师的要求是具备技师资格，并具有较全面的焊接理论水平和极高的焊接操作技术水平，经考试合格后，方能取得高级技师资格。

二、焊工安全证考试

焊工的安全知识培训，应由取得安全培训机构资格的单位进行，安全培训机构资格一般由省级安全生产监督管理局认定。经安全考试机构考试合格后颁发安全操作证书。安全操作证书应由市级安全生产监督管理局颁发。焊接安全操作证的考试分为理论考试和操作考试两部分。理论考试为闭卷考试，考试成绩70分以上为合格；技能考试应达到合格要求。理论和技能考试均合格者，发给安全操作证书。焊工要独立承担焊接作业，必须持有焊接安全操作证书，否则不得单独从事焊接作业。

焊工经过安全知识培训后，方能参加安全操作证的考试；理论和技能考试均合格后，方能发给焊接安全操作证；取得安全操作证的焊工每两年至少进行一次安全知识的复训，每一次复训并经考试合格者的安全操作证的有效期增加两年；若复训后考试不合格或没有按时间参加复训的焊工，焊接安全操作证作废。若需从事焊接作业，必须重新参加取证培训并经考试合格后，方能重新从事焊接作业。

三、焊工资格证考试

1. 基本要求

（1）一般规定　从事长输（油气）管道工程焊接作业的焊工（包括焊机操作工）均应按TSG Z6002—2010《特种设备焊接操作人员考核细则》进行考试，考试合格者发给《特种设备作业人员证》。并且只能从事与焊工证有效合格项目相适应的焊接工作。

长输（油气）管道焊工资格证考试应由国家质量监督检验检疫总局公布的有相应考试资格的焊工考试机构来组织，考试过程中，省级质监部门或者授权设区的市质量技术监督部门（以下简称市级质监部门），对焊工考试进行监督，并负责焊工考试的审批、发证和复审。

焊工考试包括基本知识考试和焊接操作技能考试两部分。考试内容应当与焊工所申请的项目范围相适应。基本知识考试采用计算机答题方法，焊工基本知识考试满分为100分，不低于60分为合格。焊接操作技能考试采用施焊试件并且进行检验评定的方法，各试件按照《特种设备焊接操作人员考核细则》规定的检验内容逐项进行，每个试件的各项检验要求均合格时，该考试项目为合格。

《特种设备焊接操作人员考核细则》还规定：

1）持证手工焊焊工或者焊机操作工某焊接方法中断特种设备焊接作业6个月以上，该手工焊焊工或者焊机操作工若再使用该焊接方法进行特种设备焊接作业前，应当复审抽考。

2）年龄超过55岁的焊工，需要继续从事特种设备焊接作业，根据情况由发证机关决定是否需要进行考试。

3）有下列情况之一的，原发证机关可吊销或者撤销其《特种设备作业人员证》：①以考试作弊或者以其他欺骗方式取得《特种设备作业人员证》的；②违章操作造成特种设备事故的；③考试机构或者发证机关工作人员滥用职权，玩忽职守，违反法定程序或者超越范围考试发证的。

特别地，以考试作弊或者以其他欺骗方式取得《特种设备作业人员证》的焊工，吊销证书后3年内不得重新提出焊工考试申请。

（2）基本知识考试要求　焊接基本知识考试的主要内容包括：

1）特种设备的分类、特点和焊接要求。

2）金属材料的分类、牌号、化学成分、使用性能、焊接特点和焊后热处理。

3）焊接材料（包括焊条、焊丝、焊剂和气体等）类型、型号、牌号、性能、使用和保管。

4）焊接设备、工具和测量仪表的种类、名称、使用和维护。

5）常用焊接方法的特点、焊接参数、焊接顺序、操作方法与焊接质量的影响因素。

6）焊缝形式、接头形式、坡口形式、焊缝符号与图样识别。

7）焊接缺陷的产生原因、危害、预防方法和返修。

8）焊缝外观检查方法和要求，无损检测方法的特点、适用范围。

9）焊接应力和变形的产生原因及防止。

10）焊接质量控制系统、规章制度、工艺纪律基本要求。

11）焊接作业指导书、焊接工艺评定。

12）焊接安全和规定。

13）特种设备法律、法规和标准。

14）法规、安全技术规范有关焊接作业人员考核和管理规定。

在针对具体的焊工考试时，要针对焊工所从事的焊接方法、焊接结构、焊接钢材、所用焊接材料等。要有针对性地培训，考与所要从事的焊接内容有直接联系的基础知识。出题的范围一定不要太广，也一定不要太深。因为焊接方法有十多种，所要焊接的金属材料更是类别和种类繁多，焊接材料的品种、牌号也很多，焊接设备的种类、型号也有上百种。这么广泛和深入的知识，不用说是一名普通的焊工，就是最好的焊接技术人员，也不可能掌握全面的焊接知识。所以在进行焊接理论培训和考试时，一定要有针对性，要具体，什么有用学什么，什么相关考什么。

有下列情况之一的，应当进行相应基本知识考试：

1）首次申请考试。

2）改变焊接方法。

3）改变或者增加母材种类（如钢、铝、钛等）。

4）被吊销《特种设备作业人员证》的焊工重新申请考试的。

(3) 操作技能的考试要求　焊接基础理论知识考试合格者，方能参加技能考试。操作技能的考试项目更多，一个人考试合格的项目再多，也不可能满足所有构件的焊接。另外，焊工合格项目的有效期为 4 年，4 年后要重新考试或办理免试。所以，焊工的考试项目不是越多越好，够用就行。

焊工在进行考试项目和试件厚度等方面的选择时，应该考虑用较少的考试项目，覆盖较广的焊件。

技能考试过程中，应有相应的焊接工艺评定和焊接工艺规程；试件应有质量证明书，并符合标准要求；焊接材料应符合标准要求，并按要求验收、保管、烘烤、发放和回收；焊接设备运转正常，各种计量仪表准确并在检定期内；安全设施齐全并符合要求。

此外，考试过程中，质量技术监督部门现场代表应对以下内容进行监督：①试件是否与考试项目相符；②焊接材料是否与考试项目相符并按要求进行了烘烤；③焊接参数是否在工艺规程范围内；④焊接设备的操作是否规范；⑤试件位置是否正确；⑥安全方面是否符合要求。

试件完成后，应进行外观检查、无损检测、弯曲试验、金相检验。所有要求的检验项目均合格，则此试件为合格；任一检验项目不合格，则该试件不合格。

2. 焊接操作技能考试要素的分类、代号

这里仅针对长输管道工程焊工操作技能考试进行相关内容摘述。

(1) 焊接方法分类、代号　焊接方法及其代号见表 6-1，每种焊接方法都可以表现为手工焊、机动焊、自动焊等操作方式。

表 6-1　焊接方法及其代号

焊接方法	代号
焊条电弧焊	SMAW
气焊	OFW
钨极气体保护焊	GTAW
熔化极气体保护焊	GMAW(含药芯焊丝电弧焊 FCAW)
埋弧焊	SAW

（2）金属材料类别及代号　金属材料类别与示例见表 6-2。

表 6-2　金属材料类别与示例

类别	代号	型号、牌号、级别
低碳钢	Fe Ⅰ	Q195　10　HP245　L175　S205 Q215　15　HP265　L210 Q235　20　WCA Q245R　25 Q275　20G
低合金钢	Fe Ⅱ	HP295　L245　Q345R　15MoG　09MnD HP325　L290　16Mn　20MoG　09MnNiD HP345　L320　Q370R　12CrMo　09MnNiDR HP365　L360　15MnV　12CrMoG　16MnD Q295　L415　20MnMo　15CrMo　16MnDR Q345　L450　10MnWVNb　15CrMoR　16MnDG Q390　L485　13MnNiMoR　15CrMoG　15MnNiDR Q420　L555　20MnMoNb　14Cr1Mo　15MnNiNbDR S240　07MnCrMoVR　14Cr1MoR　20MnMoD S290　12MnNiVR　12Cr1MoV　07MnNiCrMoVDR S315　20MnG　12Cr1MoVG　08MnNiCrMoVD S360　10MnDG　12Cr2Mo　10Ni3MoVD S385　12Cr2Mo1　06Ni3MoDG S415　12Cr2Mo1R　ZG230-450 S450　12Cr2MoG　ZG20CrMo S480　12CrMoWVTiB　ZG15Cr1Mo1V 12Cr3MoVSiTiB　ZG12Cr2Mo1G
奥氏体钢、奥氏体与铁素体双相钢	FeⅣ	06Cr19Ni10　06Cr17Ni12Mo2　06Cr23Ni13 06Cr19Ni11Ti　06Cr17Ni12Mo2Ti　06Cr25Ni20 022Cr19Ni10　06Cr19Ni13Mo3　12Cr18Ni9 CF3　022Cr17Ni12Mo2 CF8　022Cr19Ni13Mo3 022Cr23Ni5Mo3N

（3）填充金属类别及代号　填充金属类别、示例与适用范围见表 6-3。

（4）试件位置及代号　焊缝位置基本上由试件位置决定。试件类别、位置与代号见表 6-4。

（5）衬垫　板材对接焊缝试件、管材对接焊缝试件和管板角接头试件，分为带衬垫和不带衬垫两种。试件和焊件的双面焊、角焊缝，焊件不要求焊透的对接焊缝和管板角接头，均视为带衬垫。

（6）焊接工艺因素及代号　焊接工艺因素及代号见表 6-5

表 6-3 填充金属类别、示例与适用范围

类 别	试件用填充金属类别代号	相应型号、牌号	适用于焊件填充金属类别范围	相应标准
碳钢焊条、低合金钢焊条、马氏体钢焊条、铁素体钢焊条	Fef1 （钛钙型）	EXX03	Fef1	NB/T 47018.1～47018.7—2011 [GB/T 5117—2012 GB/T 5118—2012 GB/T 983—2012 （奥氏体、奥氏体与铁素体双相钢焊条除外）]
	Fef2 （纤维素型）	EXX10 EXX11 EXX10-X EXX11-X	Fef1 Fef2	
	Fef3 （钛型、钛钙型）	EXXX(X)-16 EXXX(X)-17	Fef1 Fef3	
	Fef3J （低氢型、碱性）	EXX15 EXX16 EXX18 EXX48 EXX15-X EXX16-X EXX18-X EXX48-X EXXX(X)-15 EXXX(X)-16 EXXX(X)-17	Fef1 Fef3 Fef3J	
奥氏体钢焊条、奥氏体与铁素体双相钢焊条	Fef4 （钛型、钛钙型）	EXXX(X)-16 EXXX(X)-17	Fef4	NB/T 47018.1～47018.7—2011 [GB/T 983—2012 （奥氏体、奥氏体与铁素体双相钢焊条）]
	Fef4J （碱性）	EXXX(X)-15 EXXX(X)-16 EXXX(X)-17	Fef4 Fef4J	
全部钢焊丝	FefS	全部实心焊丝和药芯焊丝	FefS	NB/T 47018.1～47018.7—2011

表 6-4 试件类别、位置与代号

试件类别	试件位置		代号
板材对接焊缝试件	平焊试件		1G
	横焊试件		2G
	立焊试件		3G
	仰焊试件		4G
板材角焊缝试件	平焊试件		1F
	横焊试件		2F
	立焊试件		3F
	仰焊试件		4F
管材对接焊缝试件	水平转动试件		1G(转动)
	垂直固定试件		2G
	水平固定试件	向上焊	5G
		向下焊	5GX(向下焊)
	45°固定试件	向上焊	6G
		向下焊	6GX(向下焊)

（续）

试件类别	试件位置	代号
管材角焊缝试件（分管-板角焊缝试件和管-管角焊缝试件两种）	45°转动试件	1F（转动）
	垂直固定横焊试件	2F
	水平转动试件	2FR（转动）
	垂直固定仰焊试件	4F
	水平固定试件	5F
管板角接头试件	水平转动试件	2FRG（转动）
	垂直固定平焊试件	2FG
	垂直固定仰焊试件	4FG
	水平固定试件	5FG
	45°固定试件	6FG

表 6-5　焊接工艺因素及代号

机动化程度	焊接工艺因素		焊接工艺因素代号
手工焊	钨极气体保护焊用填充金属丝	无	01
		实心	02
		药芯	03
	钨极气体保护焊、熔化极气体保护焊时，背面保护气体	有	10
		无	11
	钨极气体保护焊电流类别与极性	直流正接	12
		直流反接	13
		交流	14
	熔化极气体保护焊	喷射弧、熔滴弧、脉冲弧	15
		短路弧	16
	各种焊接方法	目视观察、控制	19
		遥控	20
	各种焊接方法自动跟踪系统	有	06
		无	07
	各种焊接方法每面坡口内焊道	单道	08
		多道	09

3. 焊工操作技能考试项目代号示例说明

焊工操作技能考试项目代号，应当按照每个焊工、每种焊接方法分别表示。

（1）焊工操作技能考试项目表示方法

1）手工焊焊工操作技能考试项目表示方法。手工焊焊工操作技能考试项目表示为①-②-③-④-⑤-⑥-⑦，如果操作技能考试项目中不出现其中某项时，则不包括该项。项目具体含义如下：①—焊接方法代号，见表6-1；②—金属材料类别代号，见表6-2。试件为异类别金属材料用“X/X”表示；③—试件位置代号，见表6-4，带衬垫加代号“(K)”；④—焊缝金属厚度（对于板材角焊缝试件为试件母材厚度 T)；⑤—外径；⑥—填充金属类别代号，见表6-3；⑦—焊接工艺因素代号，见表6-5；

2）焊机操作工操作技能考试项目表示方法。焊机操作工操作技能考试项目表示方法为①-②-③，项目具体含义如下：①—焊接方法代号，见表6-1；②—试件位置代号，见表6-4，带衬垫加代号“(K)”；③—焊接工艺因素代号，见表6-5。

（2）项目代号应用举例

1）厚度为14mm的Q345R钢板对接焊缝平焊试件带衬垫，使用J507焊条电弧焊接，试件全焊透。项目代号为SMAW-FeⅡ-1G（K)-14-Fef3J。

2）壁厚为8mm、外径为60mm的20#钢管对接焊缝水平固定试件，背面不加衬垫，用手工钨极氩弧焊打底，背面没有保护气体，填充金属为实心焊丝，采用直流电源，正接施焊，焊缝金属厚度为3mm，然后采用J427焊条电弧焊填满坡口。项目代号为GTAW-FeⅠ-5G-3/60-FefS-02/11/13和SMAW-FeⅠ-5G(K)-5/60-Fef3J。

3）板厚为10mm的Q345R钢板对接焊缝立焊试件无衬垫，采用半自动 CO_2 气体保护焊，填充金属为药芯焊丝，背面无气体保护，采用喷射弧施焊，试件全焊透。项目代号为FCAW-FeⅡ-3G-10-FefS-11/15。

4）管材对接焊缝无衬垫水平固定试件，壁厚为11mm，外径为508mm，钢号为X60，采用KOBE LB—52U（E7016）ϕ3.2mm焊条向上根焊+伯乐FOX DVD 85（E8018—G）ϕ4.0mm焊条向下填充盖面焊，其中根焊层厚度为3mm，项目代号为SMAW-FeⅡ-5G-3/508-Fef3J和SMAW-FeⅡ-5GX(K)-8/508-Fef3J。

5）X60钢管外径为711mm，壁厚为12mm，水平固定位置，使用EXX10焊条电弧向下焊打底，背面没有衬垫，焊缝金属厚度为3mm，然后采用自保护药芯焊丝半自动焊完成向下填充盖面。项目代号为SMAW-FeⅡ-5GX-3/711-Fef2和FCAW-FeⅡ-5GX（K)-9/711-FefS-15。

6）管材对接焊缝无衬垫水平固定试件，壁厚为17.5mm，外径为1016mm，钢号为X70，采用多焊枪熔化极气体保护焊进行背面根焊（如管道用8焊枪内焊机)，使用实心焊丝，短路熔滴过渡，实施遥控，填充盖面焊采用无自动跟踪的双焊枪熔化极气体保护焊完成，采用脉冲弧进行多道焊，试件全焊透，项目代号为GMAW-5GX(K)-07/08/11/16/20和GMAW-5GX(K)-07/09/15/20。

7）管材对接焊缝无衬垫水平固定试件，壁厚为21mm，外径为1219mm，钢号为X80，采用单焊枪熔化极气体保护焊进行正面根焊（如管道用GMAW-PWT自动外根焊机），背面无垫板，使用实心焊丝，采用脉冲弧电源，实施遥控，填充盖面焊采用无自动跟踪的双焊枪熔化极气体保护焊完成，采用脉冲弧进行多道焊，试件全焊透，项目代号为 GMAW-5GX-07/08/11/15/20 和 GMAW-5GX（K）-07/09/15/20。

4. 焊接操作资格重新考试相关规定

这里仅结合长输管道工程焊接操作，摘述焊接操作资格重新考试的相关规定，具体情况如下：

（1）焊接方法　变更焊接方法，焊工需要重新进行焊接操作技能考试。在同一种焊接方法中，当发生下列情况时，焊工也需重新进行焊接操作技能考试：

1）手工焊焊工变更为焊机操作工，或者焊机操作工变更为手工焊焊工。

2）自动焊焊工变更为机动焊焊工。

（2）金属材料的类别　焊工采用某类别任一钢号，经过焊接操作考试合格后，当发生下列情况时，不需重新进行焊接操作技能考试：

1）手工焊焊工焊接该类别其他钢号。

2）手工焊焊工焊接该类别钢号与类别号较低钢号所组成的异种钢号焊接接头。

3）除 FeⅣ类外，手工焊焊工焊接类别号较低钢号。

4）焊机操作工焊接各类别中的钢号。

（3）填充金属的类别

1）手工焊焊工采用某类别填充金属材料，经焊接操作技能考试合格后，适用于焊件相应种类的填充金属材料类别范围，按照表 6-3 的规定。

2）焊机操作工采用某类别填充金属材料，经焊接操作技能考试合格后，适用于焊件相应种类的各类别填充金属材料。

（4）焊剂、保护气体、钨极　焊接操作技能考试合格的焊工，当变更焊剂型号、保护气体种类、钨极种类时，不需要重新进行焊接操作技能考试。

（5）试件位置

1）手工焊焊工或者焊机操作工，采用对接焊缝试件、角焊缝试件和管板角接头试件，经过焊接操作技能考试合格后，适用于焊件的焊缝和焊件位置见表 6-6。

2）手工焊焊工向下立焊试件考试合格后，不能免考向上立焊，反之也不可。

（6）衬垫　手工焊焊工或者焊机操作工采用不带衬垫对接焊缝试件或者管板角接头试件，经焊接操作技能考试合格后，分别适用于带衬垫对接焊缝焊件或者管板角接头焊件，反之不适用；

（7）焊缝金属厚度

1）手工焊焊工采用对接焊缝试件，经焊接操作技能考试合格后，适用于焊件焊缝金属厚度范围见表 6-7，t 为每名焊工、每种焊接方法在试件上的对接焊缝金属厚度（余高不计），当某焊工用一种焊接方法考试且试件截面全焊透时，t 与试

件母材厚度 T 相等。

表 6-6 试件适用焊件焊缝和焊件位置

试件		适用焊件范围			
		对接焊缝位置		角焊缝位置	管板角接头焊件位置
类别	代号	板材和外径大于600mm的管材	外径小于或等于600mm的管材		
板材对接焊缝试件	1G	平	平②	平	—
	2G	平、横	平、横②	平、横	—
	3G	平、立①	平②	平、横、立	—
	4G	平、仰	平②	平、横、仰	—
管材对接焊缝试件	1G	平	平	平	—
	2G	平、横	平、横	平、横	—
	5G	平、立、仰	平、立、仰	平、立、仰	—
	5GX	平、立向下、仰	平、立向下、仰	平、立向下、仰	—
	6G	平、横、立、仰	平、横、立、仰	平、横、立、仰	—
	6GX	平、立向下、横、仰	平、立向下、横、仰	平、立向下、横、仰	—
管板角接头试件	2FG	—	—	平、横	2FG
	2FRG	—	—	平、横	2FRG、2FG
	4FG	—	—	平、横、仰	4FG、2FG
	5FG	—	—	平、横、立、仰	5FG、2FRG、2FG
	6FG	—	—	平、横、立、仰	所有位置
板材角焊缝试件	1F	—	—	平③	—
	2F	—	—	平、横③	—
	3F	—	—	平、横、立③	—
	4F	—	—	平、横、仰③	—
管材角焊缝试件	1F	—	—	平	—
	2F	—	—	平、横	—
	2FR	—	—	平、横	—
	4F	—	—	平、横、仰	—
	5F	—	—	平、立、横、仰	—

① 表中“立”表示向上立焊；向下立焊表示为“立向下”焊。

② 板材对接焊缝试件考试合格后，适用于管材对接焊缝焊件时，管外径应大于或等于76mm。

③ 板材角焊缝试件考试合格后，适用于管材角焊缝焊件时，管外径应大于或等于76mm。

2）手工焊焊工采用半自动熔化极气体保护焊（含药芯焊丝电弧焊 FCAW），短路弧焊接焊缝试件，焊缝金属厚度 $t<12$mm，经焊接操作技能考试合格后，适用于焊件焊缝金属厚度为小于或者等于 $1.1t$；若当试件焊缝金属厚度 $t \geqslant 12$mm，且焊

缝不得少于 3 层，经焊接操作技能考试合格后，适用于焊件焊缝金属厚度不限。

3）焊机操作工采用对接焊缝试件或管板角接头试件考试时，母材厚度 T 与 S_0 由考试机构自定，经焊接操作技能考试合格后，适用于焊件焊缝金属厚度不限。

表 6-7　手工焊对接焊缝试件适用于对接焊缝焊件焊缝金属厚度范围

（单位：mm）

试件母材厚度 T	适用于焊件焊缝金属厚度	
	最小值	最大值
<12	不限	2t
≥12	不限	不限（t 不得小于 12mm，且焊缝不得少于 3 层）

（8）管材外径

1）对接焊缝

① 手工焊焊工采用管材对接焊缝试件，经焊接操作技能考试合格后，适用于管材对接焊缝焊件外径范围见表 6-8。

表 6-8　手工焊管材对接焊缝试件适用于对接焊缝焊件外径范围

（单位：mm）

管材试件外径 D	适用于管材焊件外径范围	
	最小值	最大值
<25	D	不限
$25 \leq D < 76$	25	不限
≥76	76	不限
≥300（管材向下焊试件）	76	不限

② 手工焊焊工采用管板角接头试件，经焊接操作技能考试合格后，适用于管板角接头焊件尺寸范围见表 6-9；当某焊工用一种焊接方法考试且试件截面全焊透时，t 与试件板材厚度 S_0 相等；当 $S_0 \geq 12$mm 时，t 应不小于 12mm，且焊缝不得少于 3 层。

③ 焊机操作工采用管材对接焊缝试件或者管板角接头试件考试时，管外径由考试机构自定，经焊接操作技能考试合格后，适用于管材对接焊缝焊件外径或者管板角接头焊件管外径不限。

2）角焊缝

① 手工焊焊工或者焊机操作工采用对接焊缝试件或者管板角接头试件，经焊接操作技能考试合格后，除其他条款规定需要重新考试外，适用于角焊缝焊件，且母材厚度和管径不限。

② 手工焊焊工或者焊机操作工采用管材角焊缝试件，经焊接操作技能考试合格后，除其他条款规定需要重新考试外，手工焊焊工适用于管材角焊缝焊件尺寸范

围见表6-10，焊机操作工不限。

表6-9　手工焊管板角接头试件适用于管板角接头焊件尺寸范围

（单位：mm）

试件管外径 D	适用于管板角接头焊件尺寸范围				
	管外径		管壁厚度	焊件焊缝金属厚度	
	最小值	最大值		最小值	最大值
<25	D	不限	不限	不限	当 $S_0<12$ 时，$2t$；当 $S_0\geq12$ 时不限
$25\leq D<76$	25	不限	不限		
≥76	76	不限	不限		

③ 手工焊焊工或者焊机操作工采用板材角焊缝试件，经焊接操作技能考试合格后，除其他条款规定需要重新考试外，手工焊焊工适用于角焊缝焊件范围见表6-11，焊机操作工不限。

表6-10　手工焊焊工管材角焊缝试件适用于管材角焊缝焊件外径范围

（单位：mm）

管材试件外径 D	适用于管材焊件尺寸范围		
	外径最小值	外径最大值	管壁厚度
<25	D	不限	不限
$25\leq D<76$	25	不限	不限
≥76	76	不限	不限

表6-11　手工焊焊工板材角焊缝试件适用于角焊缝焊件范围

（单位：mm）

试件母材厚度 T	适用于管材焊件尺寸范围	
	母材厚度	焊件类别
5~10	不限	板材角焊缝 外径 $D\geq76$ 管材角焊缝
<5	$T\sim2T$	

（9）焊接工艺因素　当焊接工艺因素代号01、02、03、04、06、08、10、12、13、14、15、16、19、20、21、22中某一代号因素变更时，焊工需重新进行焊接操作技能考试。

5. 焊接操作技能考试方法及结果评定

焊接操作技能考试方法及考试结果评定见TSG Z6002—2010《特种设备焊接操作人员考试细则》中A4和A5条相关条款规定，这里不再叙述。

6. 焊工资格考试档案要求

焊工资格考试档案应有焊工考试机构单独建档，保存至少4年。主要包括：

1）《特种设备焊接操作人员考试申请表》（1份）。

2）居民身份证（复印件，1份）。

3）正面近期免冠照片（1 寸，2 张）。

4）初中以上（含初中）毕业证书（复印件）或者同等学历证明（1 份）。

5）医疗卫生机构出具的含有视力、色盲等内容的身体健康证明（原件）。

6）《特种设备焊接操作人员考试基本情况表》（1 份）。

7）《焊接操作技能考试检验记录表》（1 份）。

8）焊工基本知识考试试卷。

9）《特种设备作业人员证》（复印件）。

另外，当进行焊工资格复审时，还应提供并保存以下资料：

1）《特种设备焊接操作人员复审申请表》（1 份）。

2）《特种设备焊接操作人员焊绩记录表》（1 份）。

四、焊工上岗证考试

1. 一般规定

目前国内外较大管道工程开工前，承包方参与相应工程建设的焊工都要进行焊工上岗考试。焊工上岗考试的目的是检验焊工能否使用经过评定合格的焊接工艺规程焊接出合格的对接或角接管焊缝。广义焊工上岗考试包括焊机操作工上岗考试。

关于焊工上岗考试，应以业主签发的焊工上岗考试要求为基准，这里仅介绍长输管道目前推行的、基本固化的焊工上岗考试模式（参照 SY/T 4103—2006 标准）。凡参加焊机操作工上岗考试的焊工应首先按照 TSG Z6002—2010《特种设备焊接操作人员考试细则》要求，获得质量技术监督部门核发的有效相应焊机操作工资格证并经业主或业主代表确认后，方可准许进行焊机操作工上岗考试。

焊工上岗考试由业主或业主代表下达指令并委托专门的考试单位组织考试。上岗考试过程中业主或业主代表全程跟踪和监督考试。焊工上岗考核合格方可从事相应工程的焊接施工。

焊工上岗考试内容包括基本知识考试和操作技能考试，考试合格后由焊工考试机构对合格焊工核发相应工程的焊工上岗证。基本知识考试主要由考试用自动焊工艺规程的相关知识、焊接质量控制相关知识、焊接安全与防护基本知识等组成，基本知识考试应不低于 60 分为合格。焊接操作技能考试应按照业主制定的考试办法并采用现场使用的设备进行考试，考试采用批准的焊接工艺规程。

在对焊工进行上岗考核时，可要求焊工独立、连续完成一个完整的管接头或管接头的扇形段全部焊道或扇形段的具体焊道层。当焊接管接头扇形段时，应将其支承在具有典型的平焊、立焊和仰焊的位置。

通常直径 $\phi<508$mm 的管对接接头可要求焊工焊接整道焊口，直径 $\phi\geq508$mm 的管对接接头可要求焊工焊接其周长的一半。

上岗资格分为主线路根焊、主线路热焊和填充焊、主线路盖面焊、连头焊和返修焊五种。焊工（操作工）应根据其将从事的焊接作业，使用业主批准的焊接工艺规程进行焊接操作考试，并取得相应的上岗资格。进行返修焊接作业资格认定时，应将射线检测合格的焊缝按5G管位置固定在考试工位上，去除3点至6点（包含6点）处约330mm长的全部焊缝，修出坡口和间隙，每名焊工应独立、连续完成焊接操作。

在上岗考核过程中，焊工应遵守依据相应评定报告而编制的焊接工艺规程中的所有要求，包括钢管类型与规格、采用的焊接设备与焊接材料、焊接参数与相关技术措施等。上岗资格考试用钢管宜与工程用钢管材质和规格相同。考试前，应给焊工（操作工）一定的时间熟悉考试用焊接设备、焊接工艺和焊接材料。用于手工焊和半自动焊考核用的钢管长度应不小于125mm。用于自动焊考核用的钢管的长度应根据满足焊接工艺规程所有要求的需要而具体确定。

所有考试焊缝均应进行外观检查和射线检测。考试委员会有权决定用破坏性试验替代无损检测。若考试委员会认为某个焊缝的无损检测结果不足以评价焊工的能力时，有权要求对其进行破坏性试验。

当上述检查内容均为合格时，则该焊工获得相应的焊工上岗证。

从事焊接工艺评定的焊工在其评定的焊接工艺被认定合格时，则该焊工此焊接工艺可免于参加上岗考试。

2. 上岗资格范围

取得上岗资格证书的焊工（操作工）可进行规定范围内的焊接作业。当焊接工艺规程有下列基本要素变更时，焊工（操作工）应重新进行上岗资格认定。

1）由一种焊接方法变为另一种焊接方法或其他焊接方法的组合。应包括下列内容：

① 由一种焊接方法变更为另一种焊接方法。

② 改变焊接方法组合。焊工具有该组合工艺中各项焊接方法的上岗资格证书，无需重新进行上岗资格认定。

③ 焊接方向由向上焊变为向下焊，或反之。

2）焊接材料分类的变更。

3）钢管壁厚分组的变更。钢管壁厚分组如下：

① 小于4.8mm。

② 大于或等于4.8mm，且小于或等于19.1mm。

③ 大于19.1mm。

4）从一种管外径分组变为另一种管外径分组，管外径的分组如下：

① 管外径小于60.3mm。

② 管外径大于或等于60.3mm至管外径小于或等于323.9mm。

③ 管外径大于323.9mm。

5）焊接位置的变更，如从垂直焊接位置（2G）变为水平焊接位置（5G），或反之。若焊工已取得倾斜45°固定管焊接位置（6G）对接焊的上岗资格，则可进行任意位置对接焊和角焊的焊接操作。

6）接头设计的变更（如去除垫板，或由 V 形坡口改为 U 形坡口等）。

3. 外观检查

焊工（操作工）上岗考试焊缝表面不应打磨。焊缝外观应符合以下要求：

1）焊缝外观成形应均匀一致，焊缝宽度应比外表面坡口宽度每侧增加 0.5～2.0mm。错边量应满足相应的规范要求。

2）焊缝余高应不低于母材表面，并与母材圆滑过渡。焊缝余高宜不大于 2mm，局部不大于 3mm 的连续长度宜不大于 50mm。当焊缝余高超高时，宜进行打磨，修磨过程中若伤及母材，应测量打磨处母材的厚度。

3）盖面焊缝为排焊时，相邻焊道间的沟槽底部应高于母材，焊道间的沟槽深度（焊道与相邻沟槽的高度差）不应超过 1.0mm。焊缝表面鱼鳞纹的余高和深度应符合排焊的沟槽要求。

4）焊缝及其附近表面上不应有裂纹、未熔合、气孔、夹渣、引弧痕迹、有害的焊瘤、凹坑及夹具焊点等缺陷。咬边深度不应超过 0.5mm。咬边深度小于 0.3mm 的任何长度均为合格。咬边深度在 0.3～0.5mm 之间的，单个长度不应超过 30mm，累计长度不应大于焊缝周长的 15%。

外观检查不合格的焊缝，相应的焊接操作人员不合格。

4. 无损检测

考试焊缝应按 SY/T 4109—2013 进行射线检测，并符合射线Ⅱ级的要求。如考试焊缝存在缺陷，且能够区分缺陷的具体位置，则焊接该位置的焊工（操作工）不合格。如果缺陷的位置不能区分，则相关焊层的焊工（操作工）不合格。

5. 破坏性试验

（1）取样　取样时不应用无损检测挑选取样位置。当考试焊缝是完整接头时，应按图 6-1 中所示的位置在每个考试焊缝上取样；当考试焊缝是管接头的扇形段

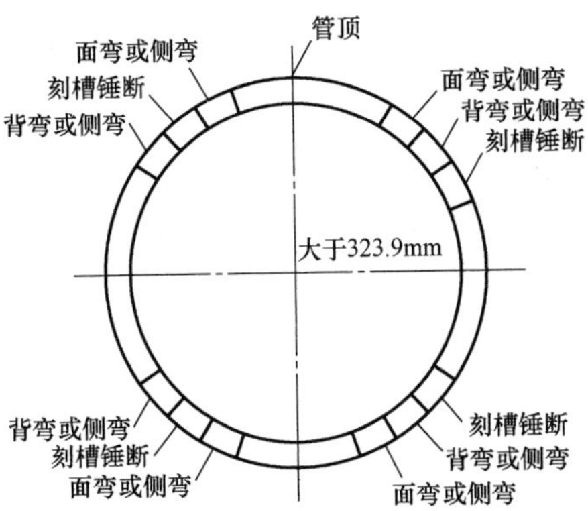

a）对接焊上岗资格考试试验的试样位置

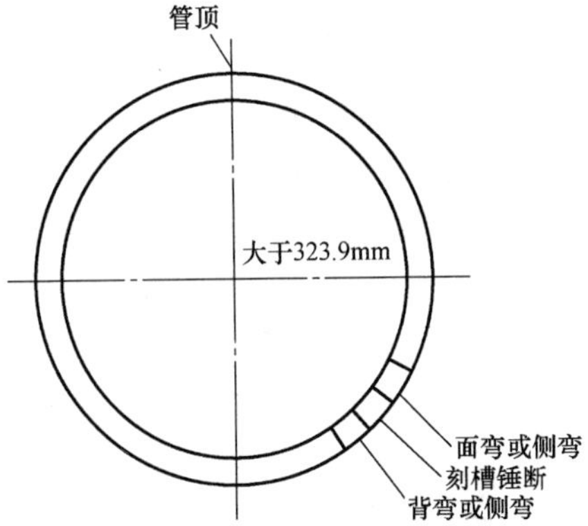

b）返修上岗资格考试试验的试样位置

图 6-1　上岗资格考试试验的试样位置

时，应从每一扇形段上截取数量相等的试样。试验项目和试样数量要求见表 6-12。试样应空冷至室温后试验。

表 6-12 上岗考试的对接接头试样类型及数量 （单位：个）

钢管外径/mm	考试类型	试样数量					
		焊接接头横向拉伸试验	刻槽锤断试验	横向弯曲试验①			总数
				背弯试验	面弯试验	侧弯试验	
	壁厚≤12.7mm						
DN≤60.3	非返修焊	0	2	2	0	0	4
	返修焊	0	1	1	0	0	2
60.3＜DN≤114.3	非返修焊	0	2	2	0	0	4
	返修焊	0	1	1	0	0	2
114.3＜DN≤323.9	非返修焊	2	2	2	0	0	6
	返修焊	1	1	1	0	0	3
＞323.9	非返修焊	4	4	2	2	0	12
	返修焊	1	1	1	1	0	4
	壁厚＞12.7mm						
DN≤114.3	非返修焊	0	2	0	0	2	4
	返修焊	0	1	0	0	1	2
114.3＜DN≤323.9	非返修焊	2	2	0	0	2	6
	返修焊	1	1	0	0	1	3
＞323.9	非返修焊	4	4	0	0	4	12
	返修焊	1	1	0	0	2	4

① 当试件焊缝两侧的母材之间，或焊缝金属与母材之间的弯曲性能有显著差别时，可用 1 个纵向面弯代替 2 个横向面弯，1 个纵向背弯代替 2 个横向背弯试验。

（2）对接焊的刻槽锤断和弯曲试验　刻槽锤断试样及弯曲试样的准备、试验及验收按相关标准规定进行。如只有一个弯曲试样不合格，可在原来试样相邻位置再切取两个试样进行补充试验。若两个试样均合格，则该焊工合格，否则该焊工不合格。

6. 补考和重新考试

如果焊工焊接过程和完成试件没通过上述各项检查和试验后，则准许其进行补考一次，通常需完成两个相同考试焊件并进行相应的检查和试验。只要两个考试焊件中有一个不合格，则可认为该焊工未通过考试，且该焊工必须通过再培训后，才有资格再次参加上岗考核。

下列情况下，可决定对焊工重新进行上岗考试：

1）该焊工中断焊接工作六个月以上。

2）焊接操作行为超出焊工上岗资格约定范围。

7. 上岗资格证书

考试完成后焊工考试机构应根据每名焊工上岗考核结果为其出具相应焊工上岗

证，并汇总焊工上岗考试基本情况并上报相关部门。上岗资格证书应包括下列内容：

1）姓名、性别、单位、证书编号、身份证号及本人证件照片。

2）工程名称、考试合格项目、执行标准。

3）上岗资格认定机构名称和日期。

4）上岗资格认定机构盖章和主考人签字。

8. 记录

焊工考试机构应记录每个焊工（操作工）的上岗资格考试过程及检验、试验结果，并应给每个焊工（操作工）建立档案。档案应包括下列内容：

1）证书编号、准考证编号。

2）身份证复印件、资格证书复印件。

3）考试用焊接工艺规程。

4）现场记录、外观检查报告、射线检测报告及其他检验、试验原始报告。

5）上岗资格认定结论。

6）上岗资格证书复印件。

9. 有效期

取得上岗资格的焊工（操作工），若中断同类焊接方法的焊接工作超过六个月，应重新进行上岗资格认定。焊工的上岗资格在相应工程施工期间均有效。

第三节　焊 工 管 理

一、焊工资格证管理

焊工资格证上合格项目的有效期为 4 年，满 4 年必须重新考试或办理免试。免试条件：第二次及以后的有效期满，焊工档案内容齐全、真实，焊接业绩优秀的焊工。

焊工上岗证在整个工程建设期均为有效。

焊工中断受监察设备的焊接操作六个月以上，再从事受监察设备的焊接时，必须重新考试。

有下列情况之一的焊工应暂扣或吊销其焊工资格证或焊工上岗证：

1）焊接操作技能不能满足工程的焊接质量要求。

2）违反工艺纪律。

3）发生重大质量事故。

4）焊接一次合格率太低。

被吊销焊工资格证或上岗证的焊工，必须经过严格的培训后，方可重新考试。

二、焊工档案管理

从事长输管道施焊的焊工均应建立焊工档案，焊工档案应包括下列内容：

1）焊工基本情况：姓名、性别、年龄、文化程度、从事焊接时间、掌握的主要焊接方法、主要工作经历、主要焊接经历等。

2）培训情况：培训班名称、培训内容、培训时间、培训地点等。

3）考试情况：①基础理论知识考试时间、考试成绩等；②操作技能考试时间、考试项目、合格项目。

4）工作业绩：主要工程的焊绩记录，工程名称、施焊时间、施焊地点、施焊位置、焊缝数量、焊接方法、焊接材料、焊接设备、对应合格证项目、无损检测方法、焊接一次合格率、二次以上返修情况、遵守工艺记录情况和质量事故情况等。

焊工档案宜单独整理，一人一档。焊工档案关联的相关见证资料、焊工历次资格证书和上岗证书原件或复印件、焊工学历证书复印件、获奖证书复印件也应一并整理归档。

为搞好焊工管理工作，用人单位应当根据上述要求，结合本单位的实际情况，制定焊工管理办法。

思　考　题

1. 从事长输管道的焊工通常需要参加哪几种考试？

2. 《特种设备焊接操作人员考核细则》规定焊工基本知识考试内容包括哪些内容？

3. 叙述《特种设备焊接操作人员考核细则》规定各种焊接方法的代号。

4. 简述焊条电弧焊、自保护药芯焊丝半自动焊和自动焊对接焊缝试件适用于对接焊缝焊件金属厚度范围。

5. 管材对接焊缝无衬垫水平固定试件，壁厚为12mm，外径为610mm，钢号为X60，采用KOBE LB—52U(E7016)ϕ3.2mm焊条向上根焊+伯乐FOX DVD 85（E8018—G）ϕ4.0mm焊条向下填充盖面焊，其中根焊层厚度为3mm，列出其项目代号。

6. X70钢管外径为813mm，壁厚为14mm，水平固定位置，使用E××10焊条手工向下焊打底，背面没有衬垫，焊缝金属厚度为3mm，然后采用自保护药芯焊丝半自动焊完成向下填充盖面。列出其项目代号。

7. 管材对接焊缝无衬垫水平固定试件，壁厚为17.5mm，外径为1016mm，钢号为X80，采用多焊枪熔化极气体保护焊进行背面根焊（如管道用8焊枪内焊机），使用实心焊丝，短路熔滴过渡，实施遥控，填充盖面焊采用无自动跟踪的双焊枪熔化极气体保护焊完成，采用脉冲弧进行多道焊，试件全焊透，列出其项目代号。

8. 管材对接焊缝无衬垫水平固定试件，壁厚为18.4mm，外径为1219mm，钢号为X80，采用单焊枪熔化极气体保护焊进行正面根焊（如管道用GMAW-PWT自动外根焊机），背面无垫板，使用实心焊丝，采用脉冲弧电源，实施遥控，填充盖面焊采用无自动跟踪的双焊枪熔化极气体保护焊完成，采用脉冲弧进行多道焊，试件全焊透，列出其项目代号。

9. 某焊工拥有资格项目SMAW-FeⅡ-5GX-3/711-Fef2和FCAW-FeⅡ-5GX（K）-9/711-FefS-15，其现场从事焊接上岗作业时的管径和壁厚允许范围是多少？

第七章 长输管道工程常见缺陷成因及控制

第一节　焊接缺陷的危害

焊接接头按某种检测方法检测出焊缝的不连续性或不规则性称为焊接缺欠，达到某一验收标准（规范）拒收要求的缺欠称为缺陷。压力管道焊接缺欠主要有焊接裂纹、未熔合、未焊透、夹渣（杂）、气孔、夹钨、咬边、凹陷、焊瘤和焊缝外观缺欠等。

焊接缺欠尤其是焊接缺陷会对焊接构件造成严重的危害，主要表现在：

1）引起应力集中。焊接接头中应力的分布是十分复杂的。凡是结构截面有突然变化的部位，应力的分布就特别不均匀，在某些点的应力值可能比平均应力值大许多倍，这种现象称为应力集中。造成应力集中的原因很多，而焊缝中存在工艺缺陷是其中一个很重要的因素。焊缝内存在的裂纹、未焊透及其他带尖缺口的缺陷，会使焊缝截面不连续，产生突变部位，在外力作用下将产生很大的应力集中。当应力超过缺陷前端部位金属材料的断裂强度时，材料就会开裂破坏。

2）缩短使用寿命。对于承受低周疲劳载荷的构件，如果焊缝中的缺陷尺寸超过一定界限，循环一定周次后，缺陷会不断扩展、长大，直至引起构件发生断裂。

3）造成脆裂，危及安全。脆性断裂是一种低应力断裂，是结构件在没有塑性变形情况下，产生的快速突发性断裂，其危害性很大。焊接质量对产品的脆断有很大的影响。

此外，焊接缺陷还减少焊缝截面积，降低承载能力；降低构件疲劳强度，影响构件疲劳寿命；作为裂纹形核源，加快应力腐蚀开裂等。

上述缺欠中，危害最大的焊接缺欠是裂纹和未熔合缺欠。

第二节　常见缺陷的成因及控制

一、裂纹

裂纹是指材料在应力或环境（或两者同时）作用下产生的裂隙。按其产生部位的不同可分为纵向裂纹、横向裂纹、根部裂纹、弧坑裂纹、熔合区裂纹和热影响区裂纹等；按其产生的温度和时间不同又可分为热裂纹（包括结晶裂纹和热影响区液化裂纹等）、冷裂纹（包括氢致裂纹和层状撕裂等）以及再热裂纹。典型裂纹示意图如图 7-1 ~ 图 7-4 所示。

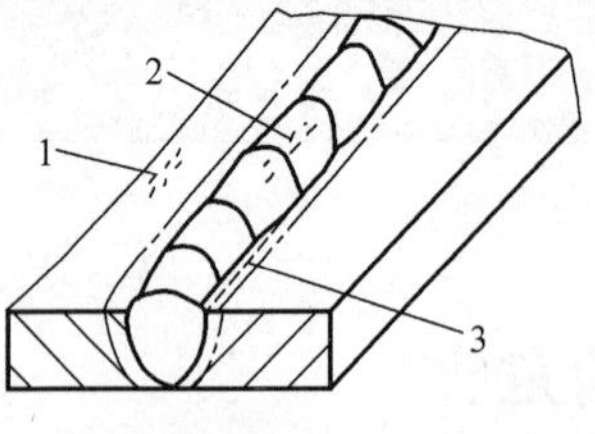

图 7-1　间断裂纹群的形态及其部位

1—母材金属中　2—焊缝金属中　3—热影响区中

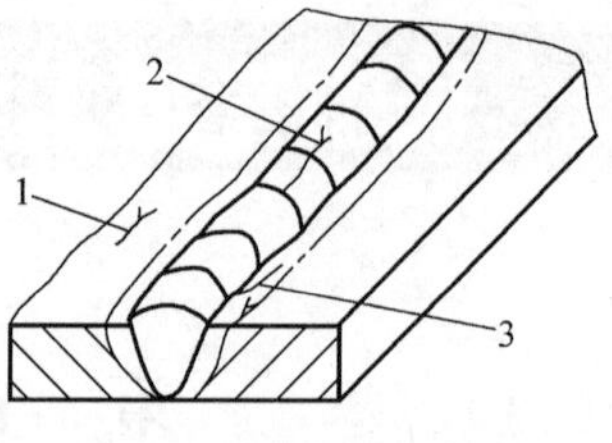

图 7-2　枝状裂纹的形态及其部位

1—母材金属中　2—焊缝金属中　3—热影响区中

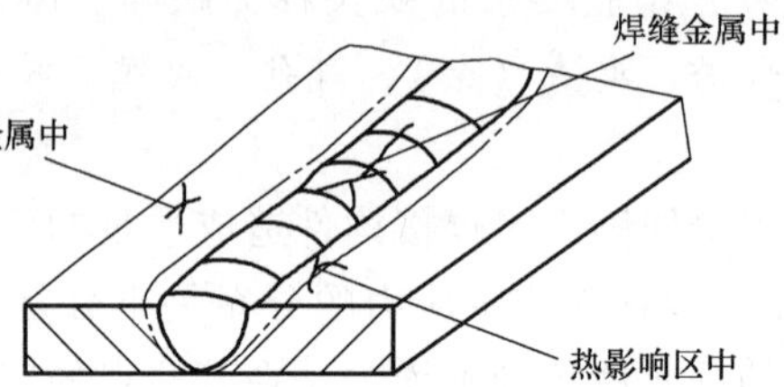

图 7-3　放射状裂纹的形态及可能出现的部位

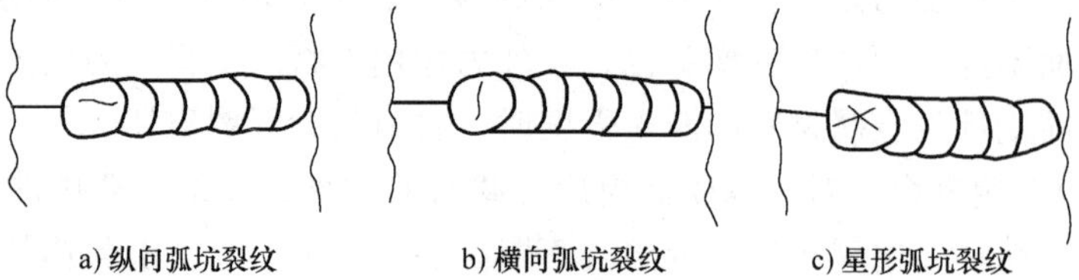

a) 纵向弧坑裂纹　b) 横向弧坑裂纹　c) 星形弧坑裂纹

图 7-4　弧坑裂纹的形态

1. 热裂纹

热裂纹一般是指高温下所产生的裂纹，所以又叫高温裂纹，它的产生原因是焊接熔池在结晶过程中存在着偏析现象，偏析出的物质多为低熔点共晶物和杂质，它们在结晶过程中以液态间层存在。由于熔点低往往最后结晶凝固，强度极低，当焊接拉应力足够大时，会将液态间层拉开或在凝固后不久被拉断而形成裂纹。

热裂纹的防止措施：

1）限制钢材及焊接材料中易偏析元素和有害杂质的含量，减少硫、磷等元素含量，降低含碳量。

2）调节焊缝金属的化学成分，改善焊缝组织，细化焊缝晶粒，以提高塑性、减少或分散偏析程度，控制低熔点共晶的有害影响。

3）提高焊条和焊剂的碱度，以降低焊缝中杂质含量，改善偏析程度。

4）控制焊接规范，适当提高焊缝形状系数，采用多层多道焊法，避免中心线偏析，防止中心线裂纹。

5）采取各种降低焊接应力的工艺措施。

6）断弧时采用收弧板，填满弧坑。

7）采用尽量小的焊接热输入，防止液化裂纹产生。

2. 冷裂纹

冷裂纹是在冷却过程中或冷却至室温以后所产生的裂纹。冷裂纹可能在焊接后立即出现，也可能延至几小时、几天、几周甚至更长时间以后发生，又称为延迟裂纹或氢致裂纹。冷裂纹一般在焊接低合金高强度结构钢、中碳钢、合金钢等易淬火钢时容易发生，主要由于氢的作用而引起。而低碳钢、奥氏体不锈钢焊接时较少遇到。

形成冷裂纹的基本条件是焊接接头形成淬硬组织、扩散氢的存在和浓集、存在较大的焊接拉伸应力。

冷裂纹的防止措施：

1）选用碱性低氢焊条和碱性焊剂，减少焊缝中的扩散氢含量。

2）焊条和焊剂应严格按规定要求进行烘干，随用随取。

3）选择合理的焊接规范和热输入，如焊前预热、控制层间温度、缓冷等。

4）焊后立即进行消氢处理，使氢充分逸出焊接接头。

5）焊后及时进行热处理，改善其韧性。

6）提高钢材质量，减少钢材中层状夹杂物，防止层状撕裂。

7）采用降低焊接应力的各种工艺措施等。

二、未焊透

焊缝金属与母材之间，未被电弧（或火焰）熔化而留下的空隙称为未焊透。典型的未焊透示意图如图7-5所示。未焊透减小了焊接接头的受力截面，未焊透处还会造成应力集中，而引起裂纹，重要的焊接接头不允许有未焊透存在。

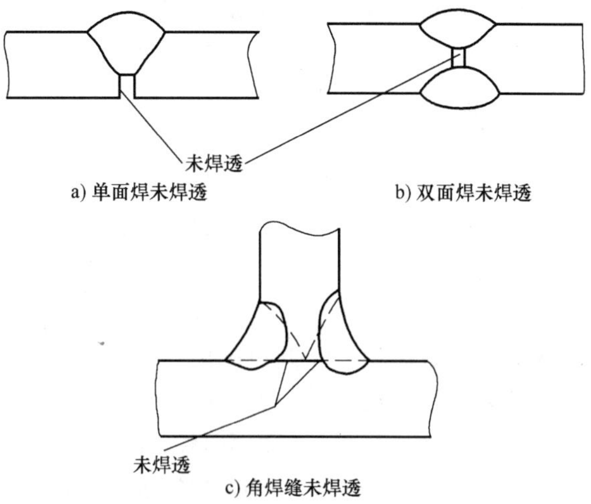

图7-5　未焊透示意图

1. 产生原因

接头的坡口角度小，间隙过小或钝边过大；管子厚薄不均，错边量过大；焊接电流过小，或焊接速度过大等都容易形成未焊透。

2. 防止措施

正确选用坡口尺寸，严格按工艺要求保证根部间隙和合适的钝边，正确选择焊接参数（焊接电流、焊接速度和焊条角度等），严格控制错边量，壁厚不同的管子应按要求加工成缓坡形。

三、边缘及层间未熔合

焊缝金属与母材之间，焊缝金属之间彼此没有完全熔合在一起的现象称为未熔合。典型的未熔合缺欠示意图如图 7-6 所示。

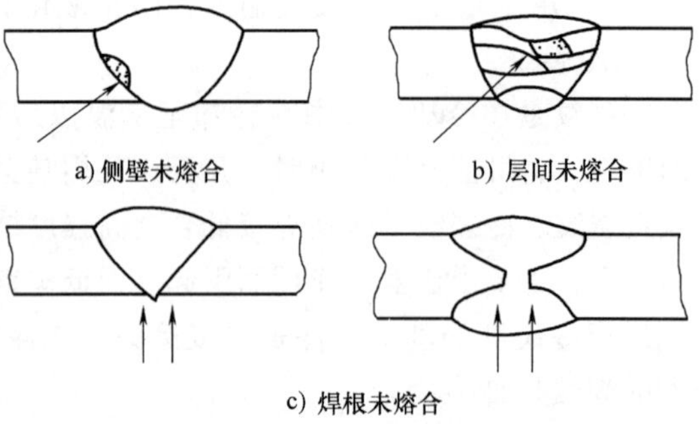

图 7-6 典型的未熔合缺欠示意图

1. 产生原因

热能过小或焊接速度过快；焊条、焊丝偏于坡口一侧，或焊条偏心、偏弧使电弧偏于一侧，使母材或前一层焊缝金属未得到充分熔化就被填充金属敷盖而造成。当母材坡口或前一层焊缝表面有铁锈或污物，焊接时由于温度不够，未能将其熔化而盖上填充金属，也会形成边缘及层间未熔合，错边严重或根部间隙过小也会导致焊根处单边未熔合。

2. 防止措施

焊条和焊枪的角度要合适，运条要适当，要注意观察坡口两侧的熔化情况，选用稍大的焊接电流。适当控制焊接速度，使热量增加足以熔化母材或前一层焊缝金属；发现焊条偏心或偏弧，应及时调整角度，使电弧处于正确的方向；仔细清理坡口和焊缝上的杂物；管口组对时控制错边量和间隙等。

四、夹渣

夹杂在焊缝中的非金属夹杂物称为夹渣。典型夹渣示意图如图 7-7 所示。

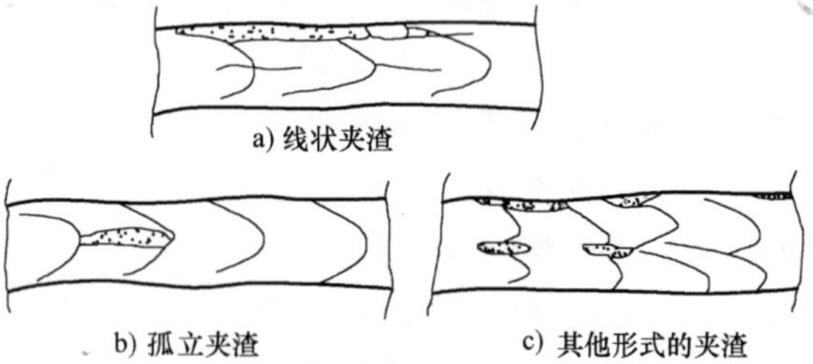

图 7-7 典型夹渣示意图

夹渣尺寸较大，且不规则，减弱焊缝的有效截面积，降低焊接接头的塑性和韧性。在夹渣的尖角处会造成应力集中，因而对淬硬倾向较大的焊缝金属，易在夹渣尖角处扩展为裂纹。夹杂物若尺寸很小且呈弥散分布时（硫化物等低熔点夹杂物除外），对强度影响不大。

1. 产生原因

（1）冶金方面的原因　主要是冶金反应产生了高熔点、密度大的金属或非金属氧化物，这些氧化物不容易从熔池中浮起，也有可能产生了低熔点硫化物共晶形式夹渣。

（2）工艺方面的原因　主要是焊接参数不合适，使熔池温度低、冷却快，渣不易浮出；焊前清理不干净或多层焊时层间清渣不彻底；焊条药皮块状脱落未被熔化；坡口角度过小也会产生夹渣。

2. 防止方法

1）采用工艺性能良好或使用状况良好的焊条。

2）选用合适的坡口角度和合理的焊接参数，使熔池达到一定温度，让熔渣充分浮出。

3）仔细清理母材上的杂物或前一层（道）上的熔渣，焊接过程中始终要保持清晰的熔池熔渣和液态金属良好分离。

4）运条要平稳，焊条摆动的方式要有利于熔渣上浮，碱性焊条操作中要采用短弧焊接。

五、气孔

气孔是由于焊接熔池在高温时吸收了过多的气体，而冷却时气体来不及逸出而残留在焊缝金属内而形成的。形成气孔的气体来自大气，溶解于母材、焊丝和焊条钢芯中的气体、焊条药皮或焊剂熔化时产生的气体、焊丝和母材上的油、锈等杂物在受热后分解产生的气体以及各种冶金反应所产生的气体。熔化焊中，氢气、一氧化碳是产生气孔的主要气体。

氢气孔的形成是由于在高温时，氢在焊接熔池液态金属和熔滴中的溶解度很高，吸收了大量的氢，而当冷却凝固时，氢在金属中溶解度急剧下降，例如从液态变为固态铁时，氢的溶解度可从 32mL/100g 降为 10mL/100g。因此氢将析出成为气泡，如果焊接熔池结晶速度很快，氢气泡会来不及逸出，但氢的扩散能力强，它一般可以上浮到达焊缝表面，形成旋涡状、喇叭形开口的表面气孔。

氮气孔的形成与氢气孔相似，但它常呈蜂窝状成堆出现。一般情况下，在焊接生产中氮气孔出现的几率较少，多因起弧、收弧未作适当停留或电压太高或气保护焊时供气回路短时不顺畅引起。

CO 气孔主要是由于焊接冶金反应产生的大量 CO 在结晶过程中来不及逸出而残留在焊缝内部的气孔。CO 气孔常以沿结晶方向的长条虫形状态出现在焊缝内部，很少能到达焊缝表面。

典型气孔示意图如图 7-8 ~ 图 7-12 所示。

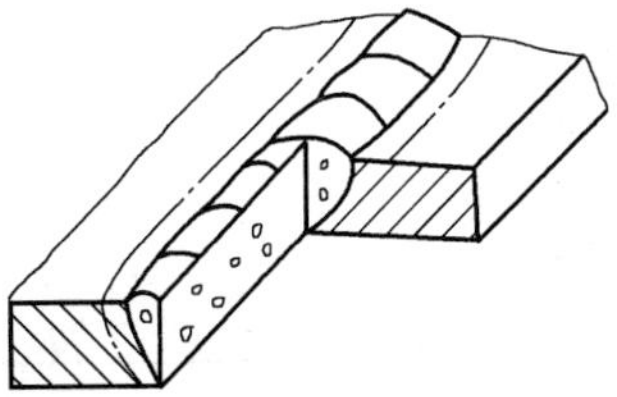

图 7-8　均布气孔的分布形态

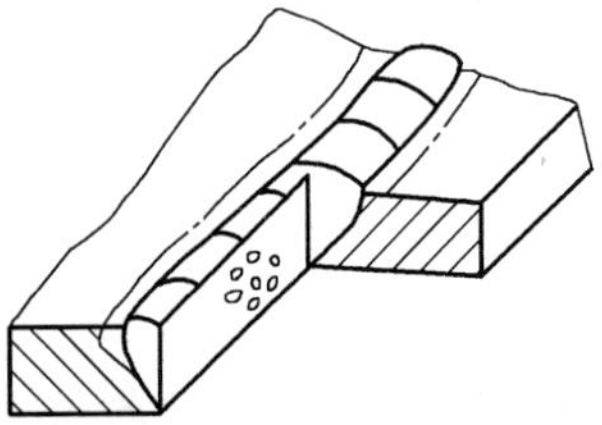

图 7-9　局部密集气孔

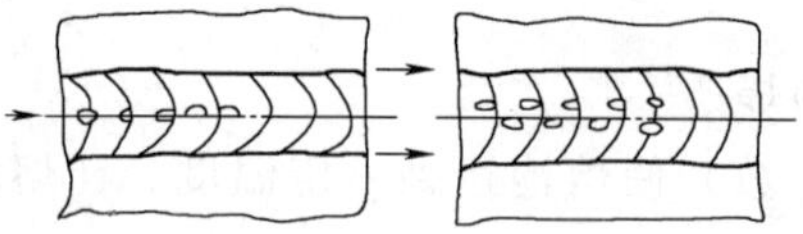

图 7-10　链状气孔

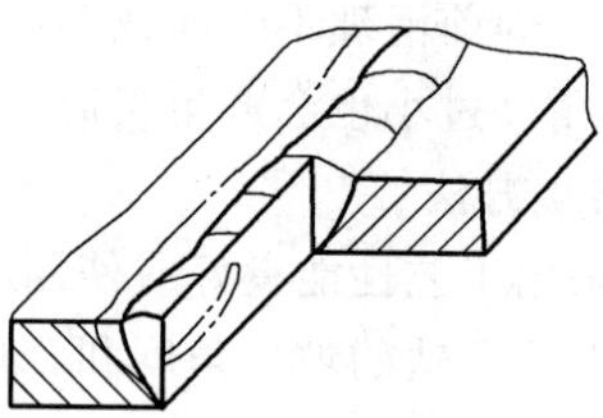

图 7-11　条形气孔

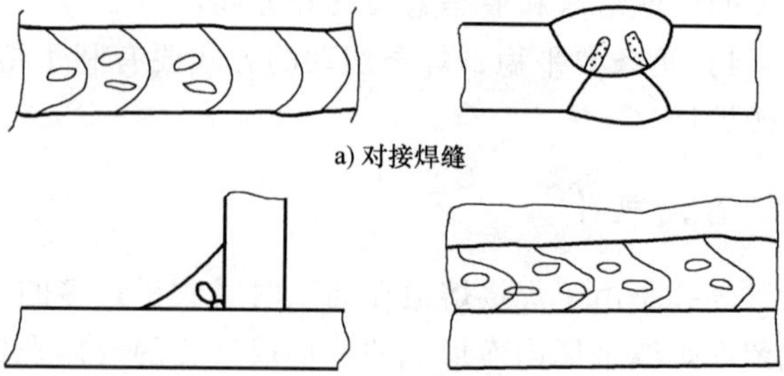

a) 对接焊缝

b) 角焊缝

图 7-12　虫形气孔

1. 产生原因

焊接过程中一切导致产生大量气体的因素都是产生气孔的原因，主要有以下两方面：

(1) 焊接材料方面　焊条或焊剂受潮，或未按规定进行烘干；焊条药皮变质、脱落，或因烘干温度过高而使药皮中部分成分变质失效；焊芯锈蚀，焊丝清理不干净，焊剂中混入污物、保护气体水分过大等均易产生气孔。

(2) 焊接工艺方面　焊条电弧焊时，采用过大的电流造成焊条药皮发红而失去保护效果，使用碱性低氢焊条焊接时电弧拉得过长；电弧弧焊时使用过高的电弧电压，或网路压力波动太大；手工钨极氩弧焊时氩气纯度低，保护不良或焊接速度过快，焊丝添加不均匀、气体保护焊保护气体流量过大或过小、防风措施不良、起弧行走和收弧过快等都易形成气孔。

2. 防止措施

不使用药皮脱落、开裂、变质、药皮偏心、焊芯锈蚀的焊条；各种焊条、焊剂都应按规定要求进行烘干；焊接坡口两侧应按要求清理干净；要选用合适的焊接电流、电弧电压和焊接速度；碱性焊条施焊时应短弧操作；焊条在施焊中发现偏心应及时转动和调整倾斜角度；氩弧焊时，要严格按规定标准选择氩气纯度；气体保护焊过程中注意供气回路的通畅，注意加强防风保护并采用合适的气体流量；起弧和熄弧时适当停留等。

六、咬边

焊缝边缘母材上被电弧烧熔的凹槽称为咬边，典型咬边示意图如图 7-13 所示。咬边不仅减弱了焊接接头的受力截面，而且因应力集中易引发裂纹。

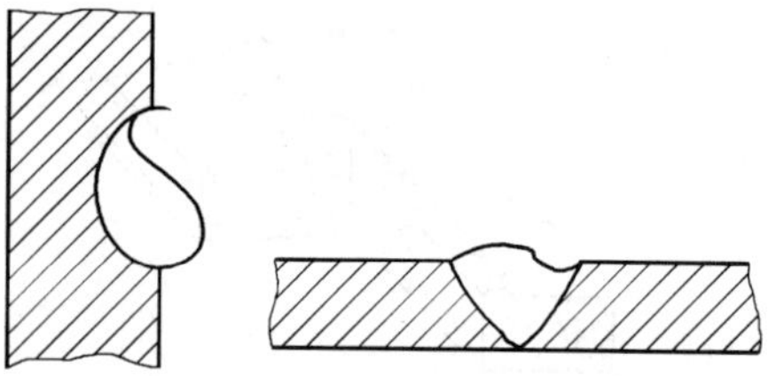

图 7-13　咬边

1. 产生原因

焊条电弧焊产生咬边的主要原因是焊接时电流过大，电弧过长，焊条角度及运条不当所致；埋弧焊时，焊接速度过快，熔宽下降，易形成咬边；气体保护焊时，焊枪倾斜角度不当、焊枪和焊丝摆动不当等都易产生咬边。

2. 防止措施

焊条电弧焊时应选择合适的电流、电弧长度，焊条操作角度要合适。焊条运条摆动时在坡口边缘稍作停留且稍慢一些，而中间略快一些；埋弧焊时焊接速度要适当；气体保护焊时，注意焊枪合适的操作方式。

七、背面凹陷（内凹）

1. 产生原因

根部焊缝低于母材表面的现象称为内凹，焊条电弧焊或气体保护焊时单面焊双面成形管子仰焊，常产生这种缺陷。仰焊时，由于熔池在高温时的表面张力小，使铁液在自重作用下下坠，产生凹陷。

2. 防止措施

应选择合理的焊接坡口，其角度和组装间隙不宜过大，钝边不宜过小；焊接电流应适中，施焊过程调整好焊接电流，严格控制好熔池形状和大小，操作时要注意两侧稳弧。

八、焊瘤

焊接过程中，熔化金属流淌到焊缝之外未熔化的母材上所形成的金属瘤，如图 7-14 所示。

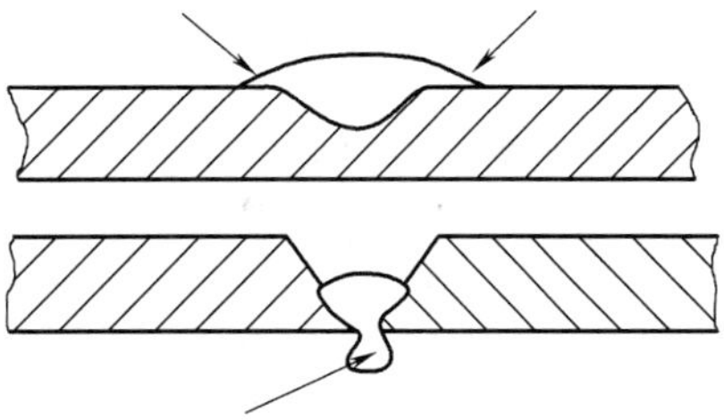

图 7-14　焊瘤示意图

1. 产生原因

由于操作不熟练和运条不当，焊接速度运用不好，焊接电流过大等引起。

2. 防止措施

立焊、仰焊时应严格控制熔池温度，不使其过高，尽量采用短弧焊；焊条摆动中间宜快，两侧稍慢些；坡口间的组装间隙不宜过大，焊接电流选择要适当，不宜过大；当熔池温度过高时应灭弧，待熔池温度稍下降后再引弧焊接。

九、弧坑

收尾处产生的下陷部分叫做弧坑，它不仅会使该处焊缝的受力截面减小，而且还会由于产生弧坑裂纹和冷缩孔，而引起整条焊缝被破坏，如图 7-15 所示。

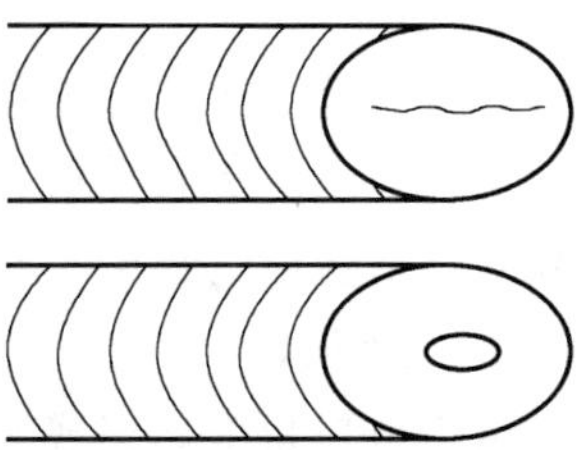

图 7-15　弧坑裂纹和冷缩孔

1. 产生原因

主要是熄弧停留时间过短，方法不正确，没填满弧坑，或焊接时使用的焊接电流过大。埋弧焊时没有分两步按下“停止”按钮。

2. 防止措施

焊条电弧焊收弧时焊条需在熔池处作短时间停留或作几次定位焊，使足够的填充金属填满熔池；薄壁管焊接时要正确选择焊接电流；自动焊时要分两步按“停止”按钮，即先停止送丝后切断电源。

十、电弧擦伤

由于焊条（丝）或焊钳不慎与工件接触，或地线与工件接触不良引起电弧，而使工件表面留下的伤痕，如图 7-16 所示。

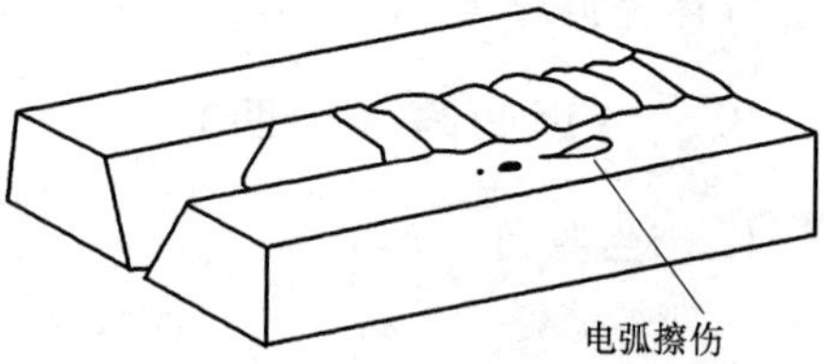

图 7-16　电弧擦伤示意图

电弧擦伤一般不被人们注意，但是它的危害极大。由于电弧擦伤处快速冷却，硬度很高，有脆化作用。在易淬火钢和低温钢中，可能成为发生脆性破坏的起源点；不锈钢有电弧擦伤，会降低耐蚀性。所以，在施焊过程中，不得在坡口以外的地方引弧，管件与地线接触一定要良好，发现电弧擦伤，必须打磨，并视深度予以补焊。

十一、焊缝尺寸不符合要求

主要是指焊缝成形粗劣、焊缝高低不平、宽窄不齐、尺寸过大或过小，如图 7-17 所示。

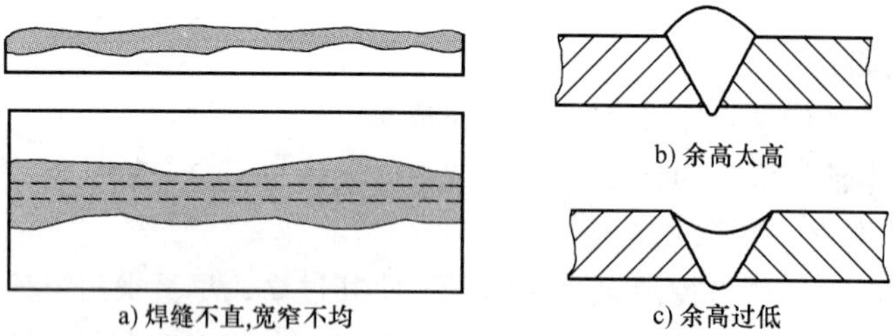

图 7-17　焊缝尺寸不符合要求

焊缝尺寸过小，使焊接接头强度降低；焊缝尺寸过大，不仅浪费焊接材料，还会增加焊件的应力和变形；内凹过大的焊缝，使焊接接头承载截面减小；余高过大的焊缝，造成应力集中，减弱结构的工作性能。

1. 产生原因

由于坡口角度不当或装配间隙不均匀、焊接参数选择不当，运条（枪）速度、焊条（枪）角度不当或操作不熟练所引起。

2. 防止措施

坡口角度要合适，装配间隙要均匀；选择合适的焊接参数；强化焊工的技能培训，确保电弧焊时焊工要熟练掌握运条（枪）、焊接速度、焊条（枪）角度以获得均匀美观的外观成形。

十二、夹钨

手工钨极氩弧焊中，用接触引弧或因钨极强烈的发热，端部熔化、蒸发，而使钨过渡到焊缝并残留在焊缝内而形成夹钨。

1. 产生原因

当焊接电流过大超过极限电流值或钨极直径太小，使钨极强烈地蒸发、端部熔化；氩气保护不良引起钨极烧损；焊接时，钨极触及熔池或焊丝而产生飞溅等；钨极伸出长度超过正常距离导致钨极过热；电极夹收不紧；保护气体流动速度不够或者过大导致钨极氧化等都会引起焊缝夹钨。

2. 防止措施

应根据工件的厚度选择相应的焊接电流和钨棒直径；焊接过程中减小钨极的伸出长度；使用符合标准要求纯度的氩气并采用合适的气体流量；施焊时，尽量采用高频引弧，接触引弧时速度要快，不影响操作的情况下，尽量采用短弧，增加保护效果，电弧停止后持续送气至少5s以防钨极氧化；操作要仔细，避免触及熔池和焊丝，并按时修磨钨棒端部；紧固电极夹。

十三、烧穿

烧穿是指熔池塌陷导致在焊缝中形成孔洞，这是一种宏观缺欠。其可通过补焊来修复，但要特别注意。烧穿示意图如图7-18所示。

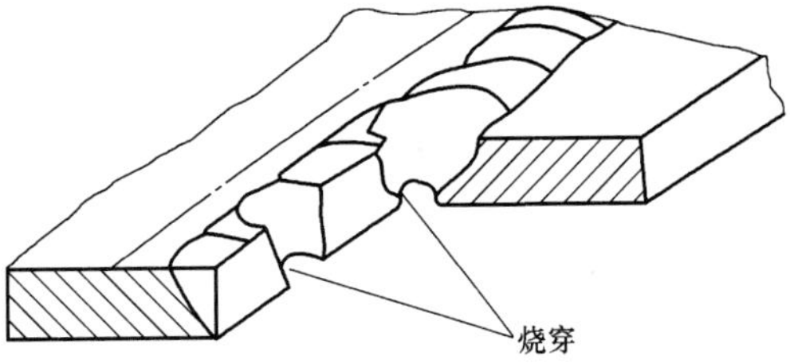

图7-18 烧穿示意图

1. 产生原因

焊接速度太小、焊接电流过高、根焊完成后层间打磨过薄、根部钝边过小、根部间隙过大、焊工技能缺乏等会导致烧穿缺欠。

2. 防止措施

焊接过程中选择合适的焊接电流和焊接速度、强化焊工技能培训、小心打磨保证合适的钝边高度、组对过程中确保合适的间隙大小、根焊道尽可能焊的厚一些、根焊完成后层间打磨不要过薄等可以控制烧穿现象的发生。

十四、飞溅

飞溅是指在焊接过程中，焊缝金属或填充金属飞出，黏附在母材表面或固化接头金属上的一种现象，如图7-19所示。飞溅本身只是一个美观问题，看似并不影响焊接质量。但是，飞溅通常是由焊接电流引起的，它是焊接工艺不理想的外在表现，因此结构通常存在其他问题，如热输入过高等。

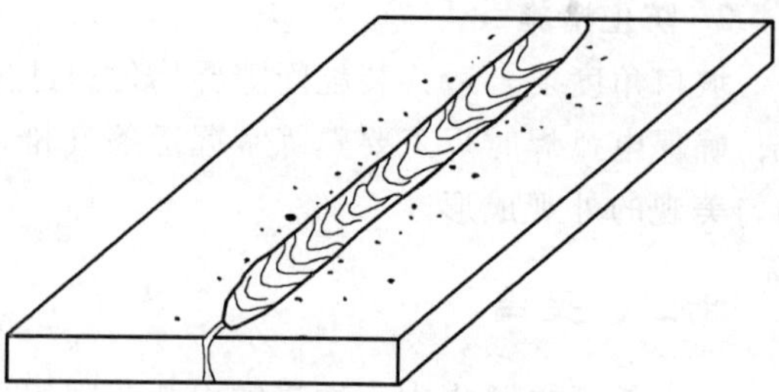

图 7-19　严重的飞溅

1. 产生原因

焊接电流过高、焊接参数设置不当、电弧偏吹、操作技能不熟练、焊接材料潮湿、不良的熔滴过渡形式和采用 CO_2 均会产生飞溅。

2. 防止措施

降低焊接电流、缩短电弧长度、采用合适的焊接参数、重视焊接材料的烘干、重视焊工的技能培训、采用加 Ar 的活性气体、气体保护焊时采用波控特性焊接电源等，均能改善飞溅情况。

思　考　题

1. 简述焊接缺陷的危害。
2. 简述冷裂纹的形成条件及防止措施。
3. 简述边缘未熔合的成因及防止措施。
4. 简述夹渣的成因及防止措施。
5. 简述气孔的成因及防止措施。
6. 简述内凹的成因及防止措施。
7. 简述烧穿的成因及防止措施。
8. 简述边缘未熔合成因及防止措施。

第八章 长输管道工程焊接质量检验

焊接检验是以近代物理学、化学、力学、电子学和材料科学为基础的检测学科在焊接学科的应用，是全面质量管理科学与无损评定技术紧密结合的一个崭新领域。其先进的检测方法及仪器设备、严密的组织管理制度和较高素质的焊接检验人员，是实现现代化焊接工业生产产品质量控制、安全运行的重要保证。

焊接检验包括非破坏性检验（无损检验）和破坏性检验。

非破坏性检验是指不损坏其将来使用和使用可靠性的方式，对材料或制件或此两者进行宏观缺陷检测，几何特性测量，化学成分、组织结构和力学性能变化的评定，并进而就材料或制件对特定应用的适用性进行评价。

非破坏性检验主要包括外观及尺寸检验、无损检验、强度和严密性试验。

破坏性检验主要包括力学性能检验、化学分析检验、金相检验。

第一节 焊缝外观及尺寸检验

一、焊缝的目视检验

1. 目视检验的方法

（1）直接目视检验　直接目视检验也称为近距离目视检验，是用肉眼或不超过30倍的放大镜对焊件进行检查，用以判断焊接接头外表的质量。这种检验方法适用于能够充分接近被检物体，直接观察和分辨缺陷形貌的场合。一般情况下，目视距离约为600mm左右，眼睛与被检工件表面所成的视角不小于30°。在检验过程中，采用适当照明，利用反光镜调节照射角度和观察角度，或借助于低倍放大镜观察，以提高眼睛发现缺陷和分辨缺陷的能力。

（2）远距离目视检验　远距离目视检验用于眼睛不能接近被检物体而必须借助于望远镜、内孔管道镜、照相机等进行观察的场合。这些设备系统至少应具备相当于直接目视观察所获得检验效果的能力。

2. 目视检验的程序

目视检验工作较简单、直观、方便、高效。因此，应对焊接结构的所有可见焊缝进行目视检验。对于结构庞大、焊缝种类或形式较多的焊接结构，为避免目视检验时遗漏，可按焊缝的种类或形式分为区、块、段逐次检验。

3. 目视检验的项目

焊接工作结束后，要及时清理焊渣和飞溅，然后进行检验。检验项目有焊缝的清理质量、焊缝的几何形状、焊缝表面缺欠（如裂纹、未熔合、气孔、咬边、焊瘤、未焊透、夹渣、烧穿、凹陷、电弧划伤等）等，是一种最简单且不可缺少的检查手段。

目视检验若发现裂纹、未熔合、夹渣、焊瘤等不允许存在的缺陷，应清除、补焊、修磨，使焊缝表面质量符合要求。

二、对接焊缝尺寸的检验

对接焊缝尺寸的检验是按图样标注尺寸或技术标准规定的尺寸对实物进行测量检查。通常，在目视检验的基础上，选择焊缝尺寸正常部位、尺寸异常变化的部位进行测量检查，然后相互比较，找出焊缝尺寸变化的规律，与标准规定的尺寸对比，从而判断焊缝的几何尺寸是否符合要求。

检查对接焊缝的尺寸主要就是检查焊缝的余高和焊缝宽度 B。其中又以测量焊缝余高 a 为主。因为，现行的一般标准只对焊缝余高 a 及焊缝宽度 B 有明确定量的规定和限制，不同的验收标准规定的具体数据不同。

检查对接焊缝尺寸的方法是用焊接检验尺测余高 a 和宽度 B，如图 8-1 所示。其中测余高的方法有两种。

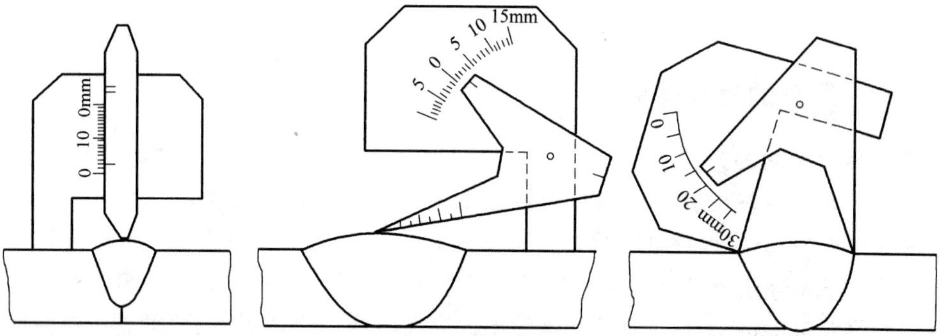

a) 测较小焊缝的余高　　b) 测较大焊缝的余高　　c) 测焊缝宽度

图 8-1　用焊接检验尺测量焊缝余高和宽度

当组装工件存在错边时，测量焊缝的余高应以表面较高一侧为基准进行计算，如图 8-2 所示；当组装工件存在错边时，测量焊缝的余高应以表面较高一侧母材为基准进行计算，或保证两母材之间焊缝呈圆滑过渡，如图 8-3 所示。

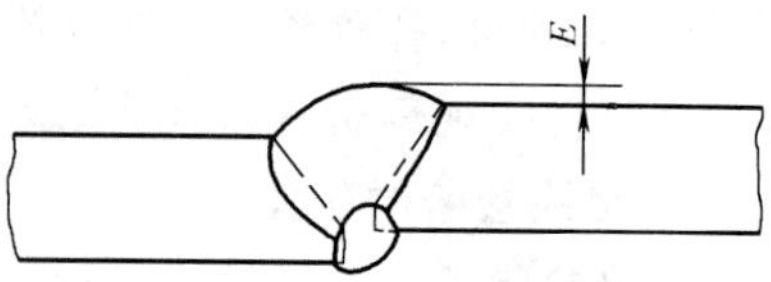

图 8-2　对接错边时计算余高

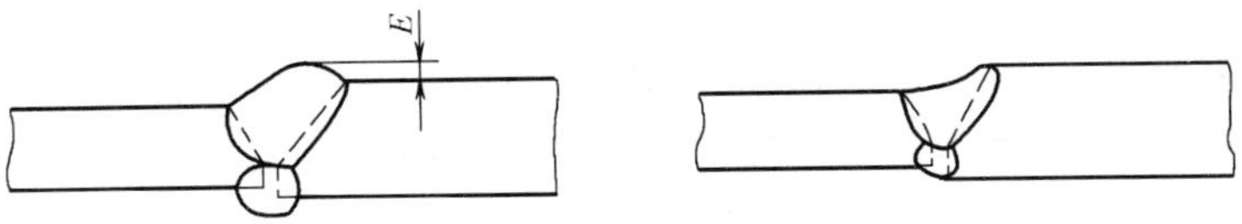

图 8-3　工件厚度不同时的对接焊缝

第二节　管道的射线检测

射线检测是长输管道焊缝无损检测应用最广泛、最成熟和最有效的检测方法之一。射线检测的基本方法是：X 射线和 γ 射线，在贯穿不同厚度、不同材料的物质时，会引起射线强度的减小量发生变化。而工件中的缺陷，总是引起工件厚度或材质的局部变化，因此显示或测量穿透射线的强度及其分布便可发现和判别缺陷，这个过程一般还需借助感光胶片完成。

一、射线检测的基本原理及特点

1. 射线检测的基本原理

射线检测的基本原理是利用射线发出的贯穿辐射线穿透焊缝后使胶片感光，焊缝中的缺陷影像便显示在经过处理后的射线照相底片上，发现焊缝内部气孔、夹渣、裂纹及未焊透等缺陷的一种检测方法。

射线在穿透物体过程中会与物质发生相互作用，因吸收和散射而使其强度减弱。强度衰减程度取决于物质的衰减系数和射线在物质中穿越的厚度，如果被透照物体（试件）的局部存在缺陷，且构成缺陷物质的衰减系数又不同于试件，该局部区域的透过射线强度就会与周围产生差异，如图 8-4 所示。

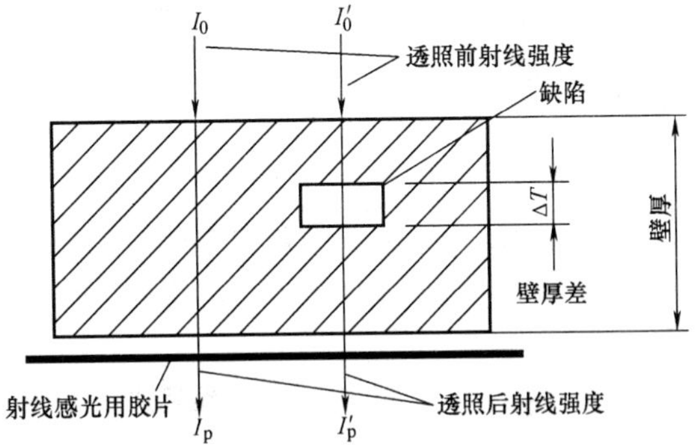

图 8-4　射线照相基本原理示意图

另一方面，射线具有使胶片感光、能激发荧光物质发光、使气体物质电离等性质。把胶片放在适当位置使其在透过射线的作用下感光，经暗室处理后得到底片。底片上各点的黑化程度取决于射线照射量（射线强度 × 照射时间），由于缺陷部位和完好部位的透射射线强度不同，底片上相应部位就会出现黑度差异。底片上相邻区域的黑度差定义为对比度。

关于射线透照及胶片感光成像特性，有以下特点：①其他条件一定，射线沿程的物质密度和厚度越大，吸收射线能力越强，穿透工件的射线强度越弱；②感光胶片接受的射线强度越大，经显影定影后，相应区域影响黑度越大；③目前来讲，管线钢焊缝中，仅夹钨、焊瘤、高密度夹杂物及余高过高处等缺欠在底片上的影像黑度和周围无缺欠处相比较小（即和周围相比“发白”），其他缺欠影像黑度较周围无缺欠处相比较大（即和周围相比“发黑”）。

把底片放在观片灯光屏上借助透过光线观察，可以看到由对比度构成的不同形状的影像，评片人员据此判断缺陷情况并评价试件质量。

2. 射线照相法的特点

射线照相法适宜的检测对象是各种熔化焊焊接方法（电弧焊、气体保护焊、电渣焊、气焊等）的对接接头，也适宜检查铸钢件，特殊情况下也可用于检测角焊缝或其他一些特殊结构试件。它不适宜钢板、钢管锻件的检测，也不适宜钎焊、摩擦焊等焊接方法的接头检测。

射线照相法用底片作为记录介质，可以直接得到缺陷的直观图像，且可以长期保存。通过观察底片能够比较准确地判断出缺陷的性质、数量、尺寸和位置。

射线照相法容易检出那些形成局部厚度差的缺陷。对气孔和夹渣之类缺陷有很高的检出率，对裂纹类缺陷的检出率则受透照角度的影响，它不能检出垂直照射方向的薄层缺陷，例如钢板的分层。

射线照相所能检出的缺陷高度尺寸与透照厚度有关，可以达到透照厚度的1%，甚至更小。所能检出的长度和宽度尺寸分别为毫米数量级和亚毫米数量级，甚至更小。

射线照相法检测薄工件没有困难，几乎不存在检测厚度下限，但检测厚度上限受射线穿透能力的限制。而穿透能力取决于射线光子能量。420kV 的 X 射线机能穿透的钢厚度约为 80mm，Co60γ 射线穿透的钢厚度约为 150mm。更大厚度的试件则需要使用特殊的设备——加速器，其最大穿透厚度可达到 500mm。

射线照相法几乎适用于所有材料，在钢、钛、铜、铝等金属材料上使用均能得到良好的效果，它对工件的形状、表面粗糙度没有严格要求，材料晶粒度对其不产生影响。

射线照相法检测成本较高，检测速度较慢。另外射线对人体有伤害，需要采取防护措施。

二、通用射线检测设备

射线检测设备可分为：X 射线检测机、高能射线检测设备（包括高能直线加速器、电子回旋加速器）、γ 射线检测机三大类。X 射线检测机管电压在 450kV 以下。高能加速器的电压一般为 2 ~ 24MeV，而 γ 射线检测机的射线能量取决于放射性同位素。

1. X 射线机

X 射线检测机按机构可分为携带式、移动式两种。移动式 X 射线机用在透照室内的射线检测，它具有较高的管电压和管电流。管电压可达 450kV，管电流可达 20mA，最大穿透厚度约为 100mm，它的高压发生装置、冷却装置与 X 射线机头部分别独立安装，X 射线机头通过高压电缆与高压发生装置连接。机头可通过带轮子的支架在小范围内移动，也可固定在支架上。携带式 X 射线机主要用于现场射线照相，管电压一般小于 320kV，最大穿透厚度约为 50mm；目前也出现管电压达到 360kV 的射线机，可穿透厚度为 80mm 左右。

X 射线检测机按用途可分为定向 X 射线机、周向 X 射线机、软 X 射线机、脉冲 X 射线机。其中，定向 X 射线机是一种普及型、使用最多的 X 射线机，其机头产生的 X 射线发射方向为 40°左右的圆锥角，一般用于定向单张摄片；周向 X 射线机产生 X 射线束是 360°方向辐射，主要用于环行焊缝摄片。X 射线机结构如图 8-5 所示。

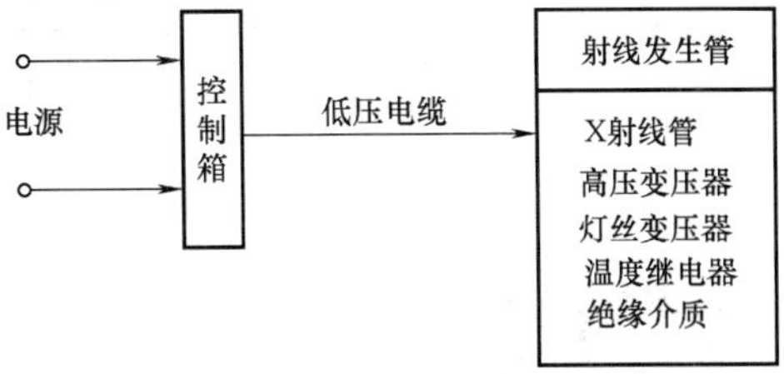

图 8-5　X 射线机结构框图

2. γ 射线机

γ 射线检测机因射线源体积小，可在狭窄场地、高空、水下工作，并有可全景曝光等特点，已成为射线检测装置的重要组成部分。γ 射线机由射线源、盛装源容器、操作机构、支撑和移动机构四部分组成。

（1）γ 源　常用于检测的 γ 源有 Co60、Ir192、Se75 三种，源由不锈钢外壳严密封装，源与操作机构的导索间牢固连接，通过电动与手动机构拖动导索进退，实现对源由存储容器到工作位置的传递。源的尺寸与源的强度和比活度有关。

（2）源容器　源容器的作用是屏蔽，使处于非工作状态的源不会对人体和照相工作有影响，其材料用铅（Pb）或贫化铀（U238）制成，用贫化铀大大减轻了源容器的重量。当源置与容器内时，为确保安全，便于移动、运输，容器上有锁紧装置，避免事故发生。

（3）操作、支撑和移动机构　操作机构的作用是将源推至工作位置或送回容器中。强度较大的源一般有机械和电动两套操作机构。电动操作可在远离源的地方使用和操作，有源位指示灯和延时装置；手动操作可在无电场合使用，也可远距离操作。移动和支撑机构的作用是承载射线源容器，调整和固定射线源的工作位置，它们虽然是 γ 射线检测机构的辅助性装置，但对于方便工作，降低劳动强度，提高检测工作效率是十分必要的。

三、管道爬行器

管道爬行器是为解决长输管道环焊缝检测而开发的一种检测设备，与传统的射线机检测管道环焊缝相比，管道爬行器具有无可比拟的优点：它实现了管道环焊缝的中心透照，裂纹检出角为零，透照角度最佳；一次透照可以实现对一道焊缝的检测，透照时间短，检测速度快；射线机的曝光电源和爬行器行走电源都由爬行器电池组提供，使用方便，劳动强度大大降低。由于管道爬行器的这些优点，它已经成为管道检测的主要设备。管道爬行器由电池部分、控制部分和射线机三部分组成。X 射线管道爬行器结构如图 8-6 所示。

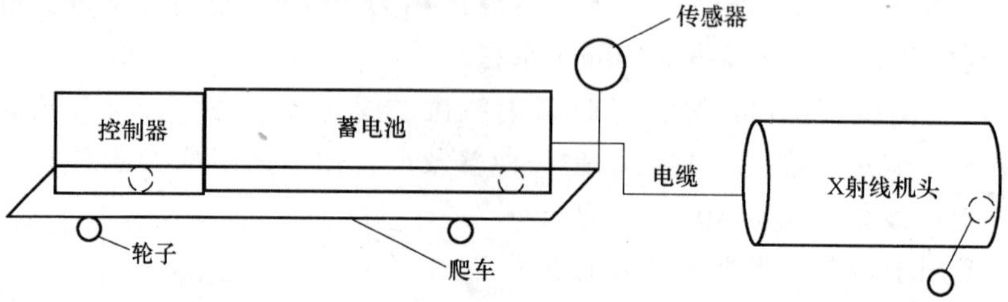

图 8-6　X 射线管道爬行器结构示意图

1. 射线机

管道爬行器所使用的射线机可以是周向 X 射线机，也可以是 γ 射线机，根据射线机的不同，分为 X 射线管道爬行器和 γ 射线管道爬行器。X 射线机的曝光电源由电池组提供，根据透照工件的管径及厚度，可以选择不同管电压的射线机。常用 X 射线管道爬行器如图 8-7 所示。

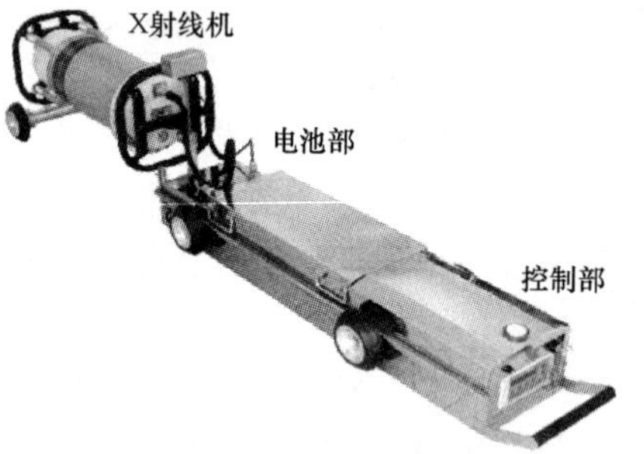

图 8-7　X 射线管道爬行器

2. 电池组

电池部分由几组蓄电池组成，提供 X 射线机曝光以及管道爬行器行走所需的电源，一般爬行器的曝光电源和爬行电源由一组电池组提供，为了保证行走距离，有的爬行器的电池组分两部分，一部分提供曝光电源，一部分提供爬行器行走所需电源。

3. 控制部分

控制部分由可编程序控制器、开关和电机等组成，这部分接收操作人员的操作指令，通过可编程序控制器控制各种开关的动作，从而控制不同的电机工作，使 X 射线机或 γ 射线机在管道内爬行到指定位置摄片。

4. 定位装置

（1）指令源　常用的管道爬行器是利用铯 137 作为指令源，检测操作人员通过它向爬行器上的传感器（PLC）发送指令，引导爬行器进行各种操作。常用的指令源如图 8-8 所示。

图 8-8　指令源

由于国内对于放射性同位素的监管日益加强，加之货源等因素的影响，所以放射性同位素尤其是铯 137 的应用受到了很大的限制。基于上述原因，一些公司开发出了无线电定位以及磁定位器的爬行器，用以取代以前所使用的铯 137 同位素定位器。

（2）无线电定位器　无线电定位器是在管道爬行器上安装一个无线电摄像头，在管道外设一个无线电控制箱，通过控制箱上的显示器显示爬行器的位置，然后通过控制箱操作爬行器。无线电定位器的控制箱如图 8-9 所示。

图 8-9　控制箱

（3）磁定位器　对于永磁信号而言，其磁力线很难穿透管道壁产生有效的定位信号，故本定位器将永磁信号转换为固定频率、交变的磁信号，可以很容易地穿透管道壁，且其磁信号强度足以达到爬行器接收装置的定位信号强度要求，从而实现爬行器的精确定位。爬行器接收装置（接收器）原理框图如图 8-10 所示。

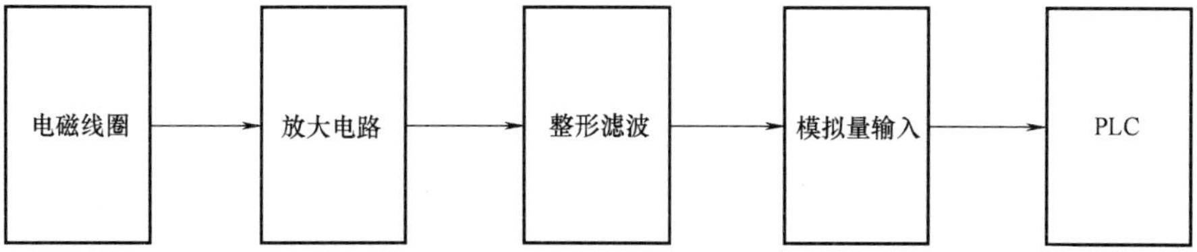

图 8-10　爬行器接收器原理框图

电磁线圈用以接收定位器发出的磁定位信号，交变的磁场作用于电磁线圈的铁芯，使绕在铁芯上面的线圈产生微弱的交变电流，经过放大电路放大后，送入整形滤波电路，将交变的电信号转换成具有一定电压幅值且输出较为平稳的直流电压信号，用以供给模拟量模块的输入端。

爬行器行进过程中，PLC 始终读取模拟量模块的输入电压值，并与其程序中的定位阈值相比较。

当爬行器运行至曝光位置时，其车体上的接收器接收到的磁信号较强，模拟量模块的输入电压值将达到并超过 PLC 程序中的定位阈值，此时爬行器会立即停车，从而达到精确定位的目的。

四、射线照相法

1. 射线照相参数

（1）射线底片的黑度　X 射线胶片经过适当的曝光和暗室处理，便可得到射线底片。X 射线底片黑度分布形成了射线照相图像。底片的黑度也称为浓度或密度。它的定义是，当一束强度为 L_0 的可见光入射到底片上，透过的可见光强度为 L，L_0 与 L 比值的常用对数值，即为测量部位底片黑度。以 D 表示黑度，则

$$D = \lg(L_0/L)$$

式中 L_0——入射光强度；

L——透过光强度；

D——底片的黑度；

由式可知，当透过光的强度为入射光强度的 1/5、1/10、1/100、1/1000 时，底片的黑度分别为 0.7、1、2、3。

（2）灵敏度和像质计　射线照相的灵敏度是指在射线照相方向上发现检验零件内最小缺陷的能力，是评价射线照相质量的最重要的指标。通常它是以在射线照射方向上，在零件内部所能发现的最小缺陷大小与零件在该处厚度的百分比来表示。

像质计又称为透度计，是实际工程中用来计测射线照相灵敏度、显示照相底片质量的工具。像质计有线状、环状、块状、槽状等多种形状，一般采用线型像质计。采用射线照相检测时还应注意，射线胶片的粒度和增感屏的增感作用。常用的增感屏有三种：金属增感屏、荧光增感屏、金属荧光增感屏。

2. 射线检测操作步骤

一般把被检的物体安放在离 X 射线装置或 γ 射线装置 0.5～1m 的位置处，把胶片盒紧贴在试件背后，让射线照射适当的时间（几分钟至几十分钟）进行曝光。把曝光后的胶片在暗室中进行显影、定影、水洗和干燥。将干燥后的底片放在观片灯的显示屏上观察，根据底片的黑度和图像来判断存在缺陷的种类、大小和数量，随后按标准对缺陷进行评定和分级。以上就是射线照相检测的一般步骤。

长输管道主体管线环焊缝检测，对能使用管道爬行器的，优先选用管道爬行器进行中心曝光，在无法使用管道爬行器进行中心透照时（连头、返修复探等），选择双壁单影法检测，对小径管选择双壁双影法透照。优先选用 X 射线，在 X 射线不能满足要求时，选用 γ 射线。曝光后的胶片多采用自动洗片机冲洗。

按射线源、工件和胶片之间的相互位置，管道环缝主要采用中心透照、双壁单影透照和双壁双影透照三种方式，如图 8-11 所示。只要实际可行优先采用单壁透照方式，当单壁透照方式不可行时，方可采用双壁透照方式。

（1）中心透照法　中心透照法是长输管道环缝检测的主要方式，它用 X 射线、γ 射线爬行器进行检测。它的优点是不仅一次透照整条焊缝，工作效率高，而且透照厚度均一，底片黑度一致，横向裂纹检出角为 0，横向缺欠检出率高，灵敏度最佳。它的缺点是管道直径较小、几何不清晰度不满足要求及爬行器无法放入管道内的情况下无法使用。

（2）双壁单影透照法　双壁单影透照法是无法采用中心透照法对管子进行检测时而采用的方法，如小直径管道焊缝、死口、联头及几何不清晰度无法满足中心

透照法要求的焊缝。

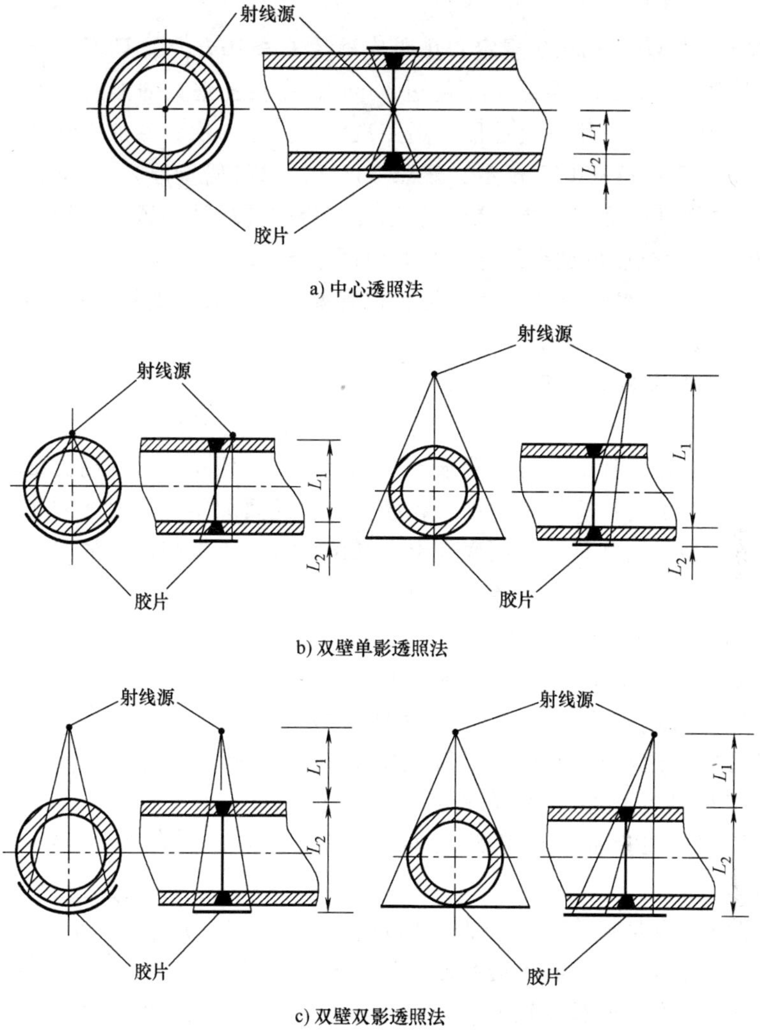

图 8-11　透照方式示意图

L_1—射线源至透照部位工件表面的距离　L_2—透照部位工件表面至胶片的距离

这种透照方法的主要缺点：

1）灵敏度较低。与单壁透照相比要多穿过一个壁厚，需要 X 射线机的能量较高，且经前面的壁厚进行滤波，到达检测部位线质变硬，使底片的灵敏度降低，与单壁透照相比差 1 ~ 2 个像质指数。

2）透照次数应满足 K 值的要求。

3）透照时应注意机头对中或采用对中工具进行。

（3）双壁双影透照法　这是直径≤89mm 的管子唯一的透照方法，因管子源侧焊缝距胶片远，几何不清晰度大，灵敏度低，为保证透照质量，操作时要做到如下要点：

1）按 SY/T 4109—2013 规定，焦距应满足 $L_1 \geqslant 10dL_2^{2/3}$，且不小于 600mm，椭圆透照间距为 3～10mm，且最大不超过 15mm，在相互垂直的方向各照一次。当椭圆透照不可行时，可采用垂直透照，透照次数不少于 3 次，互成 120°。

2）按 SY/T 4109—2013 规定，透照厚度 $T_A = 2T$(管壁厚) + 2mm，查该规范中表 3 像质计灵敏度值确定像质指数，使用专用等丝像质计，置于射线源。

3）透照时管电压可适当提高，曝光时间小于 15mA · min。

4）按 SY/T 4109—2013 规范中标记位置要求，底片上的标记可适当减少。

5）注意散射线的屏蔽。

3. 射线照相法规范的确定

要得到一张好的射线底片，除了合理地选择透照方式外，还必须选择好透照规范，使缺陷能够在底片上尽可能明显地辨别出来，即照相要达到高灵敏度，为了达到这一目的，除了选择质量好的细颗粒胶片外，还要取得好的射线照相对比度和清晰度。射线照相对比度是指射线底片上有缺陷部分与无缺陷部分的黑度差。

为得到高的缺陷检出率，照相规范的选择应注意以下几点：

1）透照方式的选择和 K 值控制。除了管道和无法进入内部的小直径容器只能采用双壁透照外，大多数容器壳体的焊缝照相都采用单壁透照，透照时既可以把射线源放在外面而把胶片贴在内壁（称为外透法），也可以把射线源放在里面而胶片贴在外面（称内透法）。

外透法的优点是操作比较方便，内透法的优点是透照厚度差小，在满足透照厚度比（K）值的情况下，一次透照长度较大。

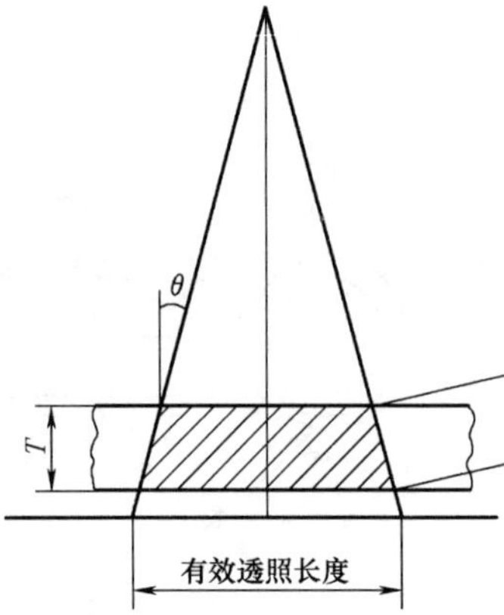

图 8-12　透照厚度比示意图

透照厚度比 K 的含义如图 8-12 所示。

由图 8-12 可知：

$$K = T'/T$$

$$\theta = \arccos(1/K)$$

式中　K——透照厚度比；

T'——边缘射线束穿透工件厚度；

T——中心射线束穿透工件厚度。

标准规定，焊缝射线照相，纵缝的 K 值不得大于 1.1，限制透照厚度比，也就间接控制了横向裂纹检出角 θ，使之不致过大，过大的 θ 角有可能导致横向裂纹漏检。采用源在内的透照方式，其 θ 角比源在外方式小得多，尤其是源在中心的内透法，K 值和 θ 角都为 0，是最佳透照方式。

2）射线源的选择。在满足透照工件厚度的条件下，应根据材质和成像质量要求，尽量选择较低的射线能量。

3）透照距离的选择。焦距（射线源到胶片的距离）越大，被检物体和胶片贴得越紧，半影就越小。在选择透照距离时，应将焦距选得大一些。但是由于射线的强度 I 与焦距 F 的平方成反比，即

$$I_1/F_1^{\ 2} = I_2/F_2^{\ 2}$$

所以不能把焦距选得过大，不然透照时，射线强度将不够，所以焦距的选择应在满足几何不清晰度要求的前提下合理选择，一般在透照中，焦距的选择大多在 600 ~ 800mm 之间。

4）曝光量的选择。曝光量 E 为射线强度 I 与曝光时间 t 的乘积，即 $E = It$。曝光量的大小要能保证足够的底片黑度。如果管电压偏高，那么小的曝光量也能使底片达到规定黑度，但这样的底片灵敏度不够好，所以一般情况下 X 射线照相的曝光量选择 15mA · min 以上。

5）底片黑度控制。标准规定底片黑度一般为 1.5 ~ 3.5 的范围内，黑度 D 值增大，胶片 G（梯度）值也增大，因此一般来说，应使底片黑度 D 大些，但黑度大于 3.5 观片灯有时就不容易看清了，所以底片黑度也不宜太大。

4. 像质计（透度计）的应用

为了评定底片的灵敏度，需要采用像质计，像质计是用来检查透照技术和胶片处理质量的。衡量该质量的数值是像质指数，它等于底片上能识别出的最细钢丝的线编号。我国标准规定是用粗细不同的几根金属丝等距离排列做成的线型像质计，用底片上必须显示的最小钢丝直径与相应的像质指数来表示照相的灵敏度，即所谓射线照相能发现最小缺陷的能力。灵敏度分为绝对灵敏度和相对灵敏度两种。绝对灵敏度是指在射线底片上所能发现的沿射线穿透方向上的最小缺陷尺寸。相对灵敏度则用所能发现的最小缺陷尺寸在透照焊件厚度上所占的百分比来表示。

5. 底片评定

底片评定是射线照相的最后一道工序，也是最重要的一道工序。通过观片灯观察底片来辨别工件有无缺陷，说明缺陷的性质，解释缺陷存在的情况，推测缺陷可能发展的趋势等，同时根据对被检工件要求的高低来决定其是否合格。因此，在对射线底片缺陷评定时，要多了解被检工件的生产过程、缺陷的生成原因以及做些实际解剖观察工作，有时还需配合其他试验才能得出正确的结论。

底片评定时，首先应评定底片本身质量是否合格。在底片合格的前提下，再对底片上的缺陷进行定性、定量和定位，对照标准评出工件质量等级，写出检测报告。

对底片的质量要求包括：

1）底片的黑度应在规定范围内，影像清晰，反差适中，灵敏度符合标准要

求。标准规定的X射线底片黑度为1.5～3.5，γ射线底片黑度为1.8～3.5，灵敏度应能识别标准规定的像质指数。

2）标记齐全，摆放正确。必须摆放标记有设备号、焊缝号、底片号、中心标记和边缘标记等，标记一般应放置在距焊缝边缘至少5mm以外的部位。

3）在评定区内无影响评定的伪缺陷。底片上产生的伪缺陷有：划伤、水迹、折痕、压痕、静电感光、显影斑纹、霉点等。

射线检测发现缺陷的能力有一定限度，它对气孔、夹杂物、未焊透等体积型缺陷比较容易发现；而对裂纹、细微未熔合等面积型缺陷，在透照方向不适合时不容易发现。特别是长条状裂纹，当裂纹平面垂直于射线方向时，在底片上很难发现。

6. 射线的安全防护

（1）射线的危害　射线具有生物效应，超辐射剂量可能引起放射性损伤，破坏人体的正常组织出现病理反应。辐射具有累积作用，超辐射剂量照射是致癌因素之一，并且可能殃及下一代，造成婴儿畸形和发育不全等。由于射线具有危害性，所以在射线照相中，防护是很重要的。

（2）辐射剂量及单位　辐射剂量是指材料或生物组织所吸收的电离辐射量，它包括照射剂量（单位R）、吸收剂量（单位Gr、非法定计量单位rad）、剂量当量（单位SV、非法定计量单位rem）等。

我国对职业放射性工作人员剂量当量限值作了规定：从事放射性的人员年剂量当量限值为50mSv。

（3）射线防护方法　射线防护是指在尽可能的条件下采取各种措施，保证完成射线检测任务的同时，使操作人员接受的剂量当量不超过限值，并且应尽可能地降低操作人员和其他人员的吸收剂量。主要的防护措施有以下三种：屏蔽防护、距离防护和时间防护。

1）屏蔽防护就是在射线源与操作人员及其他邻近人员之间加上有效合理的屏蔽物来降低辐射的方法。屏蔽防护应用很广泛，如射线检测机衬铅，现场使用流动铅房和建立固定曝光室等都是屏蔽防护。

2）距离防护是用增大射线源距离的办法来防止射线伤害的防护方法。因为射线强度I与距离R的平方成反比，即

$$I_2 = I_1 R_1^2 / R_2^2$$

所以在没有屏蔽物或屏蔽物厚度不够时，用增大射线源距离的办法也能达到防护的目的。尤其是在野外进行射线检测时，距离防护更是一种简便易行的方法。

2）时间防护就是减少操作人员与射线接触的时间，以减少射线损伤的防护方法。因为人体吸收射线量是与人接触射线的时间成正比的。

以上三种防护方法，各有其优缺点，在实际检测中，可根据当时的条件选择。为了得到更好的效果，往往是三种防护方法同时使用。

另外，在施工现场进行辐射防护时，还要落实以下几点：

1）放射卫生防护应符合 GB 18871—2002 的有关规定。

2）现场进行 X 射线检测时，应按规定划定控制区和管理区，并应设置警告标志。

3）现场进行 γ 射线检测时，应按 GB 18465 的规定划定控制区和监督区，并应设置警告标志。

4）现场检测时，检测工作人员应佩戴个人剂量计，并应携带射线报警仪，进行 γ 射线检测时应配备辐射监测仪。

第三节　管道的超声波检测

超声波检测是目前应用最广泛的无损检测方法之一，是一种利用超声波在介质中传播的性质来判断工件及材料的缺陷和异常的方法。超声波是一种看不见、听不到的弹性波，在自然界和日常生活中普遍存在，目前已经被广泛应用于科学、工程和医学等许多领域。人耳能听到的声音频率为 16Hz ~ 20kHz，而超声检测装置所发出和接收的频率要比 20kHz 高得多，一般为 0.5 ~ 25MHz，常用频率范围为 0.5 ~ 10MHz。超声波是一种机械振动所产生的波。物体在一定位置附近作来回往复运动称为振动，振动是波动产生的根源，波动是振动的传播过程。所以超声波的产生必须依赖于做高频机械振动的声源和弹性介质的传播，超声波的传播过程包括振动状态和能量的传播。

超声波检测具有以下特点：①面积型缺陷检出率较高；②适宜检测厚度较大的工件；③检测成本低、速度快、检测仪器体积小、重量轻、适合现场作业；④无法得到缺陷的直观图像、定性困难；⑤检测结果无直接见证纪录。

一、超声波的发生及其性质

1. 超声波的发生和接收

超声波检测用的高频超声波，是用压电转换器产生的。压电材料主要采用石英、钛酸钡、锆钛酸铅和硫酸锂。这些材料具有压电效应，可以将电动转换成机械振动，也能将机械振动转换成电振动。要使压电材料产生超声波，可以把它切成能在一定频率下共振的片子，将晶片两面都镀上银，作为电极。当高频电压加到这两个电极上时，晶片就在厚度方向上产生伸缩（振动），这样就把振动转换成机械振动了。这种机械振动发生的超声波，可以传到被检物体中去。反之，将高频机械振动传到晶片上时，晶片就被振动，在晶片两电极之间就会产生频率与超声波相等、强度与超声波成正比的高频电压，这个高频电压经放大、检波、显示在示波屏上，这样超声波就被接收。通常在超声波检测中只使用一个晶片，这个晶片既作发射又作接收。

2. 超声波的种类

（1）根据振动的方向分类　分为纵波、横波、表面波、板波。

1）纵波 L。介质中质点的振动方向与波的传播方向互相平行的波称为纵波，又称伸缩波或压缩波，用 L 表示，当介质质点受到交变拉应力作用时，质点之间产生相应的伸缩变形，从而形成纵波，这时介质质点疏密相间，故纵波又称为压缩波或疏密波。纵波能在固体、液体、气体中传播。

2）横波 $S(T)$。介质中质点的振动方向与波的传播方向互相垂直的波称为横波，用 S 或 T 表示。当介质质点受到交变的剪切应力作用时，产生切变形变，从而形成横波。故横波又称为切变波。横波只能在固体中传播。

3）表面波 R。当介质表面受到交变应力作用时，产生沿介质表面传播的波，称为表面波，又称瑞利波，用 R 表示。表面波的特点：表面波只能在固体表面传播，表面波的能量随传播深度的增加而迅速减弱，当传播深度超过 2 倍波长时，质点的振幅就已经很小了，因此，表面波检测只能发现距离工件表面 2 倍波长的缺陷。

4）板波。在板厚与波长相当的薄板中传播的波称为板波。板波有 SH 波、兰姆波。兰姆波又分为对称型和不对称型。

（2）根据波的形状分类　分为平面波、柱面波、球面波。

1）平面波。波阵面为互相平行平面的波称为平面波，平面波波束不扩散，平面波各质点间振幅是一个常数，不随距离变化。尺寸远大于波长的刚性平面波源在各向同性的均匀介质中辐射的波可视为平面波。

2）柱面波。波阵面为同轴圆柱面的波称为柱面波。柱面波的波源为一条线，长度远大于波长的线状波源在各向同性的介质中辐射的波可视为柱面波。柱面波向四周扩散，各质点间的振幅与距离的平方根成反比。

3）球面波。波阵面为同心球面的波称为球面波。球面波的波源为一点，尺寸远小于波长的点波源在各向同性的介质中辐射的波可视为球面波，球面波各质点的振幅与距离成反比。实际检测中，超声波探头中的波源近似活塞振动，在各向同性的介质中辐射的波称为活塞波，当距离源的距离足够大时，活塞波类似于球面波。

（3）根据振动的持续时间分类　分为连续波和脉冲波。

1）连续波。声源持续不断振动所辐射的波称为连续波，超声波穿透法检测常采用连续波。

2）脉冲波。波源持续振动的时间很短（μs，$1\mu s=10^{-6}s$），间歇辐射的波就是脉冲波。目前超声波检测中广泛采用的就是脉冲波。

3. 声速

声波在介质中是以一定的速度传播的，如空气中的声速为 340m/s，水中的声速为 1500m/s。钢中纵波的声速为 5900m/s，横波的声速为 3230m/s，表面波的声速为 3007m/s。

声速是由传播介质的弹性系数、密度以及声波的种类决定的，它与频率和晶片没有关系。几种介质中的声速见表 8-1。

表 8-1　几种介质中的声速表

介质	纵波/(km/s)	横波/(km/s)	介质	纵波/(km/s)	横波/(km/s)
铅	6.26	3.10	水	1.5	不传横波
钢	5.90	3.23	油	1.4	不传横波
			甘油	1.9	不传横波

横波的声速大约是纵波声速的一半，而表面波声速大约是横波的9/10。

当超声波碰到缺陷时，会反射和折射。可是如果缺陷的尺寸小于波长的1/2时，由于衍射，波就会绕过缺陷传播，这样波的传播就与缺陷的存在与否没有关系了。因此在超声波检测中，缺陷尺寸的检出极限约为超声波波长的1/2。

二、超声波探头的种类

超声波探头的种类很多，根据波型不同分为纵波探头、横波探头、表面波探头和板波探头等；根据耦合方式分为接触式探头和液浸探头；根据波束分为聚焦探头和非聚焦探头；根据晶片数不同分为单晶探头、双晶探头等；此外还有高温探头、微型探头等特殊探头。下面介绍几种常用的探头。

1. 直探头（纵波探头）

直探头用于发射和接收纵波，故又称为纵波探头。直探头主要用于探测与探测面平行的缺陷，如板材、锻件检测等。直探头的结构如图 8-13 所示，主要有压电晶片、保护膜、阻尼块、电缆接头和外壳等部分组成。

压电晶片的作用是发射和接收超声波，实现电声换能。

保护膜的作用是保护压电晶片不致磨损或损坏。保护膜分为软、硬保护膜两种。硬保护膜用于表面粗糙度较低的工件检测。软保护膜用于表面粗糙度较高的工件检测。阻尼块紧贴压电晶片，对于电晶片的振动起阻尼作用。

外壳的作用在于将各部分组合在一起，并起保护作用。

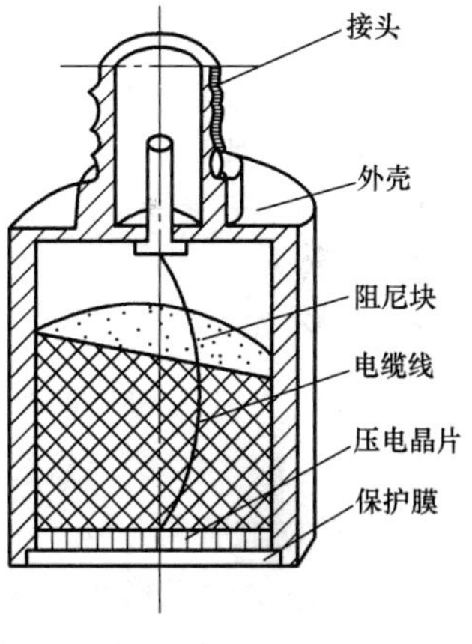

图 8-13　直探头结构

2. 斜探头

斜探头可分为纵波斜探头、横波斜探头、表面波斜探头。这里仅介绍横波斜探头。

横波斜探头是利用横波检测，主要用于探测与探测面垂直或成一定角度的缺陷，如焊缝检测等。

斜探头的结构如图 8-14 所示。由图可知，横波斜探头实际上是直探头加透声斜楔组成。由于晶片不直接与工件接触，因此这里的探头没有保护膜。

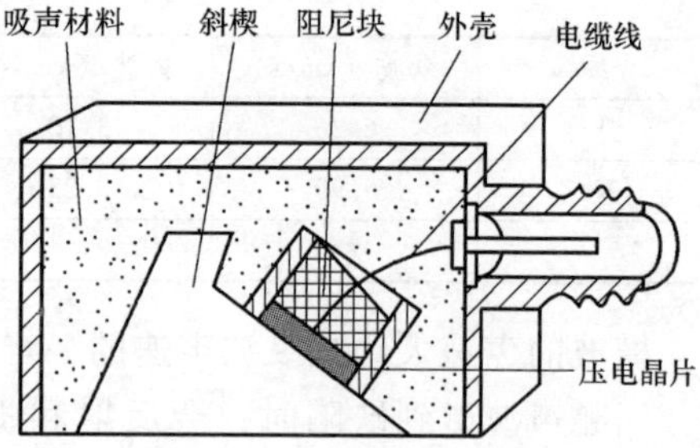

图 8-14 斜探头结构

透声斜楔的作用是实现波型转换，使被检工件中只存在折射横波。一般透声斜楔由有机玻璃制成。斜楔前面开槽，可以减少反射杂波。还可以将斜楔做成牛角形，使反射波进入牛角出不来，从而减少杂波。

3. 表面波探头

当斜探头的入射角大于或等于第二临界角时，便在工件中产生表面波。因此表面波探头是斜探头的一个特例。它用于产生和接收表面波，以便于检测表面或近表面缺陷。表面波探头的结构与横波斜探头的一样，唯一不同的是斜楔块的入射角不同。

4. 双晶探头

双晶探头有两块晶片，一片用于发射超声波，另一片用于接收超声波。根据入射角的不同，双晶探头分为双晶纵波探头、双晶横波探头。

双晶横波探头具有以下优点：

1）灵敏度高。双晶探头发射晶片用发射灵敏度高的压电材料制成，接收晶片由接收灵敏度高的压电材料制成。

2）杂波少、盲区小。

3）工件中近场区长度小。

4）探测范围可调。

另外还有聚焦探头、可变角探头等。

三、试块

按一定用途设计制作的具有简单几何开关人工反射体的试样，通常称为试块。试块和仪器、探头一样，是超声波检测中的重要工具。

1. 试块的作用

（1）确定检测灵敏度　超声波检测灵敏度太高或太低都不好，太高杂波多，判伤困难，太低会引起漏检。因此在超声波检测前，常用试块上某一特定的人工反射体来调整检测灵敏度。

（2）测试仪器和探头的性能　超声波检测仪和探头的一些重要性能，如广大线性、水平线性、动态范围、灵敏度余量、分辨力、盲区、探头的入射点、K（折射角的正切值）值等都是利用试块来测试的。

（3）调整扫描速度　利用试块可以调整仪器示波屏上水平刻度值与实际声程之间的比例关系。即扫描速度，以便对缺陷进行定位。

（4）评判缺陷的大小 （利用某些试块绘出的距离——波幅——当量曲线（即

实用 AVG 来对缺陷定量是目前常用的定量方法之一)。特别是 3N（N 近场区长度）以内的缺陷，采用试块比较法仍然是最有效的定量方法。此外还可利用试块来测量材料的声速、衰减性能等。

2. 试块的分类

(1) 标准试块　标准试块是由权威机构制定的试块，试块材质、形状、尺寸及表面状态都由权威部门统一规定。如常用的 CSK-ⅠA 和 CSK-ⅢA 试块。

长输管道无损检测用试块有 SGB 试块（图 8-15）和 SRB 试块（图 8-16）。

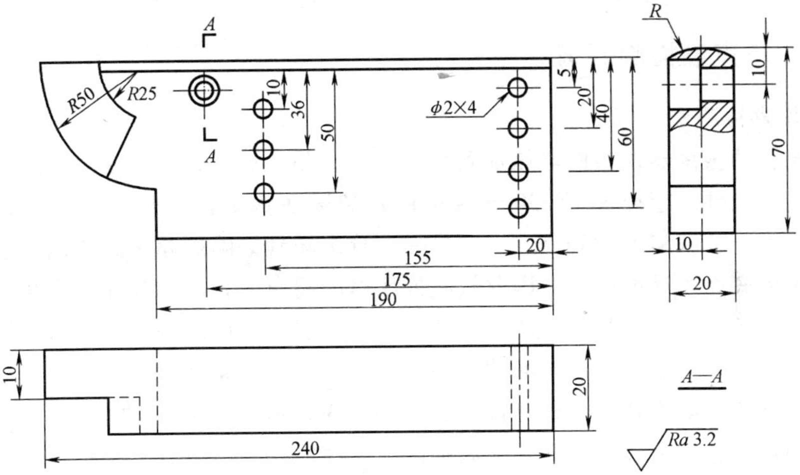

图 8-15　SGB 试块形状与尺寸

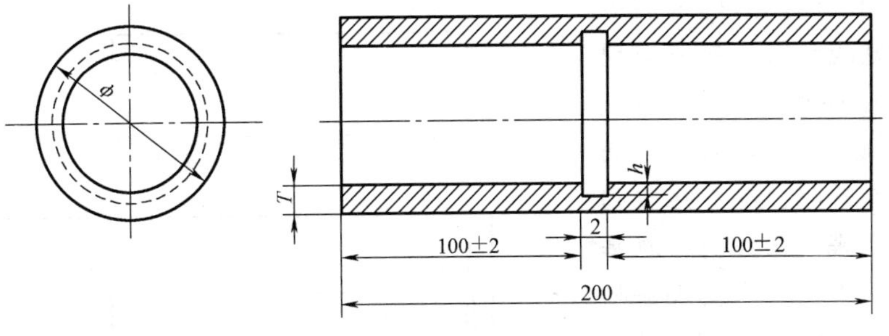

图 8-16　SRB 试块形状与尺寸

ϕ—被检管线外径　h—内壁环状矩形槽的槽深　T—被检管线公称壁厚　$h=10\%T$ 且 $h\leq1.5$mm

(2) 参考试块　参考试块是由各部门按某些具体检测对象制定的试块。

3. 试块的要求和维护

(1) 对试块材质的要求　试块材质应均匀，内部杂质少，无影响使用的缺陷。加工容易，不易变形和锈蚀，具有良好的声学性能。试块的平行度、垂直度、粗糙度和尺寸公差都要符合一定的要求。标准试块要用平炉镇静钢或电炉软钢制作，如

20 号碳钢。对比试块材质尽可能与被检工件相同或相近。

（2）试块使用与维护

1）试块应在适当部位编号，以防混淆。

2）试块在使用和搬运过程中应注意保护，防止碰伤或擦伤。

3）使用试块时应注意清除反射体内的油污和锈蚀。常用沾油细布将锈蚀部位抛光，或用合适的去锈剂处理。平底孔在清洗干燥后用尼龙塞或胶合剂封口。

4）注意防止试块锈蚀，使用后停放时间较长，要涂敷防锈剂。

5）注意防止试块变形，如避免火烤，平板试块尽可能立放防止重压。

四、超声波检测原理

1. 垂直检测法

当把脉冲振荡器发生的电压加到晶片上时，晶片振动，产生超声波脉冲。如果被检物是钢工件，超声波以 5900m/s 的固定速度在钢工件内传播，超声波碰到缺陷时，一部分从缺陷反射到晶片，而另一部分未碰到缺陷的超声波继续前进，一直到被检物体底面才反射回来。因此缺陷处反射的超声波先回到晶片，底面反射的超声波后回到晶片。回到晶片上的超声波又反过来被转换成高频电压，通过接收、放大进入示波器，示波器将缺陷回波和底面回波显示在荧光屏上。

对于脉冲反射式超声波检测仪，荧光屏的时基线和激励脉冲是被同时触发的，即处于同步状态下工作。当探头被激励而向工件发射超声波时，激励脉冲也被反馈至接收电路触发时基电路开始扫描，在时基线的始端出现一个很强的脉冲波，这个波被称为“始波”，用 T 表示；当探头接到底面反射回来的声波时，时基线上右边相应呈现一个表示底面反射的脉冲波，称为“底波”，用 B 表示。如果工件中有缺陷，探头接收到缺陷反射回来的声波时，时基线上相应呈现出一个代表缺陷的脉冲波，称为“缺陷波”，用 F 表示。显然缺陷波所经时间短于底波所经时间。纵波检测原理如图 8-17 所示。

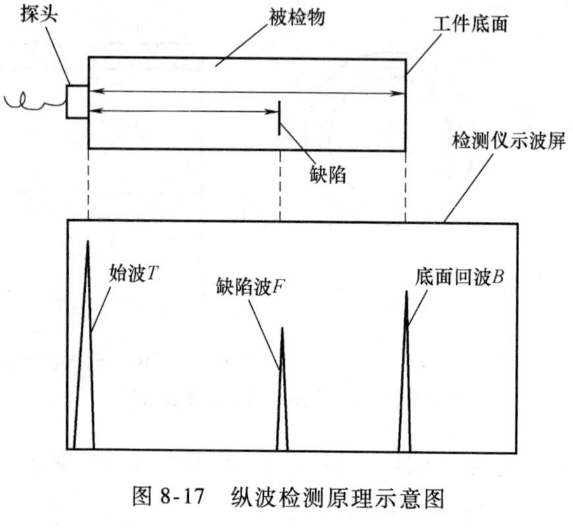

图 8-17　纵波检测原理示意图

2. 斜射检测法

超声波倾斜入射的横波检测主要用于发现垂直于检测面或倾斜较大的缺陷，主要是焊缝的检测。在做斜检测之前，先要按照所选检测标准选择标准规定的试块，对仪器进行调整。

在测定范围做了适当的调整后，探测到缺陷时，从示波屏上显示的探头到缺陷的距离 W 与缺陷位置的关系如图 8-18所示。从图 8-18 中可以看出，横波检测中的位置不仅决定于声程 W，还取决于折射角 θ。所以横波检测中扫描线的调节比纵波要复杂一些，对扫描线的调节，有三种方法即声程调节、水平调节、深度调节。一般对壁厚小于 20mm 的采用水平调节，壁厚大于 20mm 的采用深度调节。声程调节一般用于复杂工件。

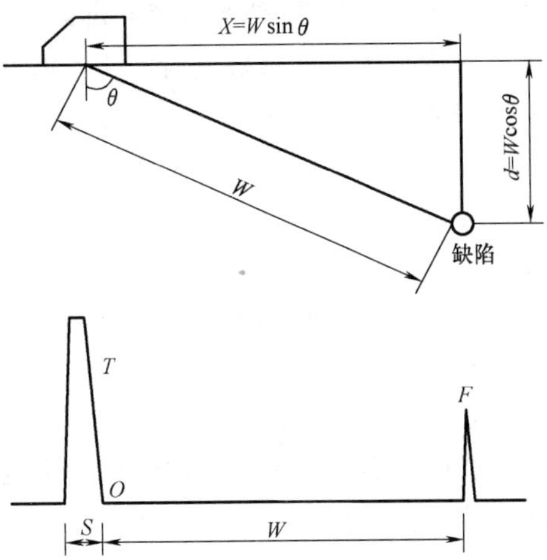

图 8-18 斜射法检测几何关系
S—斜楔中的延迟 W—缺陷声程
X—缺陷水平距离 d—缺陷深度

五、超声波检测方法的分类

1. 按原理分类

超声波检测方法按原理分类，可分为脉冲反射法、穿透法和共振法。

（1）脉冲反射法 超声波探头发射脉冲到被检试件内，根据反射波的情况来检测试件缺陷的方法。脉冲反射法包括缺陷回波法、底波高度法和多次底波法。

1）缺陷回波法。根据仪器示波屏上显示的缺陷波形进行判断的方法，该方法是反射法的基本方法。

2）底波高度法。当试件的材质和厚度不变时，底面回波高度基本不变。如果试件内存在缺陷，底面回波高度会下降甚至消失。这种根据底面回波的高度变化判断试件缺陷情况的检测方法，称为底波高度法。此种方法的特点在于同样投影大小的缺陷可以得到同样的指示，而不出现盲区，但要求被测试件的探测面与底面平行，耦合条件一致。由于该方法检出缺陷定位定量不便，灵敏度较低，因此实用中很少作为一种独立的检测方法，而经常作为一种辅助手段，配合缺陷回波法发现某些倾斜的和小而密集的缺陷。

3）多次底波法。当透入试件的超声波能量较大，而试件厚度较小时，超声波可在探测面与底面之间往复传播多次，示波屏上出现多次底波。如果试件存在缺陷，则由于缺陷的反射以及散射而增加了声能的损耗，底面回波次数减少，同时也打乱了各次底面回波高度依次衰减的规律，并显示出缺陷回波。这种依据底波回波次数判断试件有无缺陷的方法，即为多次底波法。多次底波法主要用于厚度不大、形状简单、检测面与底面平行的试件检测，缺陷检出的灵敏度低于缺陷回波法。

（2）穿透法 穿透法是依据脉冲波或连续波穿透试件之后的能量变化来判断缺陷情况的一种方法。穿透法常采用两个探头，一个作发射用，一个作接收用，分别放置在试件的两侧进行探测。

（3）共振法　若声波（频率可调的连续波）在被检工件内传播，当试件的厚度为超声波半波长的整数倍时，将引起共振，仪器显示出共振频率，用相邻的两个共振频率之差，计算试件厚度。

$$\delta = \lambda/2 = C/2f_0 = C/2(f_m - f_{m-1})$$

式中 f_0——工件的固有频率；

f_m、f_{m-1}——相邻两共振频率；

C——被检试件的声速；

λ——波长；

δ——试件厚度。

当试件内存在缺陷或工件厚度发生变化时，将改变试件的共振频率。依据试件的共振特性，来判断缺陷情况和工件厚度变化情况的方法称为共振法。共振法常用于试件测厚。

2. 按波形分类

根据检测采用的波形，可分为纵波法、横波法、表面波法、板波法等。

（1）纵波法　使用直探头发射纵波进行检测的方法称为纵波法。此法波束垂直入射至试件探测面，以不变的波形和方向透入试件，所以又称为垂直入射法。

（2）横波法　将纵波通过楔块、水等介质倾斜入射至试件探测面，利用波形转换得到横波进行检测的方法，称为横波法。此方法主要用于管材、焊缝的检测。

（3）表面波法　使用表面波进行检测的方法称为表面波法。这种方法主要用于表面光滑的试件。

（4）板波法　使用板波进行检测的方法称为板波法。主要用于薄板、薄壁管等形状简单的试件检测。板波充塞于整个试件，可以发现内部和表面的缺陷。但是检出灵敏度除取决于仪器工作条件外，还取决于波的形式。

3. 按探头数目分类

（1）单探头法　使用一个探头兼作发射和接收超声波的检测方法称为单探头法。单探头法操作方便，大多数缺陷可以检出，是目前最常用的一种方法。

（2）双探头法　使用两个探头（一个发射、一个接收）进行检测的方法称为双探头法。主要是用于发现单探头法难以检出的缺陷。双探头法可以分为并列式、交叉式、V形串列式、K形串列式、串列式等。

（3）多探头法　使用两个以上的探头成对地组合在一起进行检测的方法称为多探头法。多探头法的应用，主要是通过增加声束来提高检测速度或发现各种取向的缺陷。通常与多通道仪器和自动扫描装置配合。

4. 按探头接触方式分类

依据检测时探头与试件的接触方式，可分为接触法与液浸法。

（1）直接接触法　探头与试件探测面之间涂有很薄的耦合层，因此可以看作为两者直接接触，这种检测方法称为直接接触法。此方法操作方便，检测图形较简单，判断容易，检出缺陷灵敏度高，是实际检测中应用最多的方法。但是，直接接触法检测的试件，要求检测面粗糙度较低。

（2）液浸法　将探头和工件浸于液体中以液体作耦合剂进行检测的方法称为液浸法。耦合剂可以是水，也可以是油。当以水为耦合剂时，称为水浸法。液浸法检测，探头不直接接触试件，所以此方法只适用于表面粗糙的试件，探头也不易磨损，耦合稳定，探测结果重复性好，便于实现自动化检测。液浸法按检测方式不同又分为全浸没式和局部浸没式。

六、检测仪的调节

在实际检测中，为了在确定的探测范围内发现规定大小的缺陷，并对缺陷定位和定量，就必须在探测前调节好仪器的扫描速度和灵敏度。

1. 扫描速度的调节

仪器示波屏上时基扫描线的水平刻度值与实际声程（单程）的比例关系，即称为扫描速度或时基扫描线比例。检测前应根据探测范围来调节扫描速度，以便在规定的范围内发现缺陷度对缺陷定位。

2. 检测灵敏度的调节

检测灵敏度是指在确定的声程范围内发现规定大小缺陷的能力，一般根据产品技术要求或有关标准确定。可通过调节仪器上的增益、衰减器、发射强度等灵敏度旋钮来实现。高速检测灵敏度的目的在于发现工件中规定大小的缺陷，并对缺陷定量。

七、缺陷位置的测定

超声波检测中缺陷位置的测定是确定缺陷在工件中的位置，简称定位。一般可根据示波屏上缺陷波的水平刻度与扫描速度来对缺陷定位。

1. 纵波（直探头）检测时缺陷定位

仪器按照 1：n 调节纵波扫描速度，缺陷波前沿所对的水平刻度值为 τ_f、测缺陷至探头的距离 x_f 为：

$$x_f = n\tau_f$$

若探头波束轴线不偏离，则缺陷正位于探头中心轴线上。

例如用纵波直探头检测某工件，仪器按 1:2 调节纵波扫描速度，检测中示波屏上水平刻度值 70mm 处出现一缺陷波，那么此缺陷至探头的距离 x_f：

$$x_f = n\tau_f = 2 \times 70 = 140\ (\text{mm})$$

2. 横波检测平面时缺陷定位

横波检测平面时，波束轴线在探测面处发生折射，工件中缺陷的位置由探头的折射角和声程确定或由缺陷的水平和垂直方向的投影来确定。由于横波扫描速度可按声程、水平、深度来调节，因此缺陷定位的方法也不一样。下面分别加以介绍。

（1）按声程调节扫描速度时　仪器按声程 1∶n 调节横波扫描速度，缺陷波水平刻度为 τ_f。一次波检测时，如图 8-19 所示，缺陷至入射点的声程为 x_f，如果忽略横线孔直径，则缺陷在工件中的水平距离和深度为：

$$l_f = x_f \sin\beta = n\tau_f \sin\beta$$

$$d_f = x_f \cos\beta = n\tau_f \cos\beta$$

二次波检测时，如图 8-20 所示，缺陷至入射点的声程为 x_f，则缺陷在工件中的水平距离和深度为：

$$l_f = x_f \sin\beta = n\tau_f \sin\beta$$

$$d_f = 2T - x_f \cos\beta = 2T - n\tau_f \cos\beta$$

式中　T——工件厚度；

β——探头横波折射角；

l_f——缺陷在工件中的水平距离；

d_f——缺陷在工件中的深度。

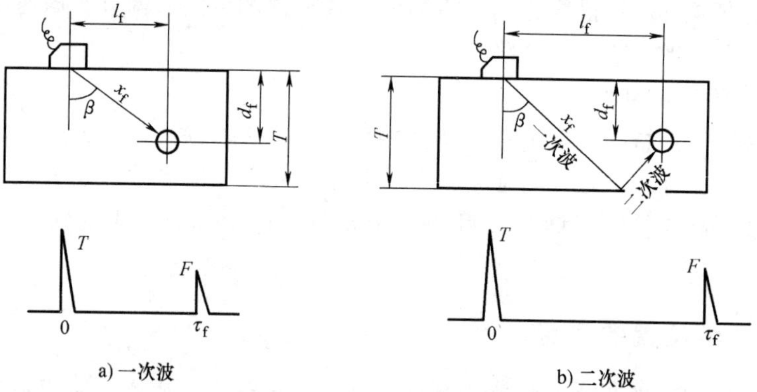

图 8-19　横波检测缺陷定位

（2）按水平调节扫描速度时　仪器按水平距离 1∶n 调节横波扫描速度，缺陷波的水平刻度值为 τ_f，采用 K 值探头检测。一次波检测时，缺陷在工件中的水平距离和深度为：

$$l_f = n\tau_f$$

$$d_f = l_f/K = n\tau_f/K$$

二次波检测时，缺陷波在工件中的水平距离和深度为：

$$l_f = n\tau_f$$

$$d_f = 2T - l_f/K = 2T - n\tau_f/K$$

例如：用 $K2$ 横波斜探头检测厚度 $T = 15$mm 的钢板焊缝，仪器按水平 1∶1 调节横波扫描速度，检测中在水平刻度 $\tau_f = 45$ 处出现一缺陷波，求此缺陷的位置。

由于 $KT = 2 \times 15 = 30$，$2KT = 60$，$KT < \tau_f = 45 < 2KT$，因此可以判定此缺陷是二次波发现的，那么缺陷在工件中的水平距离和深度为：

$$l_f = 1 \times 45 = 45\ (\text{mm})$$

$$d_f = 2T - n\tau_f/K = 2 \times 15 - 45/2 = 7.5\ (\text{mm})$$

（3）按深度调节扫描速度时　仪器按深度 1∶n 调解横波扫描速度，缺陷波的水平刻度值为 τ_f，采用 K 值探头检测。一次波检测时，缺陷在工件中的水平距离和深度为：

$$l_f = Kn\tau_f$$

$$d_f = n\tau_f$$

二次波检测时缺陷在工件中的水平距离和深度为：

$$l_f = Kn\tau_f$$

$$d_f = 2T - n\tau_f$$

例如：用 $K1.5$ 横波斜探头检测厚度 $T = 30\text{mm}$ 的钢板焊缝，仪器按深度 1∶1 调节横波扫描速度，检测中在水平刻度 $\tau = 40$ 处出现一缺陷波，求此缺陷位置。

由于 $T < \tau_f < 2T$，因此可以判定此缺陷是二次波发现的，缺陷在工件中的水平距离和深度为：

$$l_f = Kn\tau_f = 1.5 \times 1 \times 40 = 60\ (\text{mm})$$

$$d_f = 2T - n\tau_f = 2 \times 30 - 1 \times 40 = 20\ (\text{mm})$$

八、缺陷大小的测定

缺陷定量包括确定缺陷的大小和数量，而缺陷的大小指缺陷的面积和长度。目前，在工业超声波检测中，对缺陷定量的方法很多，但均有一定的局限性，常用的定量方法有当量法、底波高度法和测长法三种。当量法和底波高度法用于缺陷尺寸小于声束截面的情况，测长法用于缺陷尺寸大于声束截面的情况。

1. 当量法

当量法确定的缺陷尺寸是缺陷的当量尺寸，常用的当量法有当量试块比较法、当量计算法和当量 AVG 曲线法。

（1）当量试块比较法　当量试块比较法是将工件中的自然缺陷回波与时空上的人工缺陷回波进行比较来对缺陷定量的方法。此法的优点是直观易懂，当量概念明确，定量比较稳妥可靠。但成本高，操作也较繁琐，很不方便。所以此法应用不多，仅在 $x < 3N$ 的情况下或特别重要零件的精确定量时应用。

（2）当量计算法　当 $x > 3N$ 时，规则反射体的回波声压变化规律基本符合理论回波声压公式，当量计算法就是根据检测中测得的缺陷波高的 dB（超声波波幅）值，利用各种规则反射体的理论回波声压公式进行计算来确定缺陷当量尺寸的定量方法。

（3）当量 AVG 曲线法　当量 AVG 曲线法是利用通用 AVG 或实用 AVG 曲线来确定工件中缺陷的当量尺寸。

2. 底波高度法

底波高度法是利用缺陷底波与底波的相对高度来衡量缺陷的相对大小。

3. 测长法

测长法是根据缺陷波高与探头移动距离来确定缺陷的尺寸。

九、中厚板对接焊缝超声波检测

1. 探测面的修整

工件表面状况的好坏直接影响检测结果。因此，应清除焊接工件表面飞溅物、氧化皮、凹坑及锈蚀等。一般是用砂轮机、锉刀、喷砂机、钢丝刷、磨石、砂纸等对检测面进行修整，表面粗糙度 Ra。一般不大于 6.3μm。

焊缝两侧检测面的修整宽度 P 一般根据母材的厚度确定。厚度为 8 ~ 46mm 的焊缝采用二次波检测，检测面修整宽度为

$$P_1 \geqslant 2KT + 50\ (\text{mm})$$

厚度大于 46mm 的焊缝采用一次波检测，检测面修整宽度为

$$P_2 \geqslant 2KT + 50\ (\text{mm})$$

式中 K——探头的 K 值；

T——工件厚度。

2. 耦合剂的选择

在焊缝检测中，常用的耦合剂有机油、甘油、浆糊、润滑脂和水等。实际检测中用的最多的是机油与浆糊。从耦合效果看，浆糊同机油差别不大，不过浆糊有一定的黏性，可用于任意姿势的检测操作，并具有较好的水洗性。用于垂直面或顶面检测具有独到的好处。

3. *K* 值选择

探头 K 值的选择应从以下三个方面考虑：

1）使声束能扫查到整个焊缝截面。

2）使声束中心线尽量与主要危险性缺陷垂直。

3）保证有足够的检测灵敏度。

一般的焊缝都能满足使声束扫查整个焊缝截面。只有当焊缝宽度较大、K 值选择不当时才会出现扫查不到的情况。

检测时要注意，K 值常因工件中的声速变化和探头的磨损而产生变化，所以检测前必须在试块上实测 K 值，并在以后的检测中经常校验。实际检测中，常利用 CSK-IA 试块来测定探头的 K 值。

4. 探测方向的选择

（1）纵向缺陷　为了发现纵向缺陷，常采用以下三种方式进行探测。

1）板厚 $T = 8 \sim 46\text{mm}$ 的焊缝，以一种 K 值探头用一、二次波在焊缝单面双侧进行探测。

2）板厚为 $46 < T \leqslant 100$mm 的焊缝，以一种或两种 K 值探头用一次波在焊缝双面双侧进行探测。

3）板厚 $T \geqslant 100$mm 的焊缝，以一种或两种 K 值探头用一次波在焊缝双面双侧进行探测外，还应该用 $K1.0$ 探头在焊缝单面双侧进行串列式探测。

（2）横向缺陷　为了发现横向缺陷，常采用以下两种方式探测。

1）在已磨平的焊缝及热影响区表面以一种（或两种）K 值探头用一次波在焊缝两面作正、反两个方向的全面扫查。

2）用一种（或两种）K 值探头的一次波在焊缝两面双侧作斜平行探测。声束轴线与焊缝中心线夹角小于 10°。

5. 灵敏度的确定

按检测标准用标准试块调节所需的检测灵敏度。

6. 进行粗检测和精检测

为了大概了解缺陷的有无和分布状态，以较高的灵敏度进行全面扫查，称粗检测。对粗检测发现的缺陷进行定位、定量、定性，就是精检测。

7. 填写检测报告

根据检测标准，对检测结果进行分级、评定，写出检测报告。

十、管道的全自动超声波检测（AUT）

1. 全自动超声波的特点

现在在用的全自动超声波检测设备有聚焦回声超声波检测系统和相控阵超声波检测系统。

（1）全自动相控阵超声波检测的优点

1）适用于检测结构复杂的工件。

2）检测速度快。

3）检测灵活性更强。

4）探头尺寸更小。

5）适用于难以接近部位的检测。

6）由于相控阵系统探头少、机械部件少使系统成本降低。

（2）全自动相控阵超声波检测的局限性

1）新技术：技术含量高，不易被人接受，推广中有阻力。

2）设置比较复杂：调试困难，但一旦设置好，就能很容易地修改和调整。

2. 全自动超声波检测原理

全自动超声波检测方法就是将焊缝沿厚度方向分成若干个分区，每个分区用两个通道检测，检测系统必须具有足够多的通道。每个分区用一对或两对聚焦探头检测熔合线上的缺欠，体积型缺欠用非聚焦探头检测。检测结果以图像形式显示，分为 A 扫描、B 扫描及 TOFD 等三种显示方式。扫查器在管道环向自动声耦合、自动扫查，即可对整个焊缝厚度方向的分区进行全面检测，自动将检测结果和声耦合显示在图像上。

从超声波的原理来看，全自动超声波检测采用脉冲反射法，也就是超声波探头发射脉冲波到被检试件内，根据反射波的情况来检测试件缺欠的方法；从探头接触方式来看，全自动超声波检测采用直接接触法，就是将探头与试件探测面之间涂有很薄的耦合剂，因此可以看作为两者直接接触。

从波形来看，全自动超声波检测采用横波和纵波；从探头（或晶片）数量来看，全自动超声波检测采用多探头（或多晶片）法，即采用了自发自收式的检测方法，也采用了串列扫查式的检测方法。在这两点上，全自动超声波完全不同于手动超声波，这也就是全自动超声波具有独特的先进性之处。

3. 长输管道全自动超声波检测

（1）检测设备　全自动超声波检测设备有聚焦回声全自动超声波检测系统（多通道检测系统）和相控阵检测系统。聚焦回声全自动超声波检测系统是相控阵超声波检测系统的前身，已经在世界范围内经过了多年的实践检验，有较好的使用经历。相控阵超声波检测系统是在聚焦回声全自动超声波检测系统的基础上发展而来，是近几年才发展起来的一种全自动超声波检测设备，它比声聚焦系统更先进，代表了全自动超声波检测发展的方向。

相控阵系统包括数据采集单元、电机驱动和控制单元、工业计算机、计算机软件、扫查器、耦合及供水单元、轨道、校准试块等。其基本原理是在断裂力学（ECA）的基础上，采用区域划分法，将焊缝分成垂直方向上的若干个区，再由电子系统控制相控阵探头实现动态聚焦，对试件进行分区扫查。检测结果以双门带状图（A扫描）的形式显示，再辅以TOFD（衍射时差法）和体积通道（B扫描）功能，对焊缝进行分析、判断。图8-20所示为相控阵超声波检测设备中的扫查模块（包括探头系统、驱动系统、耦合系统）。

图8-20　相控阵超声波检测设备中的扫查模块（包括探头系统、驱动系统、耦合系统）

（2）参考试块制备　参考试块是依据被检焊接接头坡口参数制作的，用于调整系统基准灵敏度、校验系统性能的对比试块。

1）试块制作原则

① 试块主要用于检测定位、确定基准灵敏度、鉴定野外检测系统并监视系统的运行状况。

② 为了保证试块中的声速与被检管材中的声速一致，试块的材料应从被检管材上截取一段，加工后安装到模板上，以便现场使用。如无法从被检管材上截取，应保证试块材料与受检材料的声速差不应超过 ±50m/s。

③ 业主应向检测公司提供检测项目的焊接工艺及试块的附加要求。试块的设计图样应由检测公司提供并经业主认可。

④ 根据焊缝坡口形式及焊接填充次数来分区，每个区高度一般为 2～3mm，设置两个对应的人工反射体，用来调节灵敏度和缺陷定位，这两个反射体对该区反射体来讲，称为主反射体（邻近区反射体对该反射体来讲，称为临近反射体）。焊缝两侧各用一组探头来完成一个区的检测。

⑤ 人工反射体在深度方向的布置应使显示信号达到独立的程度，但邻近区反射体不得互相干扰。

2）试块设计的基本原理。区域划分法是根据所要检测的试件厚度、坡口形式、填充次数、焊接中可能会产生的缺陷性质将焊缝分成几个区域，每个区域的高度为 1～3mm，它的具体高度由几何尺寸和位置来决定，波束的角度是按照所要检出缺陷的方向来设置的，在自动焊中主要产生的缺陷是坡口未熔合，所以聚焦声束折射角设置的原则是使聚焦声束尽量垂直于熔合线，在熔合线处波束焦点尺寸一般为 2mm 或更小，由于波束足够小，它们可以有效地检测各自的区域，而且使波束在校准试块邻近区域反射体上的重叠最小化，对于不能采用脉冲反射法的填充层（如 CRC 坡口和双 V 坡口形式的填充层），采用一发一收的检测方法，发射角度和接收角度在 40°～70°之间，且接收角度 = 发射角度 +2θ（2θ 角为扩散角，即为声束两侧扩散的角度）。

3）试块设计图。试块上人工反射体的布置如图 8-21 所示。

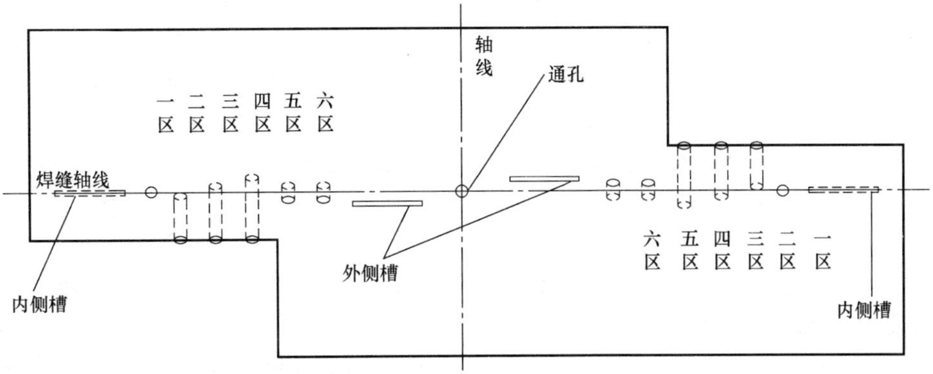

图 8-21　试块上人工反射体的布置

4）试块加工。经业主批准后的试块加工图被送到加工厂进行加工，经技术监督部门验收合格后送到检测现场。

5）试块验收。现场对试块进行调试，可以比较容易地调出标准调校图的试块为合格试块。

（3）检测准备

1）焊缝受检表面探头移动区域的宽度一般为焊缝两侧各不小于150mm，探头移动区域内不得有飞溅、锈蚀、油污、氧化层、环氧粉末等杂质。焊缝两侧各150mm范围内的螺纹焊缝应用机械方法打磨至与母材平齐，打磨后焊缝余高应不大于0.5mm，且与母材圆滑过渡。

2）每条焊缝应有编号和标记，在平焊位置应有起始标记和扫查方向标记，起始标记用“0”表示，扫查方向标记用箭头表示，通常沿介质流动方向顺时针用记号笔划定。

3）焊接之前必须在管子受检表面划参考线，参考线距焊缝中心线一般不小于40mm。建议在焊缝的上下游均划参考线，这样做的益处有两个：一是可以更精确地找准焊缝坡口中心，不受对口间隙精度的影响，因为焊缝坡口中心到两边参考线的距离总是相等的；二是如果下游参考线因为锈蚀或其他原因变得模糊或消失，可以根据上游参考线安装轨道。

4）AUT检测一般选用水做耦合剂，当气温在零度以下时可采用乙醇和水的溶液。试块调试和检测时使用的耦合剂要保持一致。

4. 检测系统调试

（1）调试时机　在每次检测前和检测结束时均应对系统进行调试，在检测过程中，如无特殊规定每10道口或2h标定一次（以时间短者为准）。标定时出现的主要问题是“温度”，试块和焊缝之间的温差不应大于±10℃。

（2）基本原则

1）本检测系统是将焊缝沿厚度方向近似相等地分成几个区，分别覆盖根焊区、热焊区、填充区和盖面区，每个区用一对探头检测。要实现在管子上移动一周完成对整条焊缝中各个分区的检测，则应对每个区进行调试和总体调试。

2）探头位置和基本灵敏度的确定。固定扫查器调整探头的位置，使每组探头对应的反射信号均达到峰值，并将每组探头的峰值信号波幅调至80%作为基准灵敏度。

3）闸门的设置起始位置在焊缝坡口前5mm，终止位置在过焊缝中心线1mm，同时使用波幅和时间门。

4）一般波幅门电平5%，时间门电平20%，记录电平设为40%（根据ASTM E-1961，直径2mm平底孔调到80%）。

5）扫查速度设置遵循以下规律：

$$V_c \leqslant W_c \cdot PRF/3$$

式中　W_c——探头在检测有效距离处的最窄声束宽度（用半波高度法测量）；

PRF——表示探头的有效脉冲重复频率。

6）检测系统的总体调试。系统参数选定后，用与现场扫查相同的速度对试块上每个反射体进行调试。

5. 现场检测

现场检测要求如下：

1）每班检测前，利用试块进行标定，每个主反射体的波幅应为满幅度的80%。

2）在检测过程中每隔2h或检查完10道口之后（以时间短者为准）以及检测工作结束后，利用试块进行校验，每个主反射体信号应在70%～99%之间。若主反射体的信号低于70%，应对其检测过的焊缝重新检测，若主反射体的信号高于99%，应对其检测结果重新评价。

3）圆周位置的精度应在开工之前及每隔一个月校验一次，扫查器上编码器的零点与管子上零位置重合，扫查至1/4、1/2和3/4圆周位置时，显示器上显示的编码位置应与管道上的位置相对应，其误差为±10mm，否则应重新定位。

4）耦合剂监测显示耦合不良时应对耦合不良的区域及时处理并重新检测。

5）当探头楔块温差变化超过10℃时，整个系统应重新调试。

6. 数据判读

1）全自动超声波检测信息分为三种显示，一为带状图（A扫描），二为体积通道（B扫描），三为TOFD（衍射时差法），带状图主要显示面积型缺欠（裂纹除外），体积通道主要显示体积型缺欠，TOFD主要显示裂纹和表面开工缺欠以及证实其他通道显示缺欠的真实性。

2）对缺欠的评定应综合以下信息：焊接工艺、焊接位置、缺陷在带状图、TOFD、体积通道上显示的信息（缺陷所处的周向位置和深度位置，缺陷所处的门位，缺陷所处的通道位置，缺陷的长度、形状、波幅等），必要时也可采用其他检测方法验证，如采用RT检测、跟踪缺陷的返修等。

3）图8-22所示是一张标准的焊缝扫查图，各种显示如图所示，对缺欠的判定可以单独通过带状图、体积通道和TOFD，也可以由两个或三个通道共同判定。在带状图中从左向右依次显示了各通道的信息，通过监测带状图中的信息，可以准确快速地判断出检测程序是否合乎标准要求，系统运行状态是否正常，并且快速对焊缝质量做出评定。对缺陷的评定应根据标准的规定判定缺陷的性质、缺陷的自身高度及长度等信息。

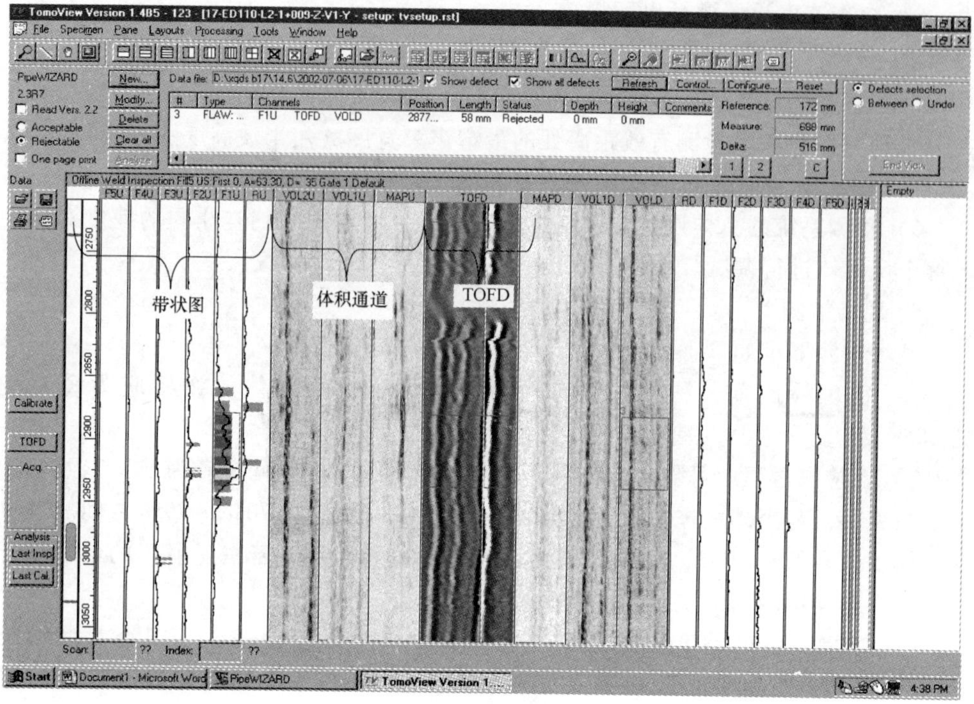

图 8-22　各显示通道

第四节　焊缝的强度和严密性试验

焊缝强度试验的目的是检验管道焊缝及管体的强度是否满足要求。强度试验的压力高，但时间短，其是为了保证在压力急升等突发情况下管道的承受能力。严密性试验的目的是检验管道焊缝、法兰等部位是否有泄漏。严密性试验压力低，但时间长，因为有些细小的泄露是需要长时间才能发现的。强度试验和严密性试验的最终目的主要是保障管线持久安全运行，避免管道运行期间发生重大爆破性事故。

长输管道强度和严密性试验执行 GB 50369—2014《油气长输管道工程施工及验收规范》规定。

一、一般规定

1）石油天然气长输管道在下沟回填后应清管、测径及试压，清管、测径及试压应分段进行。

2）河流大中型穿跨越和铁路、高速公路、二级及以上公路穿越的管段应单独进行试压。

3）分段试压合格后，连接各管段的连头焊缝应进行 100% 超声检测和射线检测，不再进行试压，预制件及连头管段应在安装之前预先试压。经单独试压的线路截断阀及其他设备可不与管线一同试压。

4）试压中如有泄漏，应泄压后修补，修补合格后应重新试压。

5）管道清管、测径及试压施工前，应编制施工方案，制定安全措施，应考虑施工人员及附近公众及设施的安全。清管、测径及试压作业应统一指挥，并配备必要的交通工具、通信及医疗救护设备。

6）试压介质的选用应符合下列规定：①输油管道试压介质应采用水，在高寒、陡坡等特殊地段，经设计校核可采用空气作为试压介质，但管材必须满足止裂要求。试压时必须采取防爆安全措施；②输气管道位于一、二级地区的管段宜用水作试压介质，在高寒、陡坡等特殊地段可采用空气作试压介质；③输气管道位于三、四级地区的管段应采用水作试压介质；④管道试压水质应使用洁净水。

7）试压装置，包括阀门和管道应经试压检验合格后方能使用。现场开孔和焊接应符合压力管道安装有关标准的规定。试压装置与主管连接口应进行全周长射线检测，合格级别与主管线相同。

二、清管、测径

分段试压前，应按相应要求清管、测径。

三、水压试验

1）水压试验应符合现行国家标准《液体石油管道压力试验》GB/T 16805—2009 的有关规定。

2）分段水压试验的管段长度不宜超过 35km，应根据该段的纵断面图，计算管道低点的静水压力，核算管道低点试压时所承受的环向应力，其值不应大于管材最低屈服强度的 9/10，对特殊地段经设计允许，其值最大不得大于 0.95 倍。试验压力值的测量应以管道最高点测出的压力值为准，管道最低点的压力值应为试验压力与管道液位高差静压之和。

3）试压充水宜加入隔离球，并在充水时采取背压措施，以防止空气存于管内，隔离球可在试压后取出。应避免在管线高点开孔排气。压力试验宜在 24h 后进行，以缩小温度差异。

4）输油管道分段水压试验时的压力值、稳压时间及合格标准应符合表 8-2 的规定。

表 8-2　输油管道分段水压试验时的压力值、稳压时间及合格标准

分　类		强度试验	严密性试验
输油管道一般地段	压力值/MPa	1.25 倍设计压力	设计压力
	稳压时间/h	4	24

（续）

分类		强度试验	严密性试验
输油管道大中型穿、跨越及管道通过人口稠密区	压力值/MPa	1.5 倍设计压力	设计压力
	稳压时间/h	4	24
合格标准		无变形、无泄漏	压降不大于1%试验压力值，且不大于0.1MPa

5）输气管道分段水压试验时的压力值、稳压时间及合格标准应符合表 8-3 的规定。

表 8-3　输气管道分段水压试验时的压力值、稳压时间及合格标准

分类		强度试验	严密性试验
一级地区输气管道	压力值/MPa	1.1 倍设计压力	设计压力
	稳压时间/h	4	24
二级地区输气管道	压力值/MPa	1.25 倍设计压力	设计压力
	稳压时间/h	4	24
三级地区输气管道	压力值/MPa	1.4 倍设计压力	设计压力
	稳压时间/h	4	24
四级地区输气管道	压力值/MPa	1.5 倍设计压力	设计压力
	稳压时间/h	4	24
合格标准		无变形、无泄漏	压降不大于1%试验压力值，且不大于0.1MPa

6）架空输气管道采用水压试验前，应核算管道及其支撑结构的强度，必要时应临时加固，防止管道及支撑结构受力变形。

7）试压宜在环境温度5℃以上进行，当不能满足时，应采取防冻措施。

8）试压合格后，应将管段内积水清扫干净，山区清扫时应采取背压等措施，清扫出的污物应排放到规定区域，清扫以不再排出游离水为合格。

四、气压试验

1）分段气压试验的管段长度不宜超过 18km。

2）试压用的压力表应经过校验，并应在有效期内。压力表准确度应不低于 1.6 级，量程为被测最大压力的 1.5～2 倍，表盘直径不应小于 150mm，最小刻度应能显示 0.05MPa。试压时的压力表应不少于两块，分别安装在试压管段的两端。稳压时间应在管段两端压力平衡后开始计算。试压管段的两端应各安装 1 支温度计，且避免阳光直射，温度计的最小刻度应小于或等于 1℃。

3）试压时的升压速度不宜过快，压力应缓慢上升，每小时升压不得超过 1MPa。当压力升至 0.3 倍和 0.6 倍强度试验压力时，应分别停止升压，稳压

30min，并检查系统有无异常情况，如无异常情况继续升压。

4）检漏人员在现场查漏时，管道的环向应力不应超过钢材规定的最低屈服强度的20%；在管道的环向应力首次开始从钢材规定的最低屈服强度的50%提升到最高试验压力，直到又降至设计压力为止的时间内，试压区域内严禁有非试压人员，试压巡检人员应与管线保持6m以上的距离。试压设备和试压段管线50m以内为试压区域。

5）油、气管道分段气压试验的压力值、稳压时间及合格标准应符合表8-4的规定。

表8-4　气压试验压力值、稳压时间及合格标准

分类		强度试验	严密性试验
输油管道	压力值/MPa	1.1倍设计压力	设计压力
	稳压时间/h	4	24
一级地区输气管道	压力值/MPa	1.1倍设计压力	设计压力
	稳压时间/h	4	24
二级地区输气管道	压力值/MPa	1.25倍设计压力	设计压力
	稳压时间/h	4	24
合格标准		不破裂、无泄漏	压降不大于1%试验压力值，且不大于0.1MPa

6）气体排放口不得设在人口居住稠密区、公共设施集中区。

第五节　环焊接头破坏性试验

长输管道工程焊接接头破坏性试验的目的是验证焊接接头的理化与耐蚀性能是否满足使用性能要求，从本质上确保管线安全运行。

长输管道工程环焊接头涉及的破坏性试验内容一般包括：拉伸试验、弯曲试验、刻槽锤断试验、冲击试验、金相检验、硬度试验、焊接接头抗硫化物应力腐蚀开裂（SSC）试验、焊接接头抗氢致裂纹（HIC）试验等。

由于执行的标准不同，试验要求有一定的差异，其中常规的针对焊接接头开展的拉伸试验、弯曲试验、刻槽锤断试验、冲击试验、金相检验、硬度试验具体要求见所执行验收规范中的相关规定，这里仅对上述提到的其他试验进行简要的介绍。

一、焊接接头抗应力腐蚀（SSC）试验

1. 试件的制备

从环焊缝立焊（时钟3点或9点）位置上截取试块。

2. 试验方法

按标准NACE TM 0177标准中B法——弯梁法（即三点弯曲法）和ASTM

G39—1994 四点弯曲试验方法执行。

（1）三点弯曲试验方法　试验试样按 NACE TM 0177 标准中 B 法——弯梁法（即三点弯曲法）的规定进行取样加工。试验温度为（24 ± 3)℃，试验周期为 720h，试验溶液为标准溶液。即含 0.5% 醋酸的饱和硫化氢去氧蒸馏水溶液。若试验周期为 72h，溶液为含 5% 氯化钠、0.5% 醋酸的饱和硫化氢去氧蒸馏水溶液，要求：三点弯曲试件的临界应力值应大于 $15 \times 10^4 lb/in^2$（≈1033.5MPa），否则认为不合格。

（2）四点弯曲试验方法　试验试样按 ASTM G39—1994 标准的规定进行取样加工。试验应力为 72% σ_s，试验温度为（24 ± 3)℃；试验周期为 96h。试验溶液为 NACE TM 0177 标准溶液，即含 5% 氯化钠，0.5% 醋酸的饱和硫化氢去氧蒸馏水溶液。要求：四点弯曲试件在加 0.72σ_s 倍的载荷下，不断裂为合格。

二、焊接接头抗氢致裂纹（HIC）试验

1. 试样准备

从环焊缝立焊（3 点或 9 点）位置上截取试验试块。

2. 试验方法

按照 NACE TM 0284－96 “管线和压力容器用钢抗氢致裂纹的评价标准试验方法”进行。

3. 试验条件

试验溶液采用 NACE TM-0284－96 的 A 溶液，即饱和 H_2S + 5% NaCl + 0.5% CH_3COOH（体积分数）的溶液。试验温度为（24 ± 3)℃，周期为 96h。

4. 试验装置

HIC 试验装置如图 8-23 所示。

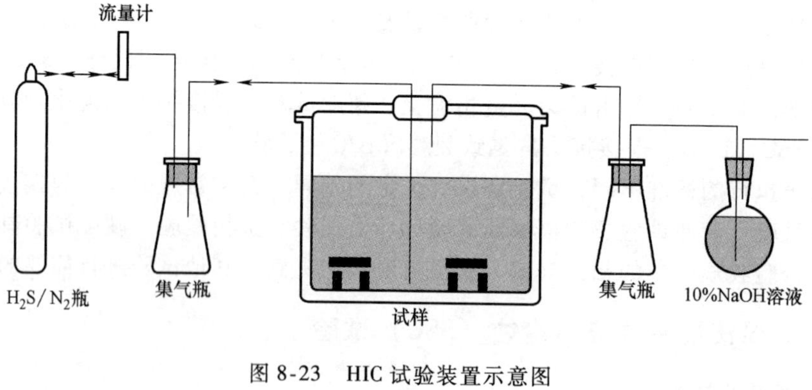

图 8-23　HIC 试验装置示意图

5. 试验步骤

（1）试样制备

1）从每个焊接接头上与焊缝成 90°方向上切取三个试样。

2）每个试样应长（100 ± 1）mm，宽（20 ± 1）mm，试样厚度为管壁厚，内外表面最多只能去掉 1mm。

3）打磨试样的六个表面，最后一道砂纸的粒度为 320 目。用酒精棉球除去试样表面的油污及其他污物。

（2）试样浸泡

1）将试样以宽面直立放在试验容器中，并且用玻璃棒把试样与容器及试样与试样之间隔开。

2）加入人工海水，溶液体积与试样整个表面积的比大于 $3mL/cm^2$。

3）测量溶液的 pH 值。

4）加液后，立即从密封的试验容器底部附近通入氮气，驱除溶液中的氧气，通气时间至少为 1h，通气速度为每升溶液每分钟至少 100mL。

5）驱除空气后，通入 H_2S 气体。开始的 60min 内 H_2S 气体的通气速度为每升溶液每分钟至少 20.0mL，此后调整 H_2S 气体的通气速度，以保持溶液为饱和浓度。

6）试验结束后测量溶液的 pH 值。

7）取出试样，采用去污剂、刷子进行清洗除去腐蚀产物和沉积物。

8）按图 8-24 对试样进行切割。

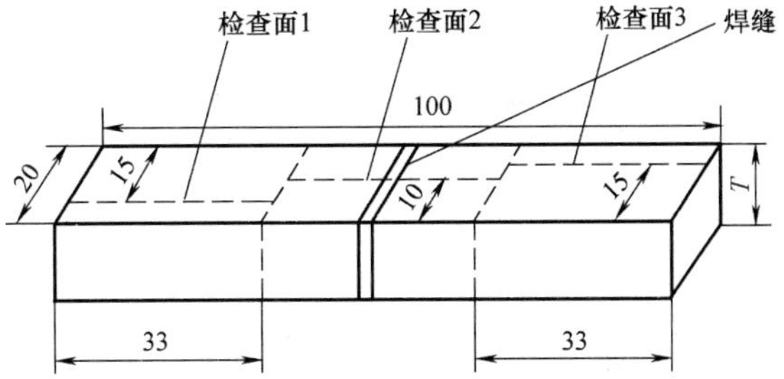

图 8-24　试样切割图

9）对每个试样的三个检查面（见图 8-24）进行金相抛光，并在 100 倍显微镜下观察断面，测量裂纹长度和宽度，试样和裂纹尺寸示意图如图 8-25所示，并依据公式（8-1）、（8-2）、（8-3）计算每个试样裂纹率的平均值和每个断面的裂纹率。

裂纹敏感率：
$$CSR = \frac{\sum(a \times b)}{W \times T} \times 100\% \quad (8\text{-}1)$$

裂纹长度率：
$$CLR = \frac{\sum a}{W} \times 100\% \quad (8\text{-}2)$$

裂纹厚度率：
$$CTR = \frac{\sum b}{W} \times 100\% \quad (8\text{-}3)$$

式中　a——裂纹长度（mm）；

b——裂纹厚度（mm）；

W——试样宽度（mm）；

T——试样厚度（mm）。

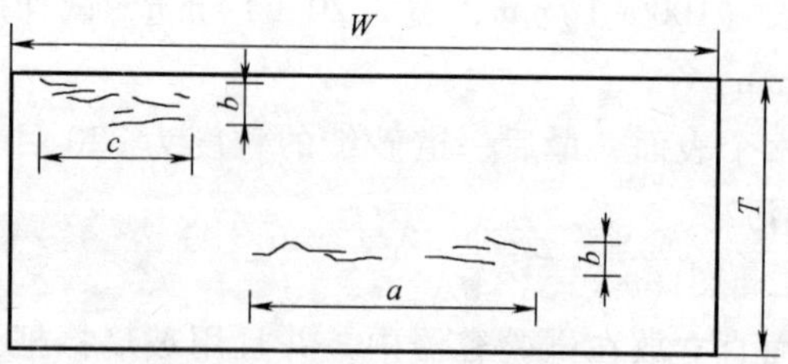

图 8-25 计算 *CSR CLR* 和 *CTR*
时试样和裂纹尺寸示意图

每个试样的平均值应符合以下要求：$CSR \leqslant 1.5\%$，$CLR \leqslant 15\%$，$CTR \leqslant 3\%$。

思 考 题

1. 简述焊接检验包括的主要内容。
2. 常用无损检测方法有哪些？进行无损检测的目的是什么？
3. 简述射线检测的基本原理。
4. 射线防护方法有哪几种？
5. 简述超声波检测的基本原理。
6. 简述磁粉检测的基本原理。
7. 简述渗透检测的基本原理。
8. 简述 GB 50369—2014《油气长输管道工程施工及验收规范》中对水压试验要求。
9. 简述长输管道环焊接头破坏性试验的内容及试验目的。

第九章 射线照相底片评定

射线照相底片评定是射线照相最后一道工序，也是最重要的一道工序。通过底片评定可以获得缺陷的有无、性质、数量、尺寸及分布情况，可以初步判断缺陷可能扩展和张口位移的趋向并依据标准、规范对被检工件的质量做出合格与否的评价，从而为指导和改进被检产品的生产制造工艺，消除质量安全事故隐患，确保产品更为持久安全运行提供有力的技术支持。

第一节 评片工作的基本要求

缺陷是否能够通过射线照相而被检出，取决于若干环节。首先，必须使缺陷在底片上留下足以识别的影像，这涉及照相质量方面的问题。其次，底片上的影像应在适当条件下得以充分显示，以利于评片人员观察和识别，这与观片设备和环境条件有关。第三，评片人员对观察到的影像应能作出正确的分析与判断，这取决于评片人员的知识、经验、技术水平和责任心。

按以上所述，对评片工作的基本要求可归纳为三个方面，即底片质量要求、设备环境条件要求和人员条件要求。

一、底片质量要求

通常，对管道焊缝射线照相底片的质量检查包括以下 5 个项目。

1. 灵敏度检查

灵敏度是射线照相质量诸多影响因素的综合结果。底片灵敏度用像质计测定，即根据底片上像质计影像的可识别程度来定量评价灵敏度的高低。目前国内广泛使用的是丝型像质计，评价底片灵敏度的指标是像质指数，它等于底片上能识别出的最细金属丝的编号。显然，透照给定厚度的工件时，底片上显示的金属丝直径越小，其像质指数越大，底片的灵敏度也就越高。

灵敏度是射线照相底片质量的最重要指标之一，必须符合有关标准的要求。在长输管道工程中执行的射线检测标准一般为 SY/T 4109—2013《石油天然气钢质管道无损检测》，根据不同透照厚度、不同的射线检测技术和不同照相质量等级，规定了必须达到的像质指数见表 9-1。像质计型号的选用见表 9-2。焊缝的母材厚度和透照厚度关系见表 9-3。

表 9-1 像质计灵敏度值

透照厚度 W /mm	要求达到的像质丝号	线直径 /mm	透照厚度 W /mm	要求达到的像质丝号	线直径 /mm
≤6	15	0.125	>20~25	10	0.400
>6~8	14	0.160	>25~32	9	0.500
>8~12	13	0.200	>32~50	8	0.630
>12~16	12	0.250	>50~80	7	0.800
>16~20	11	0.320	>80~120	6	1.000

表 9-2 像质计型号的选用

像质计型号	10/16	6/12
透照厚度 T_A/mm	≤20	>20~80

注：对于双壁单影透照确定像质计型号时，一般按透照部位的厚度计。

表 9-3 焊缝的母材厚度和透照厚度

母材厚度	焊缝余高	透照厚度 T_A/mm	
		单层透照	双层透照(含双壁单影)
T	无	T	$T\times2$
T	单面	$T+2$	$T\times2+2$
T	双面	$T+4$	$T\times2+4$

注：焊缝两侧母材不同时，以薄板计。

对底片的灵敏度检查内容包括：底片上是否有像质计影像，像质计型号、规格、摆放位置是否正确，能够观察到的金属丝像质指数是多少，是否达到了标准规定的要求等。

2. 黑度检查

黑度是射线照相底片质量的又一重要指标，各个射线检测标准对底片的黑度范围都有规定。为保证底片具有足够的对比度，黑度不能太小，但因受到观片灯亮度的限制，底片黑度不能过大。底片黑度用光学密度计测定。底片黑度测定要求：按标准规定，其下限黑度是指底片两端焊缝余高中心位置的黑度，其上限黑度是指底片中部焊缝两侧热影响区（母材）位置的黑度。只有当有效评定区（指搭接标记之间的焊缝和热影响区）内各点的黑度均在规定的范围内方为合格。SY/T 4109—2013《石油天然气钢质管道无损检测》规范规定底片的黑度应符合表 9-4。

表 9-4 底片的黑度范围

射线种类	底片黑度
X 射线	1.8~4.0
γ 射线	2.0~4.0

3. 标记检查

石油天然气钢制管道标记的种类和数量应符合 SY/T 4109—2013《石油天然气钢质管道无损检测》标准和工艺规定。标记由识别标记和定位标记组成。标记宜由适当尺寸的铅（或其他适宜的重金属）制数字、拼音字母和符号等构成。

焊缝透照定位标记包括搭接标记（↑或数字）和中心标记（↑→）。当搭接标记用英文字母或数字表示时，可不用中心标记。小径管透照时，可只用中心标记。工件表面的定位标记，宜沿介质流动方向从平焊位置顺时针用油质记号笔画定。

识别标记至少应包括工程编号、桩号（线位号）、焊缝编号、施工单位代号、壁厚、透照日期等。对小径管透照时，底片上至少应有工程编号、焊缝编号、部位编号和透照日期。返修部位还应有返修标记 R1、R2……（脚码表示返修次数）。

定位标记和识别标记均应在底片适当位置显示，离焊缝边缘应至少 5mm。搭接标记应放于胶片侧。

4. 伪缺陷检查

因透照操作或暗室操作不当，或由于胶片、增感屏质量不好，在底片上留下的缺陷影像，如划痕、折痕、压痕、水迹、斑纹、静电感光、指纹、显影斑纹、霉点、药膜脱落、污染等。上述伪缺陷均会影响评片的正确性，造成漏判和误判，所以底片上有效评定区域内不许有伪缺陷影像。

5. 背散射线检查

背散射检查即“B”标记检查。照相时，在暗盒背面贴附一个“B”铅字标记，观片时若发现在较黑背景上出现“B”字较淡影像，说明背散射严重，应采取防护措施重新拍照；若不出现“B”字或在较淡背景上出现较黑“B”字，则说明背散射防护符合要求。黑“B”字是由于铅字标记本身引起射线散射产生了附加增感，不能作为底片质量判废的依据。

二、环境设备条件要求

1. 环境

要求评片室应独立、通风和卫生，室温不易过高（应备有空调），室内光线应柔和偏暗，室内亮度应在 30cd/m^2 为宜。室内噪音应控制在 <40dB 为佳。在评片前，从阳光下进入评片室应适应评片室内亮度至少为 5 ~ 10min；从暗室进入评片室应适应评片室内亮度至少为 30s。

2. 设备

（1）观片灯　应有足够的光强度，确保透过黑度为≤2.5 的底片后可见光度应为 30cd/m^2，即透照前照度至少应≥3000cd/m^2；透过黑度为 >2.5 的底片后可见光度应为 10cd/m^2，即透照前照度至少应≥3200cd/m^2。亮度应可调，性能稳定，安全可靠，且噪音应 <30dB。观片灯应有足够大的照明区，一般不小于 300mm × 80mm，照明区过小会使人感到观察不方便，实际使用时采用一系列遮光板改变照

明区面积，使其略小于底片尺寸。照射到底片上的光应是散射的，通常用一块漫射玻璃来实现这一要求。

（2）黑度计　应具有读数准确，稳定性好，能准确测量 4.0 以内的透射样品密度，其稳定性分辨力为 +0.02，测量值误差应≤±0.05，光孔径要求 <1.0mm 为佳，黑度计至少每 6 个月校验一次，标准黑度片至少应三年送法定计量单位检定一次。

（3）评片用工具　①放大镜，一般为 2~5 倍，最大不超过 10 倍，评片人可借助放大镜对底片上的缺陷进行细节辨认和微观定性分析，高倍易产生影像畸变而不采用；②评片尺，应有读数准确的刻度，尺中心为“0”刻度，两端刻槽至少应有 200mm，尺上应有 10mm×10mm、10mm×20mm、10mm×30mm 的评定框线；③记号笔，用于在底片上作标记；④手套，避免评片人手指与底片直接接触，产生污痕；⑤文件，提供数据或用于记录的各种规范、标准、图表。

三、评片人员要求

1）经过系统的专业培训，并通过法定部门考核确认具有承担此项工作的能力与资格者，一般要求具有 RT-Ⅱ级资格证书人员担任。

2）具有一定的评片实际工作经验，并能经常到现场参加缺陷返修解剖工作，以丰富自己的评片经验和水平。

3）除了系统地掌握射线检测理论知识外，还应具有一定的焊接、材料及热处理等相关专业知识。应熟悉有关规范、标准，并能正确理解、严格按标准进行评定。

4）评片前应充分了解被评定的工件材质、焊接工艺、接头坡口形式，焊接缺陷可能产生的种类、部位及射线透照工艺情况。

5）具有良好的职业道德，高度的工作责任心。

6）具有良好的视力，射线底片评定人员未经矫正或经矫正的近（距）视力和远（距）视力不应低于 5.0（小数记录值为 1.0），并能读出距离 400mm 处，高 0.5mm、间隔 0.5mm 一组的印刷字母。

第二节　底片影像分析

底片上影像千变万化，形态各异，很难用文字表达清楚，人眼的感官识别只有在大量的观片实践中积累经验，才能对底片上的影像做出正确的判断。底片影像按其来源大致可分为三类：①由缺陷造成的缺陷影像；②由试件外观形状造成的表面几何影像；③由于材料、工艺条件或操作不当造成的伪缺陷影像。对于底片上的每一个影像，评片人员都应能够作出正确解释。影像分析和识别是评片工作的重要环节，也是评片人员的基本技能。

一、焊接缺陷影像

1. 裂纹

底片上裂纹的典型影像是轮廓分明的黑线或黑丝。其细节特征包括：线有微小的锯齿，有分叉，粗细和黑度有时有变化，有些裂纹影像呈较粗的黑线与较细的黑丝相互缠绕状；线的端部尖细，端头前方有时有丝状阴影延伸。裂纹可能发生在焊接接头的任何部位，包括焊缝和热影响区。

各种裂纹的影像差异和变化较大，因为裂纹影像不仅与裂纹自身形态有关，而且与射线能量、工件厚度、透照角度、底片质量等许多因素有关。例如，透照时射线束方向与裂纹深度方向平行，得到的裂纹影像是一条黑线，随着透照角度逐渐增大，黑线将变宽，同时黑度变小，透照角度更大时，可能只出现一条模糊的宽带阴影，完全失去了裂纹影像特征。又例如，薄板焊缝的裂纹影像比较清晰，各种细节特征可以显示出来，而当透照厚度增加后，细节特征可能有一部分丧失，甚至完全消失，影像将发生很大的变化。所以在影像分析时，要注意各种因素对裂纹影像变化的影响。

2. 未熔合

根部未熔合的典型影像是一条细直黑线，线的一侧轮廓整齐且黑度较大，为坡口钝边痕迹，另一侧轮廓可能较规则也可能不规则。根部未熔合在底片上的位置应是焊缝根部的投影位置，一般在焊缝中间，因坡口形状或投影角度等原因也可能偏向一边。

坡口未熔合的典型影像是连续或断续的黑线，宽度不一，黑度不均匀，一侧轮廓较齐，黑度较大，另一侧轮廓不规则，黑度较小，在底片上的位置一般在焊缝中心至边缘的 1/2 处，沿焊缝纵向延伸。

层间未熔合的典型影像是黑度不大的块状阴影，形状不规则，如伴有夹渣时，夹渣部位的黑度较大。

3. 未焊透

未焊透的典型影像是细直黑线，两侧轮廓都很整齐，为坡口钝边痕迹，宽度恰好为钝边间隙宽度。

有时坡口钝边有部分熔化，影像轮廓就变得不很整齐，线宽度和黑度局部发生变化，但只要能判断是处于焊缝根部的线性缺陷，仍判定为未焊透。

未焊透在底片上处于焊缝根部的投影位置，一般在焊缝中部，因透照偏、焊偏等原因也可能偏向一侧。未焊透呈断续或连续分布，有时能贯穿整张底片。

4. 夹渣

非金属夹渣在底片上的影像是黑点、黑条或黑块，形状不规则，黑度变化无规律，轮廓不圆滑，有的带棱角。非金属夹渣可能发生在焊缝中的任何位置，条状夹渣的延伸方向多与焊缝平行。

钨夹渣在底片上的影像是一个白点，由于钨对射线的吸收系数很大，因此白点的黑度极小（极亮），据此可将其与飞溅影像相区别，钨夹渣只产生在非熔化极氩弧焊焊缝中，该焊接方法多用于不锈钢薄板焊接和管子对接环焊缝的打底焊接。钨夹渣尺寸一般不大，形状不规则。大多数情况是以单个形式出现，少数情况是以弥散状态出现。

5. 气孔

气孔在底片上的影像是黑色圆点，也有呈黑线（线状气孔）或其他不规则形状的，气孔的轮廓比较圆滑，其黑度中心较大，至边缘稍减小。

气孔可以发生在焊缝中的任何部位，焊条电弧焊单面焊根部线状气孔，双面焊根部链状气孔，焊缝中心线两侧的虫状气孔是发生部位与气孔形状有对应规律的例子。

“深孔”直径较小，但影像黑度很大，一般发生在焊缝中心。“夹珠”是另一类特殊的气孔缺陷，它是由前一道焊接生成的气孔，被后一道焊接熔穿，铁液流进气孔的空间而形成的，在底片上的影像为黑色气孔中间包含着一个白色圆珠。

二、常见伪缺陷影像及识别方法

伪缺陷是指由于照相材料、工艺或操作不当在底片上留下的影像，常见的有以下几种：

1. 划痕

胶片被尖锐物体（指甲、器具尖角、胶片尖角、砂粒等）划过，在底片上留下的黑线。划痕细而光滑，十分清晰。识别方法主要是借助反射光观察，可以看到底片上药膜有划伤痕迹。

2. 压痕

胶片局部受压会引起局部感光，从而在底片上留下压痕。压痕是黑度很大的黑点，其大小与受压面积有关，借助反射光观察，可以看到底片上药膜有压伤痕迹。

3. 折痕

胶片受弯折，会发生减感或增感效应。曝光前受折，折痕为白色影像，曝光后受折，折痕为黑色影像，最常见的折痕形状呈月牙形。借助反射光观察，可以看到底片有折伤痕迹。

4. 水迹

由于水质不好或底片干燥处理不当，会在底片上出现水迹，水滴流过的痕迹是一条黑线或黑带，水滴最终停留的痕迹是黑色的点或弧线。

水迹可以发生在底片的任何部位，黑度一般不大。水流痕迹直而光滑，可以找到起点和终点；水珠痕迹形状如水滴一样；借助反射光观察有时可以看到底片上水迹处药膜有污物痕迹。

5. 静电感光

切装胶片时，因摩擦产生的静电发生放电现象使胶片感光，在底片上留下黑色影像。静电感光影像以树枝状为最常见，也有点状或冠状斑纹影像。静电感光影像比较特殊，易于识别。

6. 显影斑纹

由于曝光过度，显影液温度过高，浓度过大导致快速显影，或因显影时搅动不及时，均会造成显影不均匀，从而产生显影斑纹。

显影斑纹呈黑色条状或宽带状，在整张底片范围出现，影像对比度不大，轮廓模糊，一般不会与缺陷影像混淆。

7. 显影液沾染

显影操作开始前，胶片上沾染了显影液。沾上显影液的部位提前显影，黑度比其他部位大，影像可能是点、条或成片区域的黑影。

8. 定影液沾染

显影操作开始前，胶片沾染了定影液，沾上定影液的部位发生定影作用，使得该部位黑度小于其他部位，影像可能是点、条或成片区域的白影。

9. 增感屏伪缺陷

由于增感屏的损坏或污染使局部增感性能改变而在底片上留下的影像。如增感屏上的裂纹或划伤会在底片上造成黑色伪缺陷影像，而增感屏上的污物会在底片上造成白色影像。

增感屏引起的伪缺陷，在底片上的形状和部位与增感屏上完全一致。当增感屏重复使用时，伪缺陷会重复出现，避免此类伪缺陷的方法是经常检查增感屏，及时淘汰损坏了的增感屏。

底片上其他伪缺陷还有：因胶片质量不好或暗室处理不当引起的药膜脱落、网纹、指印、污染等，因胶片保存或使用不当造成的跑光、霉点等。

三、表面几何影像的识别

表面几何影像是指由于试件的结构和外观形状投影形成的影像，大致可分为以下几类：

1）试件结构影像。如母材厚度的变化、焊缝垫板、试件内部结构件投影等因素造成的影像。

2）焊接成形影像。如焊缝余高、根部形状、焊缝表面波纹、焊道间沟槽等生成的影像。

3）焊接形状缺陷影像。如上节所述的咬边、烧穿、内凹、收缩沟、弧坑、焊瘤、未填满、搭接不良等因焊接造成的表面缺陷的影像。

4）表面损伤影像。由非焊接因素造成的表面缺陷的影像，如机械划痕、压痕、表面撕裂、电弧烧伤、打磨沟槽等。

为能正确地识别表面几何影像，首先应要求评片人员仔细了解试件结构和焊接接头形式。其次评片人员应熟悉不同焊接方法和焊接位置的焊缝成形特点。此外，评片人员应注意焊缝外观检查的结果，掌握试件的表面质量状况，对可能影响缺陷识别的表面几何形状进行打磨，评片时应注意对表面缺陷的核查。底片上焊接形状缺陷的影像和表面损伤的影像主要根据其位置、形状、表面结晶形态以及影像轮廓清晰度等特征来加以识别。

四、底片影像分析要点

底片上包含着丰富的信息。评片人员从底片上能够获得的不仅仅是缺陷情况，还能了解到一些试件结构、几何尺寸、表面状态以及焊接和照相投影等方面的情况，注意提取上述信息并进行综合分析，有助于作出正确的评定。

本节简要叙述了观察底片时应提取的信息要点以及影像分析的一般方法。只有在理论学习的基础上经过大量的实践训练，才能较好地掌握影像分析的技能。

1. 通览底片时的影像分析要点

结合已掌握的情况，通过观察底片，一般应进行以下分析并作出判断：

焊接方法：区分手工焊、自动焊等。

焊接位置：区分平焊、立焊、横焊或仰焊（对管子环焊缝则有水平固定、垂直固定或滚动焊）。

焊缝形式：区分双面焊、单面焊、加垫板单面焊。

评定区范围：认清焊缝余高边缘，热影响区范围。

投影情况及投影位置：判断投影是否偏斜，认清焊缝上缘和下缘以及根部的位置。

认清焊接方向，估计结晶方向，查找起弧和收弧位置。

了解试件厚度，判断试件的厚度变化情况，大致判断清晰度、对比度、灰雾度的大小和成像质量水平，考核底片质量是否满足标准规定的要求。

2. 缺陷定性时的影像分析要点

观察影像时，一般首先注意的是影像形状、尺寸、黑度，除此以外，还应作以下观察与分析：

1）影像位置：根据影像在底片上的位置以及影像特征，结合投影关系，推测其在焊缝中的位置是在根部、坡口还是表面，是在焊缝还是热影响区。

2）影像的延伸方向：影像的延伸方向有一定的规律性。例如未熔合、未焊透等沿焊缝纵向，热裂纹、虫状气孔与焊缝结晶方向有关，咬边、弧坑的轮廓与焊缝表面波纹相吻合。

3）影像轮廓清晰程度：除了照相工艺条件影响清晰度外，还应注意以下影响轮廓清晰程度的因素并据此进行分析厚板与薄板中影像清晰程度的差异、缺陷和某些伪缺陷清晰度差异、内部缺陷和表面缺陷轮廓清晰度的差异等。

4）影像细节特征：注意寻找细节特征，如裂纹的尖端、锯齿，未焊透的直边等。

3. 影像定性分析方法——列举排除法

列举排除法是影像定性分析常用的方法，对一定形状的影像，先列出它可能是什么，再根据每一类影像特点，逐个鉴别，排除与影像特征不符的推测，最终得到正确的结论。

例如，对底片的一个黑点，它可能是气孔、点状夹渣、弧坑、压痕、水迹、显影液沾染、霉点，可逐个进行鉴别。

弧坑的特征是发生在焊道中央，在收弧部位，焊接位置应处于平焊；如果是霉点，则应大量发生，在底片上广泛分布，不会是孤立黑点。

对底片上的一条黑线，它可能是裂纹、未熔合、未焊透、线状气孔、咬边、错口、划痕、水迹、增感屏伪缺陷等。

线状气孔为细长黑线，黑度均匀，轮廓圆滑，发生在焊条单面焊的焊缝根部；咬边发生在焊缝边缘，与焊缝波纹的起伏走向一致；错口发生在焊缝中心线上，如果细看的话可以发现它不是一道黑线而是一道不同黑度区域的明暗分界线。

4. 影像分析示例（小径管环焊缝底片评判要点）

（1）小径管环焊缝双壁双影照相特点　透照厚度变化大，例如对 ϕ51mm × 3.5mm 的管子照相，最大透照厚度为最小透照厚度的 3.7 倍，因此底片上不同部位的黑度和灵敏度差异较大。

为错开上下焊缝，透照时有一倾角，对于 ϕ51mm × 3.5mm 的管子，这一倾角为 12° ~ 18°，会引起影像畸变，对纵向裂纹检出也有影响。此外，上下焊缝几何不清晰度存在较大差异，对 ϕ51mm × 3.5mm 的管子，上焊缝的几何不清晰度 U_g 约为下焊缝的 10 倍。边蚀效应较严重，散射比较大，因此成像质量不高。

（2）通览底片时的影像分析要点　辨认焊接方法：小径管焊口多采用焊条电弧焊，由根部成形情况判断是否用氩弧焊打底。

辨认焊接位置：根据焊缝波纹判断水平固定、垂直固定、或是滚动焊；如果是水平固定，找出起弧的仰焊位置和收弧的平焊位置。

确定有效评定范围：根据黑度和灵敏度情况判断检出范围是否达到 90%。

辨明投影位置：焊缝根部投影位于椭圆影像的内侧，根据影像放大或畸变情况以及清晰程度有时可分辨出上焊缝和下焊缝。

（3）缺陷定性时的影像分析要点　常见缺陷：裂纹、根部未熔合、未焊透、夹渣、气孔、焊穿、内凹、内咬边。常见形状缺陷：焊瘤、弧坑、咬边。

影像位置的一般规律：根部裂纹、未熔合、未焊透、线状气孔、内凹、内咬边、烧穿都发生在焊缝根部，底片上的位置处于椭圆内侧；内凹一般在仰焊位置，根部焊瘤、焊漏、弧坑在平焊位置。

观察影像的主要特征和细节特征，注意区别未焊透与内凹，烧穿、弧坑与气孔的区别，线状气孔与裂纹的区别。

第三节 焊接接头的质量等级评定

底片上的缺陷被确认以后，下一步就是对照有关标准，评出焊接接头的质量等级。射线照相标准有许多种，例如国家标准、部颁标准、行业标准以及国外标准等。在我国，锅炉压力容器产品执行的检测标准由国家安全监察法规和产品设计制造规范指定。

法规和规范同时还对检测方法的选用、检测部位、比例以及验收质量等级等方面作出了规定。不同的射线照相标准关于质量分级的具体规定各不相同，但确定质量等级的原则和依据大体是一致的。缺陷的危害性，焊接接头的强度水平，制造要求的工艺水平是质量分级考虑的主要因素，缺陷性质、尺寸大小、数量、密集程度是划分质量等级的主要依据。

评片人员应熟悉标准中的有关内容，正确运用并严格执行评级规定。

一 、质量分级规定

本节结合 SY/T 4109—2013 标准，简单评说质量分级的有关规定。

1. 级别划分

根据对接接头内存在缺欠的性质和数量，将对接接头质量分为四个等级，Ⅰ级质量最好，Ⅳ级质量最差。

2. 缺陷性质与质量等级

标准正文中提到了八类焊接缺陷：裂纹、未熔合、未焊透、圆形缺欠（包括气孔、夹渣和夹钨等）、条状缺欠（包括条渣、条孔）、内凹、烧穿、内咬边。至于其他焊接形状缺陷未提及，这是因为射线检测应在焊缝外观检验合格后进行，形状缺陷应由外观目视检查发现，不属于无损检测检出范畴，因此不作评级规定。

标准有关缺陷性质的评级规定如下：

1）Ⅰ级对接接头内不应存在裂纹、未熔合、未焊透、条形缺欠、烧穿、内凹和内咬边。

2）Ⅱ、Ⅲ级对接接头内不应存在裂纹、外表面未熔合。

3）对接接头中缺欠超过Ⅲ级者为Ⅳ级。

对夹渣和气孔按长宽比重新分类：长宽比小于或等于 3 的缺欠定义为圆形缺欠。圆形缺欠可以是圆形、椭圆形、锥形或带有尾巴（在测定尺寸时应包括尾部）等不规则形状，包括气孔、夹渣和夹钨等。长宽比大于 3 的夹渣定义为条渣（包括条孔）。

3. 缺陷数量与质量等级

缺陷数量包括单个尺寸、总量和密集程度三个方面。定量的依据（包括缺陷单个长度、缺陷累计长度、缺陷宽度）是底片上量得的尺寸，不考虑投影放大或畸变造成的影响。某些情况下需要考虑缺陷黑度对焊缝质量的影响。

标准允许圆形缺陷存在，根据母材厚度对缺陷数量加以限制。规定单个缺陷尺寸不得超过母材厚度的1/2；对缺陷总量采用点数换算，对缺陷密集程度采用评定区控制。各质量等级允许的缺陷点数都有明确规定。

标准对于条状夹渣，也是根据母材厚度来限制的，以单个条渣长度、条渣总长和间距三项指标分别对单个缺陷尺寸、总量、密集程度做出限制。

标准对于未熔合、未焊透、内凹、烧穿、内咬边缺陷，是以单个长度、任何连续300mm的焊缝长度内的累计长度或占焊缝总长的百分比等指标分别对单个缺陷尺寸、总量、密集程度做出限制。

此外，此标准对综合评级还做出了相应的规定，即在任何连续300mm的焊缝长度内，Ⅱ级对接接头内条形缺欠、未熔合及未焊透的累计长度不应超过35mm；Ⅲ级对接接头内条形缺欠、未熔合及未焊透的累计长度不应超过50mm。

SY/T 4109—2013标准关于缺陷定量和评级的各种规定甚多，评片人员应认真学习和理解相应条款规定并进行自我示例练习，本节不作赘述。

不同的无损检测验收标准均存在一定的差异，评片人员在评片过程中请予以关注。

二、射线照相检验记录与报告

评片人员应对射线照相检验结果及有关事项进行详细记录并出具报告，其主要内容包括：

1）被检管线情况及检测要求：工程名称、工程编号、材质、规格、检测比例、执行标准、验收、合格级别。

2）检测条件及工艺：射源种类、胶片型号、增感方式、透照布置、有效透照长度、曝光参数（管电压、管电流、焦距、时间）、显影条件（温度、时间）。

3）底片评定结果：底片编号、像质情况（黑度、像质指数、标记、伪缺陷）、缺陷情况（缺陷性质、尺寸、数量、位置）、焊缝级别、返修情况、最终结论。

4）照相位置布片图。

5）评片相关人员、单位签字、盖章及日期。

第四节　典型缺陷的射线底片影像

1. 盖面焊道余高过高影像（见图9-1）

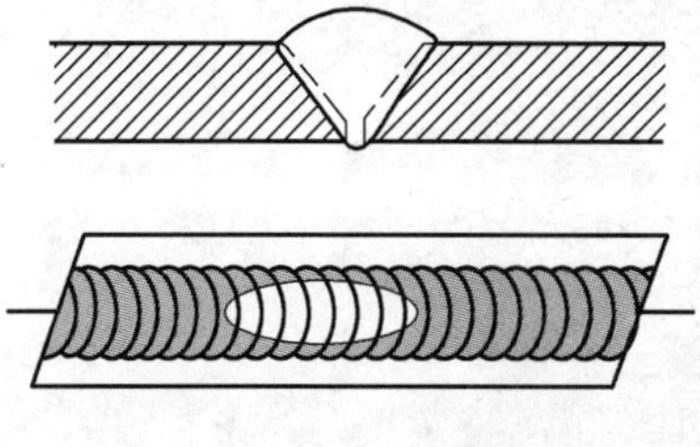

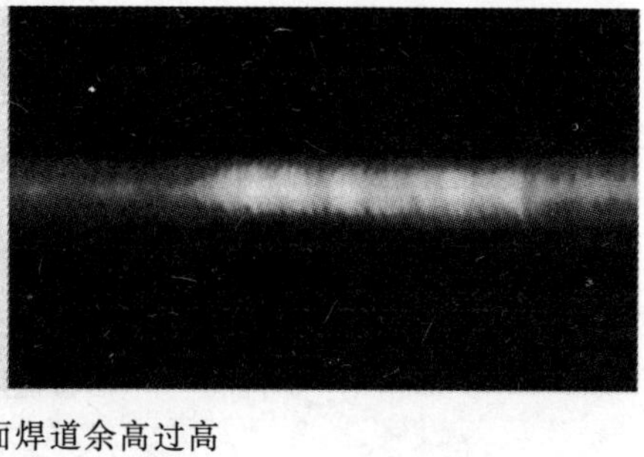

图9-1　盖面焊道余高过高

2. 盖面焊道单侧深咬边影像（见图 9-2）

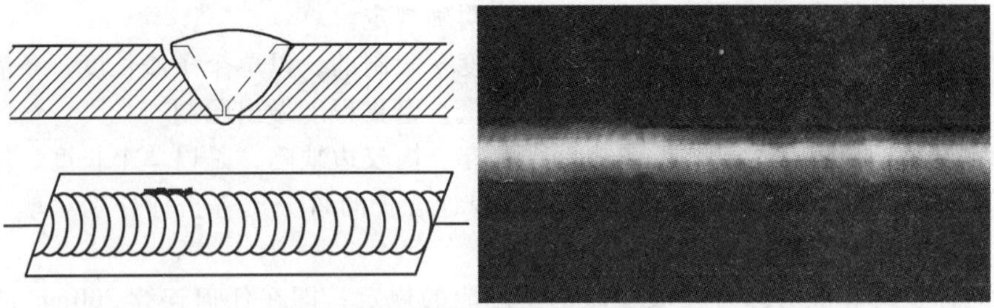

图 9-2 盖面焊道单侧深咬边

3. 盖面焊道低于母材影像（见图 9-3）

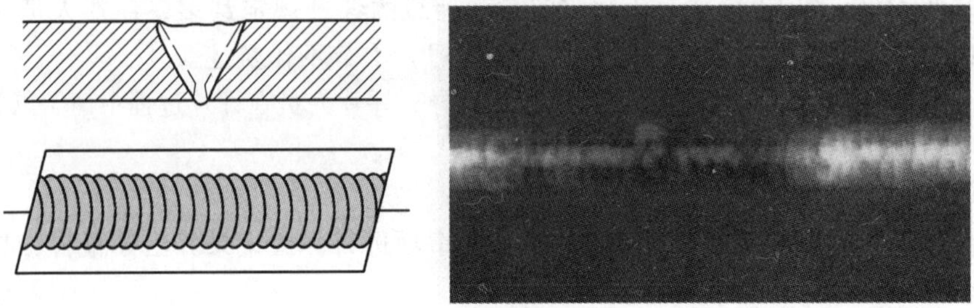

图 9-3 盖面焊道低于母材

4. 根焊道内咬边影像（见图 9-4）

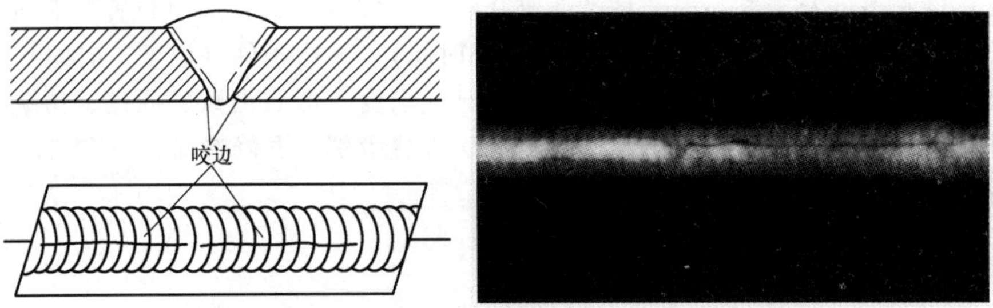

图 9-4 根焊道内咬边

5. 焊缝中气孔影像（见图 9-5）

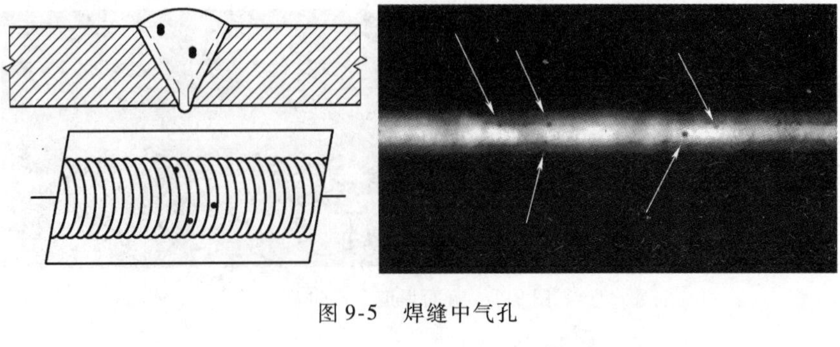

图 9-5 焊缝中气孔

6. 根部内凹影像（见图 9-6）

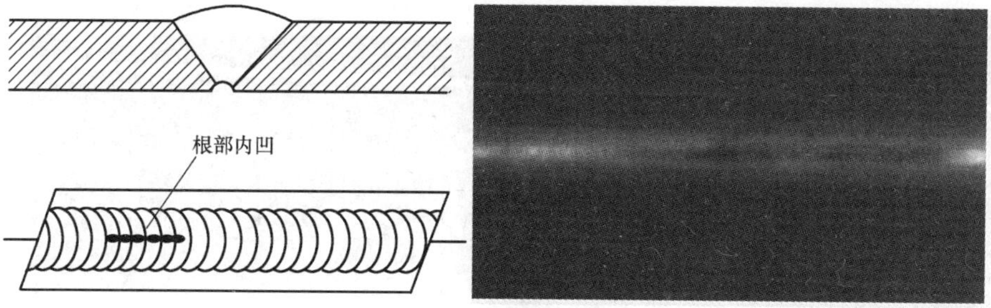

图 9-6　根部内凹

7. 盖面焊道层密集气孔影像（见图 9-7）

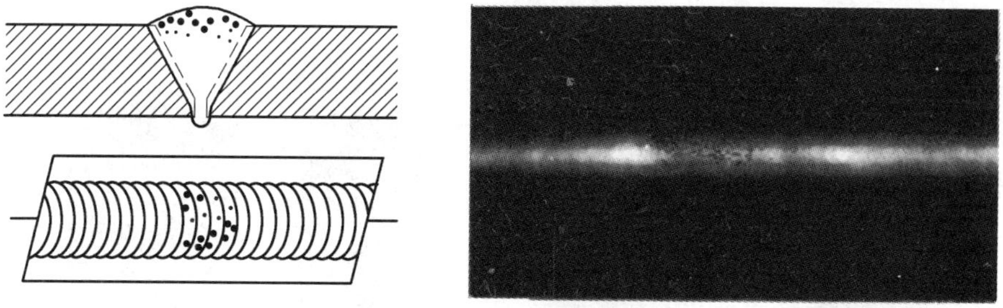

图 9-7　盖面焊道层密集气孔

8. 根部未焊透影像（见图 9-8）

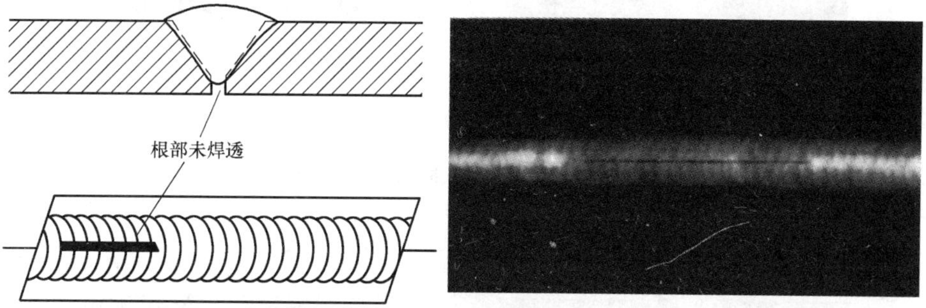

图 9-8　根部未焊透

9. 盖面焊道表面氧化夹杂物影像（见图 9-9）

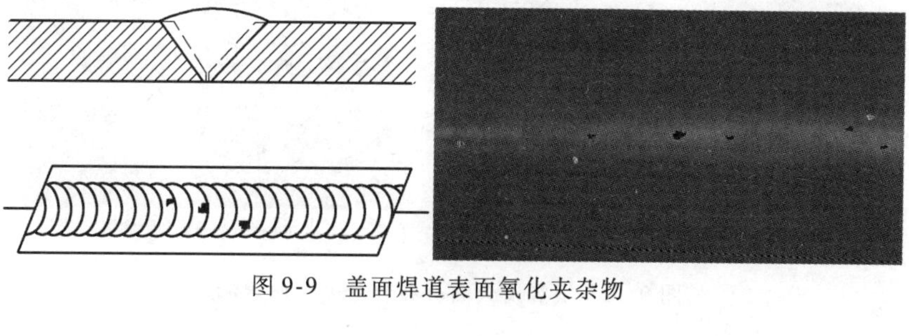

图 9-9　盖面焊道表面氧化夹杂物

10. 焊缝中独立夹渣影像（见图 9-10）

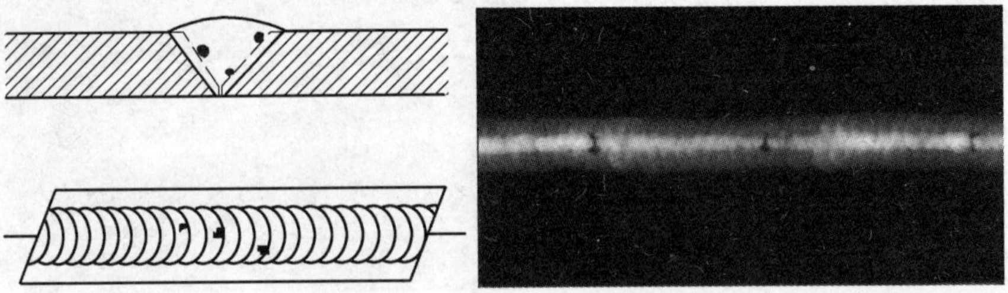

图 9-10　焊缝中独立夹渣

11. 根焊道咬边和根焊道错边未熔合影像（见图 9-11）

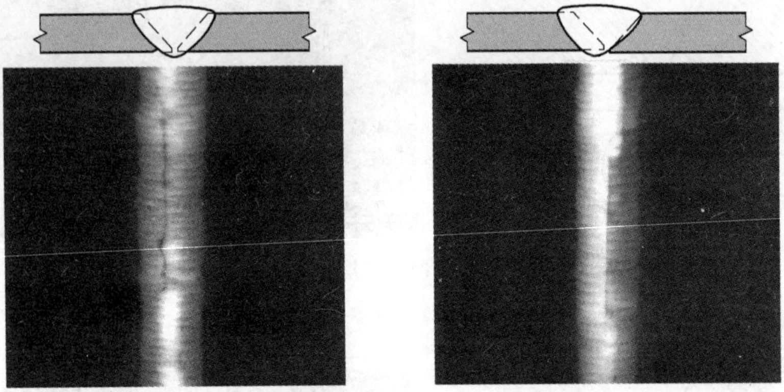

a) 根焊道咬边　　b) 根焊道错边未熔合

图 9-11　根焊道咬边和根焊道错边未熔合

12. 根焊道余高过高和错边（已焊满）影像（见图 9-12）

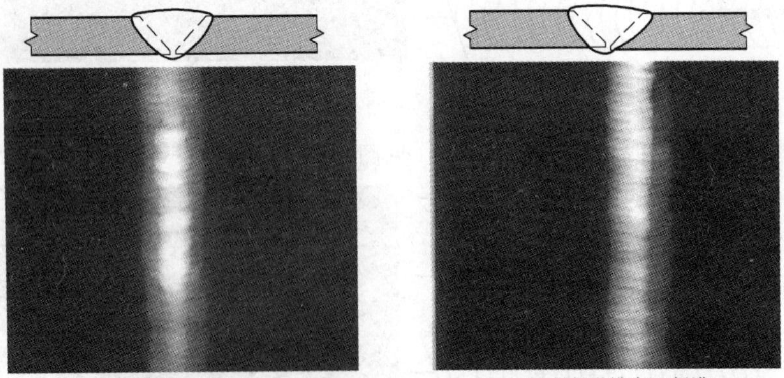

a) 根焊道余高过高　　b) 根焊道错边(已焊满)

图 9-12　根焊道余高过高和错边（已焊满）

13. 根焊道链状气孔和焊道中单个气孔（夹渣）影像（见图 9-13）

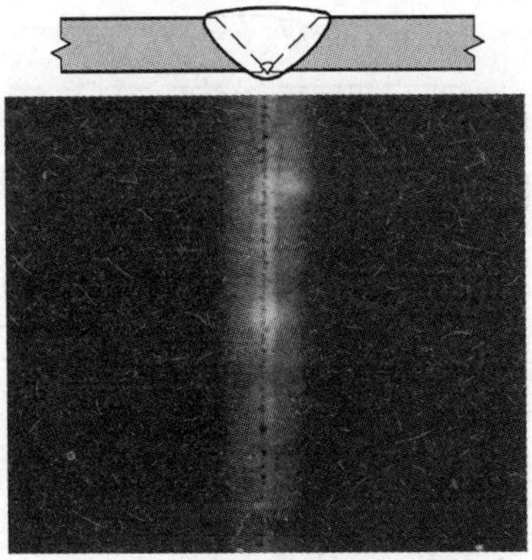

a) 根焊道链状气孔

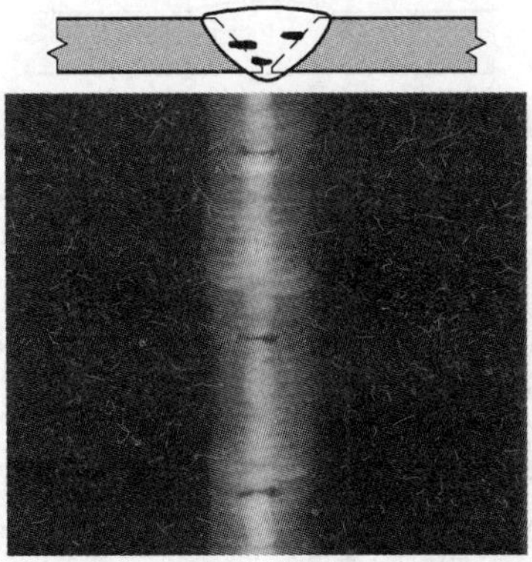

b) 焊道中单个气孔(夹渣)

图 9-13　根焊道链状气孔和焊道中单个气孔（夹渣）

14. 根焊道烧穿和夹钨影像（见图 9-14）

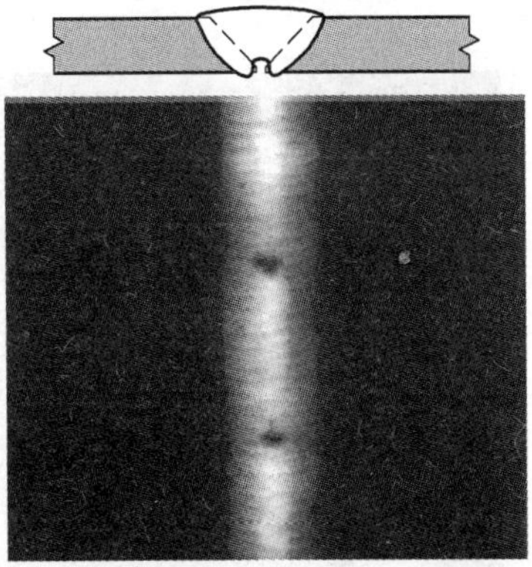

a) 根焊道烧穿

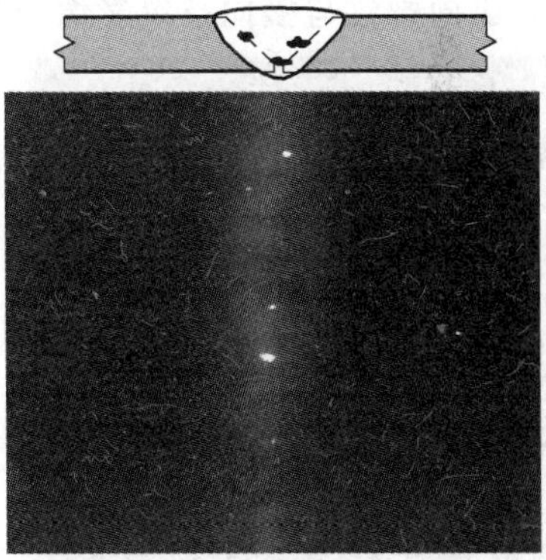

b) 夹钨

图 9-14　根焊道烧穿和夹钨

15. 根焊道线状夹渣和空心焊道（伴夹珠）影像（见图 9-15）

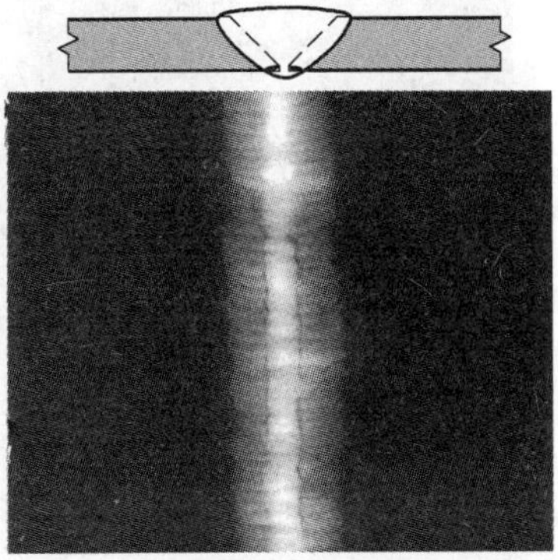

a) 根焊道线状夹渣

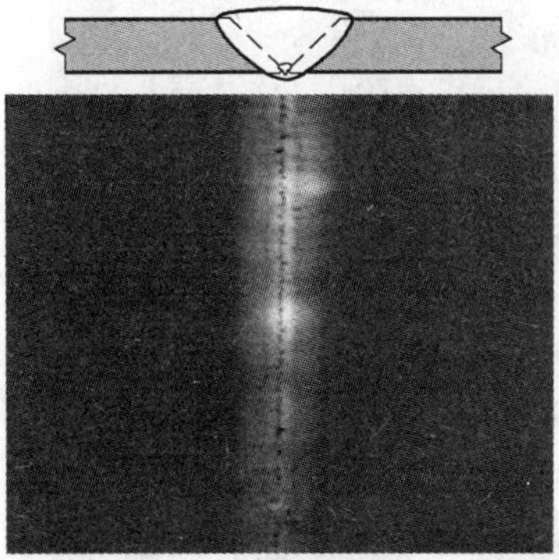

b) 空心焊道(伴夹珠)

图 9-15　根焊道线状夹渣和空心焊道（伴夹珠）

16. 根焊道坡口边缘未熔合影像（见图 9-16）

a) 根焊道双侧坡口边缘未熔合

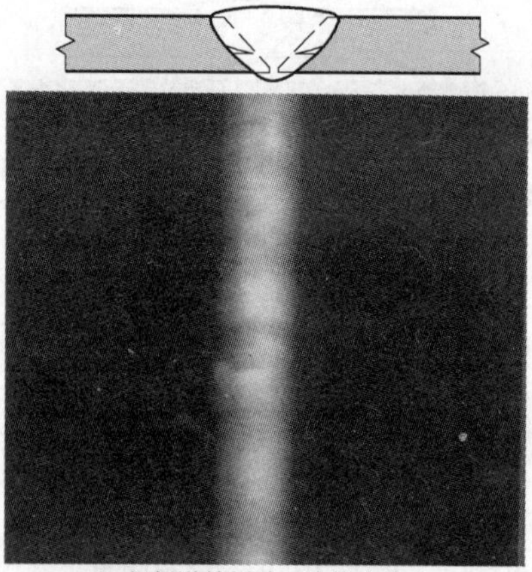

b) 根焊道单侧坡口边缘未熔合

图 9-16　根焊道坡口边缘未熔合

17. 纵向裂纹与横向裂纹影像（见图 9-17）

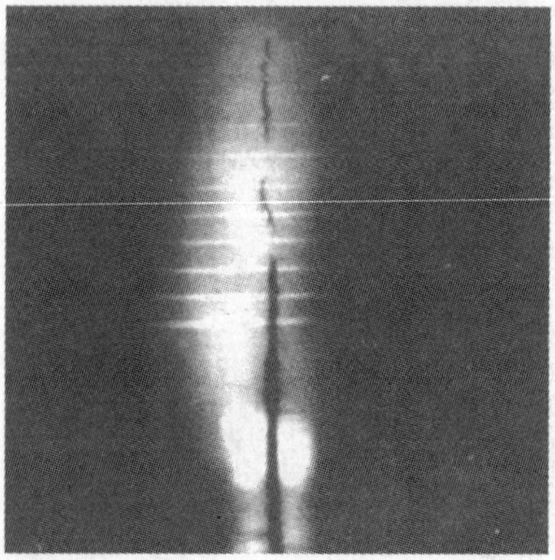

a) 纵向裂纹1

b) 纵向裂纹2

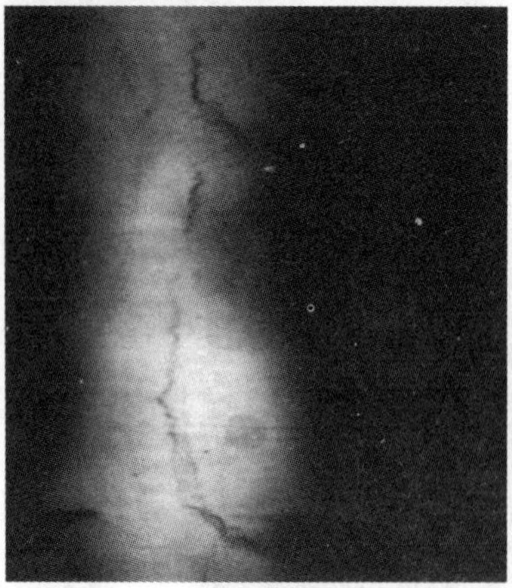

c) 纵向裂纹3

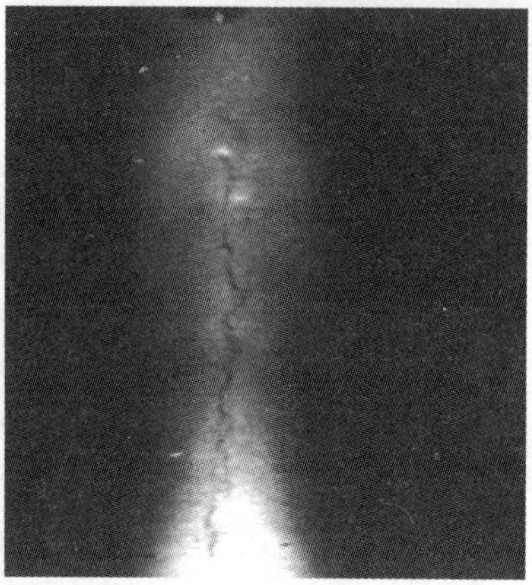

d) 纵向裂纹4

图 9-17　纵向裂纹与横向裂纹

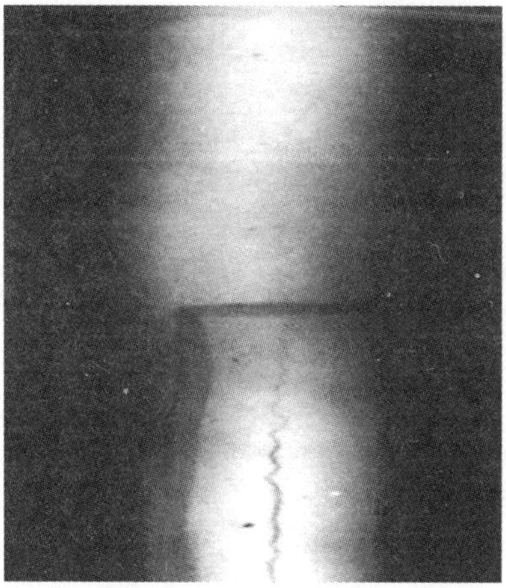

e) 纵向与横向裂纹

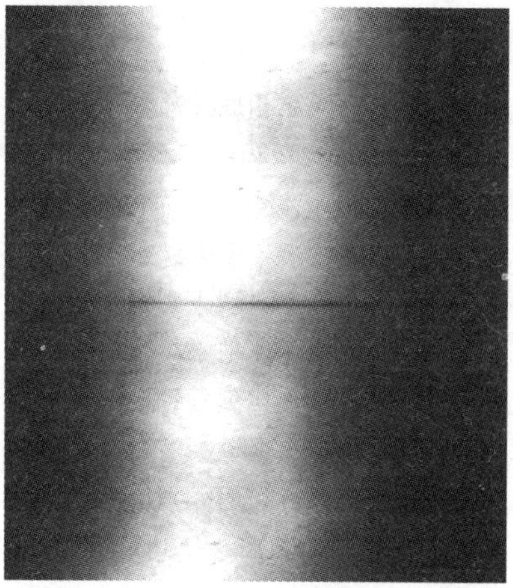

f) 横向裂纹

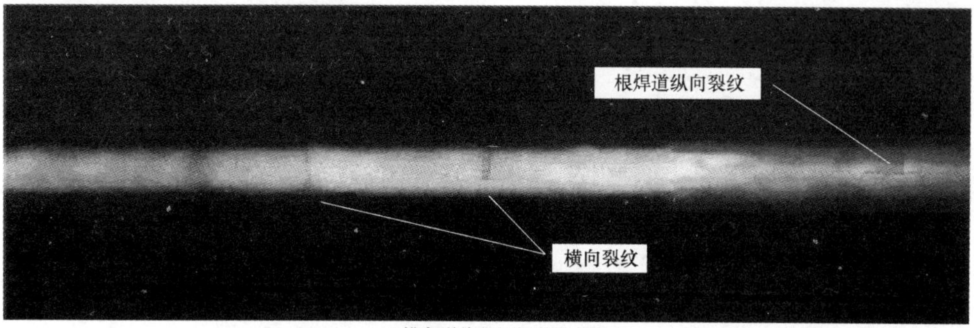

g) 横向裂纹与根焊道纵向裂纹

图 9-17　纵向裂纹与横向裂纹（续）

18. 焊缝中深孔影像（见图 9-18）

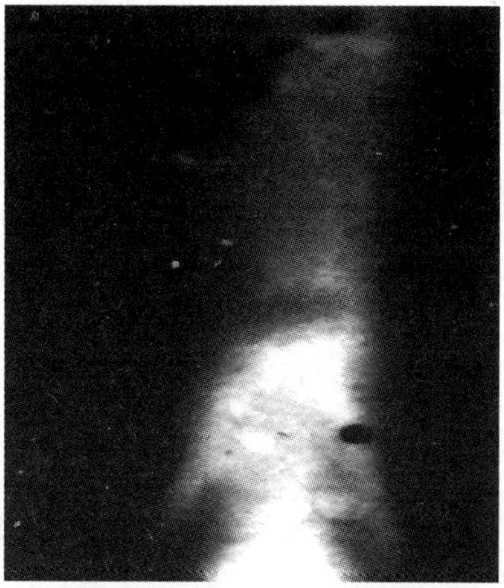

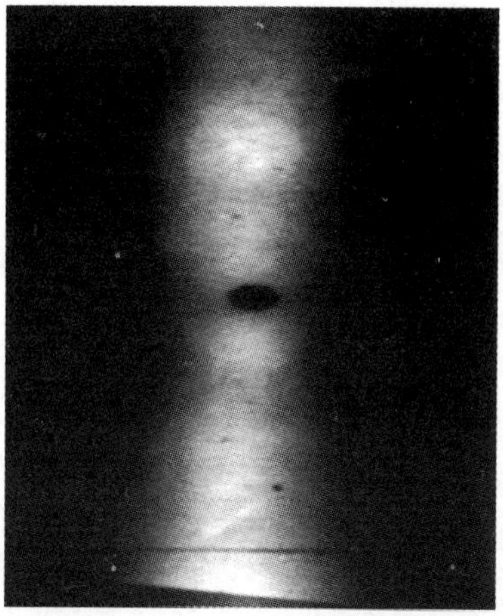

图 9-18　焊缝中的深孔

思 考 题

1. 简述射线照相底片质量的要求。

2. SY/T 4109—2013《石油天然气钢质管道无损检测》规范中规定底片上的标记包括哪些内容?

3. 简述底片上典型裂纹缺陷的影像特征。

4. 简述底片上典型未焊透缺陷的影像特征。

5. 简述底片上典型未熔合缺陷的影像特征。

6. 简述底片上典型气孔缺陷的影像特征。

7. 简述底片上典型夹渣缺陷的影像特征。

8. 简述底片分析的要点。

9. 简述 SY/T 4109—2013《石油天然气钢质管道无损检测》规范中缺陷性质的评级规定。

第十章 长输管道工程现场焊接质量控制

焊接质量管理是指从事焊接生产或工程施工的企业通过开展质量活动发挥企业内部的质量职能，进而有效地控制焊接产品质量形成的过程。这里的质量即产品满足用户“使用需要”的适应性。大多数焊接产品应具有的是符合性质量，即产品全部质量特性的考核指标必须满足相应的标准、规范、合同或第三方的规定。就企业而言，强化焊接质量管理不仅有助于产品质量的提高，达到向用户提供满足使用需要的焊接产品的目的，而且可以推动企业的技术进步，提高企业的经济效益，增强产品的竞争能力。

长输管道工程现场焊接质量管理是一种不允许有不合格环焊缝的质量管理，即不准现场环焊缝的焊接存在无证上岗的现象，不准现场环焊缝的焊接存在不执行焊接工艺规程的行为，不准现场环焊缝焊接过程监控及相关记录存在不可追溯性的实情，不准现场环焊缝的检测检验存在验收规范所不可接受的缺陷及理化性能等，为实现这一目标，必须建立一套与之相适应的、符合 TSG Z0004—2007（ISO 9000～9004）等标准系列的、完整的焊接质量管理体系，并在焊接生产实践中严格执行，以保证焊接产品的质量能满足用户的需要。

长输管道工程现场焊接质量管理包括焊接质量控制体系文件的建立实施、焊接质控人员的落实、焊接施工技术与 HSE 交底、焊工考试、焊接设备、焊接材料及检测器具的管理、焊接质量检查及记录、焊接质量统计及分析、焊接施工总结等各个方面。

第一节　焊接质量控制体系文件的建立与实施

一、焊接质量控制体系文件建立要求

随着现代科学技术的迅猛发展、生产力水平的不断提高和国际贸易的日益扩大，近年来不少发达国家为了保证产品质量，有效地利用资源，保护用户利益，都十分重视产品的质量及质量管理和质量保证工作。为此，1987 年 3 月国际标准化组织（ISO）正式发布了 ISO 9000～9004 关于质量管理和质量保证的标准系列。在这之后，我国也于 1988 年 12 月发布了等效采用该国际标准系列的 GB/T 10300—1988 关于质量管理和质量保证的标准系列，并自 1989 年 8 月 1 日起在全国实施。

2007 年 8 月 8 日，国家质量监督检验检疫总局针对特种设备颁布了 TSG Z0004—2007《特种设备制造、安装、改造、维修质量保证体系基本要求》进一步规范了包括压力管道在内的特种设备质量保证体系构建要求。

质量保证体系文件按其作用可分为法规性文件和见证性文件两大类。法规性文件是规定质量管理工作的原则，说明质量保证体系的构成，明确有关部门和人员的质量职责，规定各项活动的目标、要求、内容和程序的文件。它包括质量方针和政策、质量手册、质量计划以及程序性文件等。这是企业内部实施质量管理的法规和有关人员的行为规范。质量保证体系的见证性文件，是表明质量保证体系运行情况和证实其有效性的文件。这类文件多数是质量记录类型的。它记载了各质量体系要素的实施情况和产品的质量状态。两类文件的性质不同，其编写要求、内容和格式也有所区别。

基于此，为规范和保障现场焊接质量管理的各项活动正常开展，各从事长输管道安装施工的企业首先应按照 TSG Z0004—2007《特种设备制造、安装、改造、维修质量保证体系基本要求》构建一整套质量保证体系文件，包括质量保证手册、程序文件、作业（工艺）文件（如通用作业指导书、专用作业指导书、工艺规程、工艺卡、操作规程等）、记录（表、卡）及保障质保体系运行的各种管理制度等，而其中针对焊接质量控制体系文件的构建与实施尤为重要。

二、焊接质量控制体系文件构建

焊接质量控制体系文件构建与实施时，应关注以下几点：

1. 设定合理的焊接质量控制目标并定期考核

各安装企业在安装质量目标制定和贯彻落实过程中，应体现与焊接质量控制相关的控制目标并分解到相关部门和责任人员，应落实责任部门定期对现场焊接质量情况进行统计分析，定期考核焊接质量控制目标的实现情况，以确保企业质量方针贯彻落实有效推进，焊接质量控制目标有效实现。在制定焊接质量控制目标时，过高、过低均不妥，轻而易举就能达到的目标，往往难以有激励作用，但也不能脱离实际定得过高，应是可测量的、具有挑战性的、通过努力就能实现的。

2. 任命焊接责任师并规定其职责权限

为保障焊接质量控制有人执行，企业应任命 1 名企业级焊接质量控制责任师（简称焊接责任师），并明确规定其职责、权限。焊接责任师应是焊接或相近专业毕业，具备大专以上（含大专）学历，具有初级以上（含初级）职称，并应能胜任其工作岗位。企业级焊接责任师的任命应以正式文件下发。针对各管道安装工程项目，各项目部可根据实际情况以项目部名义任命焊接责任师和焊接质量控制相关检验与试验人员并约定其职责、权限。在焊接质量过程控制过程中，焊接责任师和焊接质量控制相关检验与试验人员应履行其职责。

3. 制定焊接质量控制程序文件并有效实施

压力管道安装焊接质量控制程序文件制定应符合 TSG Z0004—2007《特种设备制造、安装、改造、维修质量保证体系基本要求》中相关规定并进行有效实施。焊接质量控制程序制定时，应对焊接人员管理、焊接材料控制、焊接工艺评定及焊接工艺文件控制、现场焊接过程控制、焊缝返修与连头控制等进行规定，其具体要求如下：

（1）焊接人员管理 要求体现焊接人员的培训、资格考核管理、焊接人员持证项目符合性规定、持证焊接人员的标识规定、焊接人员的档案及考核记录等控制内容。针对有上岗考试要求的，还应包括焊工上岗考核的相关规定。

（2）焊接材料控制 焊接材料控制应对焊接材料的采购、验收、检验、储存、烘干、发放、使用和回收等进行针对性规定。

（3）焊接工艺评定及焊接工艺文件控制 应针对焊接工艺评定流程、焊接工艺评定报告（PQR）和焊接工艺规程（WPS）编制、审核与批准、相关检验检测报告、工艺评定施焊记录、焊接工艺评定试样保存及焊接工艺评定覆盖性等进行针对性规定。

（4）现场焊接过程控制 应针对现场焊接工艺执行、现场施焊记录填写、现场施焊用焊接设备及焊缝质量检测器具、现场焊缝标志、现场焊接质量统计与分析等进行针对性规定。

（5）焊缝返修与连头控制 应针对焊缝返修（母材缺陷补焊）工艺、焊缝返修次数、焊缝返修审批和焊缝返修（母材缺陷补焊）后重新检验检测等进行相关规定。针对长距离管道工程，还应对连头作业进行相关规定。

（6）焊接质量控制流程框图绘制与控制一览表编制 应针对焊接质量控制系统绘制焊接质量控制流程框图，并制定其控制环节、控制点一览表。推荐的焊接质量控制点一览表见表 10-1。

表 10-1 焊接质量控制点一览表

控制环节	控制点	控制内容	责任分工	控制类别	工作见证
焊接工艺评定	预焊接工艺规程 PWPS 编制	材料、接头形式、焊接方法、位置、焊接参数、技术要求、评定标准	工艺师编制，焊接责任师审批	R	预焊接工艺规程
	试件组对与焊接	按 PWPS 相关要求核实试件组对与焊接控制符合情况，核实与焊工资格证是否相适应	焊接工艺试验责任人员	E	焊接组对与试验记录，焊工资格证，母材与焊接材料质量证明书
	试件外观检查	外观质量符合相关标准	焊接工艺试验责任人员	E	外观检查记录（报告）
	无损检测	焊接参数、试件标志、试样加工、检测及试验报告	公司无损检测质控系统责任人	E	无损检测报告

（续）

控制环节	控制点	控制内容	责任分工	控制类别	工作见证
焊接工艺评定	破坏性试验	按相关标准规定实施	公司理化试验质控系统责任人	E	理化试验报告
	焊接工艺评定报告PQR与焊接工艺规程WPS编制	焊接工艺评定报告符合性、焊接工艺规程符合性	焊接工艺师编制，焊接责任师审核，质保师批准	H	焊接工艺评定报告，焊接工艺规程
焊接设备	焊接设备状况确认	设备完好情况	焊工、项目焊接和设备责任人员	R	完好标志
	焊接设备运行操作	设备性能和能力	焊工	R	设备运行记录
焊接材料	焊接材料验收	材料包装和外观检验、质量证明书、必要时焊接材料复验	材料责任师负责固定库，项目材料责任师负责现场焊接材料库，项目焊接人员配合，焊接责任师抽查	R	焊接材料验收记录或复验报告，材料出库单和台账
	焊接材料保管	焊接材料库条件	焊接材料保管员	R	库房温度、湿度记录
	焊接材料烘烤或清理	烘干温度、时间和次数，处理方法	焊接材料保管员	R	焊接材料烘干记录，机械清理或化学清洗记录
	焊接材料使用	发放和回收数量	焊接材料保管员	R	发放和回收记录
焊工管理	焊工考试	考试材料，考试过程，检测试验报告及结果评定	焊工考试委员会	H	考试记录、档案，焊工资格证
	焊工资格确认	施焊项目，焊工合格证	项目焊接责任师	R	合格焊工登记表，单线图
	焊工业绩考核	焊接一次合格率；焊工连续作业情况	质量监督站负责，项目焊接师和检验责任师配合	R	焊工业绩记录
焊接施工	焊接工艺文件	依据焊接工艺评定报告的适用性，焊接工艺文件内容及适用范围	焊接技术人员编制，项目焊接责任师审核，项目质保师批准	R	焊接作业指导书，返修工艺卡
	焊接环境	温度、湿度、风力、雨、雪、防护措施	焊工，项目焊接师，质检员	R	焊接工作记录
	焊缝组对	坡口加工、检验，组对精度	管工，焊工，质检员	E	焊缝组对记录，工序检验、交接记录
	焊接过程	焊接参数，预热、层间温度，后热，焊工标志	焊工，项目焊接责任师，质检员	E	焊接记录，单线图、排版图
	焊缝外观检查	焊缝外观及表面质量	质检员	E	焊缝表面检查记录
	无损检测	检验方法，比例，评定及合格标准	无损检测人员	E	委托单，检测记录报告
	焊缝返修	缺陷性质和部位，返修工艺	一、二次返修：项目焊接责任人员；超次返修：焊接责任师	E	返修工艺文件，焊接记录，检验报告，单线图、排版图

注：E—检查点；R—审阅点；H—停检点。

4. 制定焊接作业（工艺）相关文件和相关管理制度指导现场焊接施工

为规范现场焊接施工行为，提高现场焊接质量控制质量，应关注在管道安装通用作业指导书中纳入焊接质量控制相关内容，应编制相关专用作业指导书，如涉及各焊接技术作业指导书、管道连头与返修作业指导书、焊接检验作业指导书、焊接材料烘干作业指导书、焊接工艺评定作业指导书等，宜编制焊接质量控制相关设备仪器操作规程（使用方法），如各焊接操作规程、管道坡口机操作规程、焊条烘干设备操作规程、焊条保温筒使用方法、除湿机使用方法、各检测监测器具使用方法等。

此外，为使大家的焊接质量控制认识高度统一，为使焊接质量控制活动开展更为有效，为使焊接质量控制水平更上一层次，在焊接质量控制程序文件之外，宜编制更为完善的、可行的焊接质量控制管理制度，如现场焊接材料管理制度、焊接工艺文件及施工技术交底管理规定、焊接工艺评定管理制度、焊接操作人员培训考核管理制度、焊接质量记录填写和统计分析工作管理制度、焊接设备维修与保养管理制度、焊接质量管理制度、焊接质量检测器具的计量管理制度、焊接安全操作与环境管理制度等。上述管理制度可单独制定，也可在企业编制的其他可融入的管理制度中进行编制。此外，这里要提及的是，对上述管理制度，若在焊接质量控制程序文件中有详细的规定时，可以不用编写。

5. 制定焊接质量控制相关记录表卡并贯彻落实

对于焊接质量控制记录用表格，可以直接借用业主方提供的焊接质量控制记录表格，若业主方不能提供或构建不完善时，施工企业可以组织相关人员构建相应焊接质量控制记录表格并报业主方或业主方代表审核确认。施工方构建质量控制记录表格时对于各相关要素应以必须、重要的要素反映即可，记录表格要求精练简化，记录内容清晰明了，记录能够实时完成。要求记录内容尽可能规避同一要素的重复填写，要求影响焊缝质量重要要素的记录能反映实际情况，要求体现焊接工艺纪律执行情况和相关责任人员的记录构建完整且能体现可追溯性。施工方构建的焊接质量控制记录表格一旦修改完善并经企业相关人员部门审核批准后，应在企业各工程项目上贯彻落实，统一记录范式。

第二节　现场焊接质量控制

长输管道的建设地域偏僻，交通不便，环境条件较差，质量控制要求较高，尤其是随着长输管道工程的迅猛发展，新工艺、新材料、新设备、新技术不断开始应用到长输管道工程当中，给现场各工序的质量控制提出了更高的要求。由于质量控制环节是环环相扣，有机结合，一个环节稍有疏忽，就会出现质量问题。而焊接是长输管道施工中的一项关键工作，其质量的好坏、效率的高低直接影响工程的安全运行和制造工期，关系到企业的经济效益也关系到企业的社会效益，因此现场焊接质量控制显得更为重要。

现场焊接质量控制应重点关注以下几个方面：

一、焊接工艺评定及焊接工艺规程

目前，针对长输管道，考虑到不同制管厂提供管材，尤其是高钢级管材理化性能的差异性，业主一般要求针对具体的长输管道工程单独进行焊接工艺评定，很少借用其他相似工程的焊接工艺评定来指导其焊接。

焊接工艺评定一般委托业内较知名的焊接工艺评定单位来完成。工程开工之前，业主方代表应组织相关人员就工程用钢管材质、规格、接头形式、焊接位置等实际情况进行统计，然后提出焊接工艺评定总体要求，并给焊接工艺评定单位下达焊接工艺评定委托书或签订焊接工艺评定技术服务合同。焊接工艺评定单位接受焊接工艺评定任务后，结合工程实际情况和国内施工单位装备实情提出焊接工艺评定实施方案、工作计划及焊接工艺评定用管清单报业主方代表审批。业主方代表可通过咨询专业技术人员或组织专家委员会审批焊接工艺评定方案的可行性和覆盖性。

在考虑焊接工艺评定覆盖性时，重点关注以下几点：①焊接工艺评定能否覆盖所有材质、壁厚、管径及焊接位置，尤其是站场6G、2G位焊接位置；②焊接工艺评定涉及的焊接方法是否考虑了现场施工条件和各单位的焊接装备实情；③特殊材质焊接、组合焊缝的角接接头焊接、异种钢焊接和变壁厚焊接工艺评定是否进行；④是否有返修的焊评，或是否针对返修提出了应进行全壁厚返修、非全壁厚返修、盖面焊道返修、咬边返修、内返修等焊接工艺评定的要求，或是否对返修有针对不同焊接工艺单独进行返修焊接工艺评定的要求；⑤是否有多次返修焊接工艺评定的要求；⑥针对小管径长输管道焊接是否考虑了根焊采用向下焊的连头焊接工艺评定；⑦针对站场和阀室焊接是否考虑了根焊采用飞溅较少的气体保护焊焊接方法等。

在焊接工艺评定方案确定后，焊接工艺评定单位开始筹备、实施焊接工艺评定工作。焊接工艺评定期间，业主方代表可对整个焊接工艺评定过程进行监督。焊接工艺评定过程监督的控制点包括：预焊接工艺规程编制，坡口加工、试件组对焊接，工艺试验参数记录，外观检查，无损检测报告，破坏性试验报告，焊接工艺评定报告编制，相关附件核对（包括试验用管材与焊接材料材质单、成熟焊接工艺的焊工操作资格证）等。

焊接工艺评定完成后，对于指导管道现场焊接施工用焊接工艺规程，目前，焊接工艺规程一般由焊接工艺评定单位技术人员进行编制、审核、批准后向业主报批下发。焊接工艺规程编制时，应结合焊接工艺评定执行标准的各要素的覆盖性、工程焊接施工及验收规范、施工现场实际情况及各施工单位的资源实际情况及施工工法进行编制，表述清晰、规定具体，具备可操作性和可监控性，确保现场焊接操作规范，焊接质量可控。

针对站场返修焊接和修补作业，一般允许采用原焊接工艺规程进行作业，但需在原焊接工艺规程中对返修和修补作业予以明确，并针对返修和补修作业中预热、道间温度控制及返修次数的要求做出特殊的规定。

焊接工艺评定报告和焊接工艺规程应有焊接工艺评定单位相关人员签字并加盖公章视为有效，完整的焊接工艺评定成套资料及焊接工艺规程由焊接工艺评定单位存档，应保存至该工艺评定失效为止，其关联的焊接工艺评定试样保存期不少于5年。

二、施工组织设计（施工方案）中焊接质量控制

施工组织设计是指导工地的施工准备和组织施工的技术、经济文件，是指导工程施工的依据。它具有战略部署和战术安排的双重作用。它体现了实现基本建设计划和设计的要求，提供了各阶段的施工准备工作内容，协调施工过程中各施工单位、各施工工种、各项资源之间的相互关系。

针对长输管道安装施工，各施工企业必须要结合业主方施工中施工组织总设计要求编制单位工程施工组织设计和施工方案并进行报批。编制施工组织设计和施工方案时，应体现焊接质量控制相关内容，包括焊接 HSE 的相关内容，并落实焊接质量控制相关责任人员。

完善的施工组织设计（施工方案）中应对焊接质量控制进行针对性、完善化规定，包括焊接质量控制目标设定、焊接施工进度计划安排、焊接施工机组资源配备要求、焊接工艺评定与焊接工艺文件管理要求、焊接人员操作资格与上岗考核要求、焊接工艺与焊接工法执行要求、焊接装备与焊接材料管理要求、现场焊接过程控制、焊缝标志及质量检验的要求、管道连头与焊缝返修控制要求、焊接质量统计与分析要求、焊接质量联络会与通报要求、焊接 HSE 管理与应急预案要求、现场焊接质量记录要求等内容，尤其应对特殊施焊条件下的焊接技术要求和焊接新材料、新设备、新工艺、新技术等的技术特点和要求重点进行描述。此外，还应编制专门的管道焊接施工方案，借此指导施工现场焊接质量控制，保障管道工程焊接施工质量。

三、现场焊接质量控制人员、设备的管理

施工现场应重视焊接质量控制人员、设备的管理，人员和设备的配备数量符合工程现场实际需求。

现场焊接质量控制人员，包括主抓焊接施工的负责人、焊接责任师、无损检测责任师、质量检验员、技术员、资料记录员、安全员、焊接操作工、焊接设备维修人员、现场焊接监理等，其针对所从事的工作应具备一定的专业素质和技能水平，能正确理解和执行焊接质量控制过程中的相关要求，确保现场焊接质量。

现场焊接施工设备应配备相应维修人员以提高焊接施工装备的完好率和使用效

率，某些影响焊接施工效率的关键设备如对口器、内焊机、坡口机等尽可能“一用一备”，确保施工现场焊接施工顺利进行。重视现场焊接设备的管理工作，包括焊接设备台账登记、焊接设备档案构建、焊接设备维修与保养记录、焊接设备定期安全性检查、焊接设备的使用、保管与调配、焊接设备维修配件的储备等。

现场焊接设备使用时，其附近应有焊接设备操作规程和警示标志，设备上应有状态标志和负责人标牌。焊接过程中，使用人员应经过培训并应严格按照焊接设备操作规程和焊接 HSE 管理规定进行焊接设备安全操作。为防止设备积水和散热不良，现场焊接设备应放在防雨和通风较好的地方。特殊施焊环境下（如低温环境下、雨雪天气等）应采取一定的措施进行焊接设备的防护。

现场焊接作业结束后，使用人员应整理好焊接设备及配套设施并摆放整齐。各作业机组应做好防盗工作，可拆卸的必须进行拆卸放到安全地方存放。对长期不使用的焊接设备应进行仓储保管并进行覆盖，防止灰尘沉积过多。再次使用时必须进行检查后方可投入使用。

对于直接发至施工现场的焊接施工设备，各安装单位或施工项目部应及时构建焊接设备档案并规范保管。焊接施工设备档案宜一机一盒一档，构建内容至少包括：验收相关记录、设备合格证、装箱单、维修手册、保养说明书、使用说明书及随机电子资料等。

为便于掌握施工现场设备资产状况，了解施工现场各种类型设备的拥有量、设备分布及其变动情况，各安装单位或施工项目部应及时构建焊接施工设备台账，其构建内容宜包括：资产登记编号、设备名称、型号规格、出厂编号、生产厂家、设备用途、设备原值、设备净值、购入日期、使用年限、折旧年限、使用部门、使用状况、负责人、附属设备名称型号、备注等，以表格的形式做出来，每年都需要更新和盘点。焊接设备台账的构建间接反映了安装单位的整体管理水平，也是压力管道安装单位申请压力管道安装资质必须要响应和落实的事情。

为便于今后查询同样故障处理方式，从而快速处理故障提高焊接施工设备利用率，为搞好认证企业每年的年审工作，施工现场各安装单位或施工项目部应及时构建焊接施工设备维修保养台账，其构建基本内容包括：设备名称、编号、使用部门、保养内容、故障原因、处理方法、更换的备件名称、处理时间、备注等。此外，针对焊接施工设备维修保养，还应制定焊接施工设备周期维修保养计划和大修计划，及时实施日常维修保养并做好使用状况记录。

此外，还要强调的是，对于现场焊接质量控制用检测监测设备仪器，还应编制周检计划并及时进行计量检定。

四、现场焊接材料的管理

加强管道施工现场焊接材料的管理目的是确保焊接材料符合焊接工艺规程规定，保证现场管道焊接质量满足要求。基于此，对于现场焊接施工用焊接材料，应做到以下几点：

(1) 焊接材料保管　应配备专门的焊接材料库进行焊接材料的储存和保管，焊接材料应分区（划分“待检”“合格”及“不合格”三个区域）保管，分类码放，标志清晰。标志时应至少体现焊接材料的商标名、牌号、规格、批号、生产日期、入库日期、有效期等内容。焊接材料应码放在货架上，离地、离墙不少于30cm，库存和流转期间不得损坏原包装。焊接材料库宜配备温度计、湿度计、除湿机、红外线灯等以保证焊接材料库实现温度≥5℃、相对湿度≤60%RH的库存条件要求。焊接材料库管理员应每天两次测量并记录焊接材料库的相对湿度。另外，焊接材料库应张贴或挂有焊接材料管理制度。

(2) 焊接材料入库及库存档案管理　焊接材料库管理员验收时也应收集相应的质量证明书和焊接材料复验报告。入库登记时应登记焊接材料的名称、牌号、规格、批号或炉号、内部移植代号、数量或重量、生产日期、入库日期、有效期、生产厂。入库后管理员应建立相应的库存档案，应包括入库登记、质量证明书、验收检验报告、检查记录、烘干、发放与回收记录，并实现焊接材料的动态管理以随时了解焊接材料的需用情况。

(3) 焊接材料定期检查　库房管理人员应定期对库存焊接材料进行检查，并将检查结果作书面记录，做到账物相符，发现由于保存不当而出现可能影响焊接质量的缺陷时，应向材料责任工程师和有关职能部门反映并及时处理。

(4) 焊接材料烘干　焊接材料库应有足够的焊条、焊剂烘干及恒温存放的烘干箱、电热恒温箱，箱上均应有可靠而且经检定的温度控制、保温时间控制及显示装置。焊接材料库管理员应严格按技术要求烘干和恒温存放焊条、焊剂，并如实做好焊接材料烘干记录。烘干焊条时应防止骤冷或骤热而导致焊条皮开裂脱落。不允许烘干温度、保温时间要求不同的焊接材料同炉烘干。焊接材料在烘干箱内或恒温箱内应有牌号、规格、炉批号或标记移植号的标志，以免混淆。重复烘烤焊条的次数不宜超过2次。

(5) 焊接材料发放与回收　焊工凭焊接材料领用单到焊接材料库领取焊接材料，领用单应注明领用的焊接材料牌号、规格、数量及用于焊接的产品名称、工件号及焊接接头编号、领用人、领用日期等。焊接材料库管理员应按计划核对领料单发放，并同时在领料单上填写焊接材料批号、领用时间且进行签字确认。领出的焊条超过4h后，应退回重新烘干。用剩的焊条及焊条头应退回焊接材料库，不得留在焊接现场或放在焊工休息室、更衣箱、工具箱。焊条退回时，焊接材料库管理员应在焊接材料领用单和焊接材料领退记录中如实填写退回的焊接材料数量。回收后仍按原牌号、规格、批号存放保管，不得混淆。回收的焊条有药皮剥落或其他缺陷者，应剔除。回收的焊剂应筛分清除其中的渣壳、杂质及粉尘。焊剂烘干后重新使用时要加入不少于50%的新焊剂，并混合均匀。焊接材料库保管员应作好“焊接材料发放台账”的记录。

五、焊工上岗资格管理

目前对于长输管道工程（包括配套的场站阀室工程），焊工均应持证上岗，并规定：凡参与长输管道工程建设的焊工均应参加上岗考试，通过上岗考核，方可允许上岗。因此，对参与长输管道工程建设的焊工，既要拥有省级质监部门或者授权设区的市质量技术监督部门核发的焊工资格证，又要拥有由业主或业主代表委托的焊工考试机构核发的焊工上岗证。

为顺利获得焊工资格证和焊工上岗证，各安装单位首先应对参建焊工进行焊工资格证确认。没有焊工资格证的焊工应进行培训和取证工作。取得焊工资格证后，在参与相应的管道工程建设之前，各安装单位应结合具体工程情况对参建焊工进行针对性的基本知识培训和操作技能培训，而后焊工考试机构再进行针对性焊工上岗考试。组织焊工上岗考试时，各安装单位相关技术人员应结合所承担的工程实际情况、焊工资格证情况和焊工的意愿进行焊工上岗考核项目申报并准备相应考试存档用材料，确保不漏项、不偏项。上岗考试时，焊工应遵守所申报项目关联的且通过业主批准的焊接工艺规程的各项细节要求。

对获得焊工上岗证的焊工，各安装单位应及时进行焊工资格证的有效管理并及时报批备案，确保焊工资格证和焊工上岗证在工程整个焊接施工期均为有效。

六、焊接技术交底

技术交底，是在某一单位工程开工前，或一个分项工程施工前，由技术负责人向参与施工的人员进行的技术性交代，其目的是使施工人员对工程特点、技术质量要求、施工方法与措施和安全等方面有一个较详细的了解，以便于科学地组织施工，避免技术质量等事故的发生。各项技术交底记录也是工程技术档案资料中不可缺少的部分。

焊接技术交底一般包括设计图样中焊接相关要求交底、焊接施工技术交底、焊接安全技术交底等。

设计图样中焊接相关要求交底重点关注：①图样中焊接标志标注的解释说明，并关注其是否齐全、清晰、正确；②焊缝形式、接头形式、焊接位置的解释说明及其齐全性；③某些特殊部位对焊接方法、焊接材料的特殊要求及其技术难点说明；④焊接施工及验收规范是否明确；⑤是否对焊接新技术、新工艺、新材料、新设备的应用有要求等。

施工技术交底中针对焊接质量控制应重点关注：①施工组织设计、施工方案、施工技术措施中焊接相关内容的交底；②焊接质量控制方针及目标的交底；③焊接施工实施计划；④焊接施工及验收规范的具体要求包括无损检测要求；⑤焊接质量控制相关责任人员；⑥焊接工艺规程文件的交底；⑦焊接缺陷成因及预防措施；⑧特殊地段焊接施工技术难点、操作技术要求的交底；⑨焊接新设备、新工艺、新材料、新结构和新技术特点及要求等。

安全技术交底中针对焊接质量控制应重点关注：①焊接施工中的 HSE 要求及责任人的交底；②焊接质量与安全事故应急预案的交底等。

上述交底要求全面、通透、彻底。应对交底的内容进行记录，应有交底对象的签到表。

七、现场焊接过程控制

为确保现场焊接过程规范、管理有效，现场焊接过程应关注以下几点：

1）焊接责任师、焊接技术人员、焊接质量检查人员、上岗合格焊工、现场焊接监理等是否满足要求；焊接责任师、焊接技术人员是否具有较高的理论水平和丰富的实践经验，是否能及时解决现场焊接技术问题，指导现场焊接工作。

2）施工单位的焊接设备、烘干设备、保温桶、检验器具等是否有效且调节灵活，配电是否符合安全规定，检测器具是否进行了实时计量检定，以满足焊接工艺执行、焊缝检测及安全可靠的要求。上述设备仪器配备数量满足施工要求。

3）施工用焊接材料是否按规定均进行第三方批检或批检；是否存在弄虚作假行为；现场使用的焊接材料批号和送检焊接材料批号是否一致；使用的焊接材料型号规格和工艺规程要求是否一致等。

4）焊接过程中，杜绝无上岗证或无有效焊工资格证的焊工从事焊接作业；核查现场作业工艺是否和上岗资格证相符合；核查上岗资格证发证时间是否和作业起始时间相冲突等。核查焊工资格证项目是否覆盖相应钢管壁厚和规格范围。

5）严格要求焊工执行焊接工艺规程各项规定，重点关注以下焊接行为：①预热要求是否满足或预热温度是否达到要求；②焊接参数是否超规程规定上限；③大口径钢管是否存在分段焊接行为；④连头、返修作业是否存在焊接方法和焊接材料的不响应；⑤规定的排焊行为或接头错位是否符合相关规定；⑥返修作业时是否实施大参数、高层温、厚层焊行为，或高钢级管线钢上是否推行未经批准的焊接工艺，如进行半自动焊返修，或是否未经告知，私自多次返修，或是否采用低强度根焊焊接材料完成填充盖面作业；⑦是否将过期且未进行复检的焊接材料用于焊接施工；⑧线路焊接时，是否根焊未完成 100% 而后移走吊管装置；⑨线路半自动焊时焊层（道）数是否低于规程要求；⑩当日不能完成的焊缝的已完成焊层厚度是否符合相关规定，是否按规定进行了覆盖，在次日焊接前是否按规定进行了再次加热处理等。

6）现场焊缝检测尤其是返修焊缝检测是否存在遗漏或存在弄虚作假行为等。

7）要求的现场焊缝破坏性检验是否符合每一作业机组百口磨合时同种规格焊缝送检两道焊缝的作业规定；破坏性检验评价报告签发日期是否与和作业起始时间相冲突；破坏性检验评价报告试验内容是否符合相关规定；破坏性检验评价报告是否存在弄虚作假行为等。

8）现场焊接环境是否符合焊接工艺规程规定。

9）当焊接质量合格率持续较低时，是否执行了停工整顿事宜。

10）低温环境下焊接施工质量控制，重点关注以下几点：①使用的焊接工艺进行了相应低温环境下的焊接工艺评定工作，焊接工艺评定过程应能反映全部的焊接工艺类型和现场实际的环境温度水平；②焊接施工过程中严格按照低温环境下焊接工艺规程进行焊接作业，尤其是关注预热温度、道间温度、焊接参数和焊后保温等的控制；③用于管道焊接的机具及设备，如吊管机、焊接工程车、对口器、焊接电源等，应具有良好的工作状态和安全性能，可满足焊接工艺和低温环境野外工作条件的要求；④对于低温环境下的返修作业，是否按相关程序和工艺文件要求进行了严格的监控。

八、焊后质量检查

焊后按有关施工验收规范的要求进行焊后质量检验，全面正确地评价焊接质量。焊后质量检验内容包括：焊缝外观检查、焊缝无损检测及耐压试验等。焊后质量检验应由施工单位负责，每次检验完成后均需填写检验记录报告。

（1）焊缝外观检查　焊缝外观检查的内容包括表面清理程度、外形尺寸和外观缺陷。外观检查一般在焊完后立即进行。焊缝的检查和验收以各机组的焊工自检、互检和质检员或技术员的专检为主进行。

1）焊缝表面清理质量检查，要求焊缝及其附近区域不得有焊渣、飞溅及其他附着物，否则应及时清理。

2）焊缝外形尺寸检查，主要检查焊缝的成形、对接焊缝的余高和宽度、角焊缝的焊脚高度和余高等，其应符合设计文件和有关施工验收规范的要求。无具体规定时，执行以下规定：①对接焊缝。要求焊缝外观成形应均匀一致，焊缝宽度应比外表面坡口宽度每侧增加0.5～2.0mm。焊缝余高应不低于母材表面，并与母材圆滑过渡。焊缝余高宜不大于2mm，局部不大于3mm的连续长度宜不大于50mm。当焊缝余高超高时，宜进行打磨，修磨过程中若伤及母材，应测量打磨处母材的厚度。盖面焊缝为排焊时，相邻焊道间的沟槽底部应高于母材，焊道间的沟槽深度（焊道与相邻沟槽的高度差）不应超过1.0mm。焊缝表面鱼鳞纹的余高和深度应符合排焊的沟槽要求。②角焊缝。要求角焊缝外观应整齐均匀，焊缝表面凹凸不得大于1.5mm，两焊脚高度差不宜大于3mm。

3）外观缺陷检查，要求焊缝及其附近表面上不应有裂纹、未熔合、气孔、夹渣、引弧痕迹、有害的焊瘤、凹坑及夹具焊点等缺陷。咬边深度不应超过0.5mm。咬边深度小于0.3mm的任何长度均为合格。咬边深度在0.3～0.5mm之间的，单个长度不应超过30mm，累计长度不应大于焊缝周长的15%。

（2）无损检测　焊缝的无损检测由有相应无损检测资质的第三方检测机构进行，检测单位应按业主规定的检测方法、检测比例进行无损检测。对长输管道线路工程无损检测应在焊缝完成24h后进行，其验收应符合设计文件和业主指定无损检测验收规范的要求。无具体规定时，长输管道无损检测验收一般执行SY/T 4109—2013《石油天然气钢质管道无损检测》规范规定。业主有权对无损检测结果进行复查。

（3）焊缝耐压试验　耐压试验应按设计文件规定的试验压力，在单位长输管道工程施工完工后进行。耐压试验包括水压和气压试验两类，具体选用那一种试验方法应根据设计图样和有关施工验收规范的规定来选择。耐压试验的参数值（试验压力及保压时间）应根据图样文件和有关规范来确定。耐压试验的合格标准执行相应验收标准规定。

第三节　现场焊接质量控制资料构建

长输管道现场焊接质量控制资料构建的完善与否直接影响焊接质量每一环节是否具有可追溯性、可检查性和合规性的基本要求，因此，长输管道现场焊接质量控制资料构建应关注资料整理的完整性、记录填写的符合性和资料生成的真实性等。

一、资料整理的完整性

资料整理的完整性主要包括资料构建的完整性、资料填写的完整性、资料签字的完整性等。

（1）资料构建的完整性　资料构建的完整性是保证每道焊缝有据可查、有规可依、有责可究的有力保障，资料的完整性体现在各施工机组焊接质量控制资料构建是否一致、归档整理是否齐全等方面。针对线路焊缝焊接、站场焊缝焊接、返修焊缝焊接、连头焊缝焊接，施工方完整的焊接质量控制资料构建要求如下：

1）线路正常焊缝资料构成。主要包括：①工序（过程）交接单；②布管检查记录；③管道组对检查记录；④管道焊接预热记录；⑤焊接工艺记录；⑥焊缝表面质量检查记录；⑦环境监测记录；⑧焊接材料领用发放、回收记录；⑨焊接材料烘干记录；⑩合格焊工登记表；⑪焊接工艺规程复印件；⑫焊接材料质量证明文件复印件等。

2）站场焊缝焊接质量控制资料构成。主要包括：①工序（过程）交接单；②管口组对检查记录；③管口焊接预热记录；④焊接工艺记录；⑤焊缝表面质量检查记录；⑥环境监测记录；⑦焊接材料领用发放、回收记录；⑧焊接材料烘干记录；⑨合格焊工登记表；⑩焊接工艺规程复印件；⑪焊接材料质量证明文件复印件等。

3）返修焊缝焊接质量控制资料构成。主要包括：①无损检测返修通知单；②返修作业申请表；③旁站点施工申请表；④返修焊缝检查记录；⑤焊接材料发放回收记录；⑥焊接材料烘干记录；⑦焊工上岗证复印件；⑧焊工资格证复印件；⑨焊接材料质量证明文件复印件；⑩无损检测报告复印件；⑪焊接工艺规程复印件等。

4）连头焊口（包括碰死口、金口）焊接质量控制资料构成。主要包括：①关键焊接工序信息备案统计表；②工序（过程）交接单；③连头作业申请表；④旁站点施工申请表；⑤管口组对检查记录；⑥管口焊接预热与焊接工艺记录；⑦焊缝表面质量检查记录；⑧环境监测记录；⑨焊接材料发放回收记录；⑩焊接材料烘干记录；⑪焊工上岗证复印件；⑫焊工资格证复印件；⑬焊接材料质量证明文件复印件；⑭无损检测报告复印件；⑮焊接工艺规程复印件等。

（2）资料填写的完整性　为确保资料填写内容不漏项、不偏离，应重点关注以下几个方面：

1）实际返修部位与返修通知单的要求是否对应，是否存在两处返修要求只完成了一处返修记录。

2）焊缝成套资料中部分内容是否漏填写，如焊工名单、工艺规程号、部分参数等。

（3）资料签字的完整性　主要是指表格中涉及的各方，应对各记录表格进行签字确认，以确保签字完整，控制有效。

二、记录填写的符合性

为确保焊接质量控制记录正确填写，应重视焊接质量控制各种文件的交底和解释工作，重视各种记录表格的正确性填写培训工作。记录填写时应关注以下几点：

1）施工方和监理方同一要素记录是否正确且一致。

2）相应记录中体现的焊工上岗资格、焊接材料、坡口形式及参数、焊接参数及技术要求等是否与所执行的焊接工艺规程要求一致。

3）返修焊接相关记录是否体现了未执行返修焊接工艺规程行为。

4）单独焊缝成套资料中相同要素的记录是否一致。

5）可测量或检测数据的记录是否符合实际要求，如焊接参数是否记录为一个范围、外观质量检测数据是否为一个范围，连头焊缝的短接长度是否符合实际情况等，内径偏差、咬边、椭圆度偏差等填写的数据是否符合可测量性的实际情况等。

6）焊缝返修长度、深度及预热制度（预热时间、长度）是否和返修焊接工艺规程要求一致。

7）焊接材料烘干制度是否符合相应焊接材料烘干制度的规定，或焊接材料烘干时间与施焊日期是否关联响应并切合实际。

8）部分记录表格中的填写内容和要求是否存在答非所问的现象。

三、资料生成的真实性

资料生成应实时构建、真实可信，以体现焊接质量控制有效。为保障资料生成真实性，应关注以下几点：

1）各种资料的准备、各种记录的填写应实时构建，真实填写，避免事后人为编撰、集中整理。

2）避免资料填写随意性太强和不认真填写行为。核查竣工资料及相关记录时，重点关注是否存在一段时间内部分文字资料的各相关参数的记录雷同较多的现象，重点查阅时间跨度较大的记录中是否存在笔迹、笔势雷同或相同表格每页记录中改动较小或仅改变焊缝编号、防腐口编号、设备安装地点及时间等而其他检查要素基本不改变的记录行为。

3）部分记录数据是否切合实际情况，体现真实性。核查竣工资料及相关记录时，重点关注焊接参数之间是否相互匹配，切合实际；非盖面返修部位深度是否大于相应钢管壁厚或返修长度是否过短（低于≤50mm）等记录行为。

4）相同隐蔽工程记录中，示意图是否过于雷同，或未进行示意图标志。

5）部分机组焊工或个别焊工当天工作量是否存在超能力许可范围。

四、焊接质量控制交工资料

交工验收前，安装企业应填写、整理下列施工资料，需要存档的资料另行规定和确认。

1）焊工上岗证、焊工资格证及合格焊工登记表。

2）焊接工艺规程（WPS），有规定时还需提供支持性焊接工艺评定报告（PQR）。

3）焊接材料质量证明书。

4）第三方焊接材料检验报告（如有规定时）。

5）管口组对、焊接记录（包括连头焊缝组对、焊接记录与返修焊缝焊接记录）。

6）焊缝外观检查记录（包括连头焊缝和返修焊缝外观检查记录）。

7）焊缝无损检测报告（包括连头焊缝与返修焊缝无损检测报告）。

8）耐压试验报告。

9）焊缝返修通知单。

10）焊缝位置单线图或简图。

11）有关焊接施工方案。

12）焊接质量统计分析总结报告等。

思 考 题

1. 长输管道焊接质量管理涉及哪几个方面？
2. 简述长输管道焊接质量控制体系文件构建关注的内容。
3. 长输管道焊接质量控制环节包括哪几个方面？
4. 长输管道现场焊接质量控制内容包括哪几个方面？
5. 施工技术交底时针对焊接质量控制应关注哪些方面？
6. 现场焊接质量控制资料构建应关注哪几个方面。

附 录

附录A 焊接工艺评定报告参考范例

评定类别： **评定单位：**

预焊接工艺规程编号： **焊接工艺评定编号：**

执行标准： **自动化程度：**

焊接工艺：

试验母材

材料类别	母材1	母材2
制造执行标准		
钢级		
管径		
壁厚		
炉批号		
管号		

钢管化学成分及物理性能

化学成分(质量分数,%)	C	Si	Mn	P	S	CE(IIw)	CE(Pcm)

管体物理性能	$R_t0.5$/MPa	R_m/MPa	A(%)

填充金属

焊道	根焊	热焊/填充/盖面
牌号		
执行标准		
型号		
规格		
批号		

接头设计：(见图A-1、图A-2)

接头形式：对接	坡口形式：	此处图略
坡口角度：如图A-1	钝　边：	
背　垫：	对口间隙：	
局部错边：	余　高：	
盖面焊缝宽：		
焊道数量及顺序：如图A-2		图A-1 接头设计示意图　　图A-2 焊道层示意图

（续）

焊接环境	焊前位置及方向
环境温度：　　环境湿度： 环境风速：	焊接位置： 焊接方向：
预热与层温	焊接设备及电特性
最低预热温度： 预热方法： 预热宽度： 层间温度： 测温方法：	根焊设备： 填充/盖面焊设备： 电源种类： 钨极类型与尺寸： 钨极端部处理： 熔敷金属过渡方式：
保护气体	焊后热处理
保护气体： 气体纯度： 背面保护气：	加热方法： 加热速率： 保温方式： 冷却要求：

焊接参数

焊道	填充金属牌号	规格/mm	极性	焊接电流/A	焊接电压/V	焊接速度/(cm/min)	送丝速度/(cm/min)	气体流量/(L/min)	钨极直径	钨极伸出长度	喷嘴孔径	喷嘴至工件表面距离
									mm			
根焊												
热焊												
填充 1												
填充 2												
填充 3												
填充 × ×												
盖面												

注：

技术措施

焊枪运行方式：
打底焊道和层间焊道的清理：
多道或单道焊(每层)：
焊丝烘干：
对口方式：
焊枪与焊件夹角：
根焊结束与热焊开始的时间间隔：
焊接接头错位要求：
制管焊缝错位要求：

焊条运行方式：
背面清根方法：
多丝或单丝填充：
焊条烘干：
填充焊丝倾角：
焊条与焊件夹角：

焊工情况				焊工施焊示意图
焊工姓名	焊工钢印号	记录	焊接日期	图 A-3(略)

无损检测

方法	日期	结论	报告编号
外观检查			
射线检测			

破坏性性能试验

（续）

原始报告编号：　　　　　　　　　　　　　　　　　　　　试验日期：

结　　论：

拉伸试验

试样编号	取样位置	试样宽度/mm	试样厚度/mm	横截面积/mm^2	断裂载荷/kN	抗拉强度/MPa	断裂位置

刻槽锤断试验

试样编号	取样位置	刻槽方式	试样断面情况

弯曲试验

试样编号	取样位置	试样类型	试样厚度/mm	弯轴直径/mm	弯曲角度/(°)	试验结果

Charpy-V 冲击试验

试样尺寸							试验温度					
取样位置	平焊位置						立焊位置					
缺口位置	焊缝中心			热影响区			焊缝中心			热影响区		
试件号												
冲击吸收能量/J												
平均值/J												

宏观低倍金相试验

M1　　　　　　　　M2　　　　　　　　M3

图 A-4　低倍金相照片(略)

试样编号	试样类型	结果描述

硬度试验

（续）

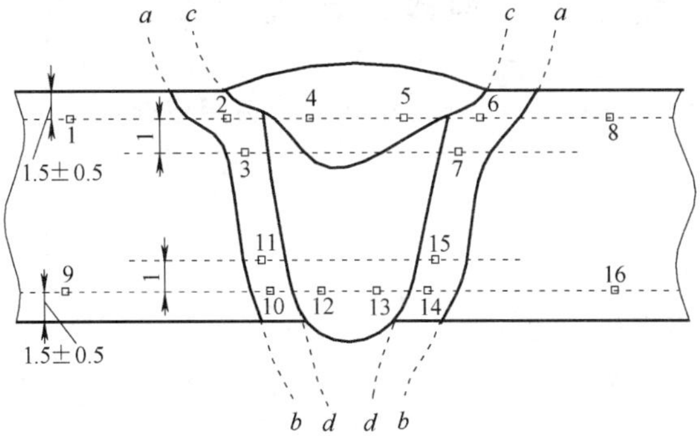

图 A-5　压点位置示意图

HV10 硬度值							
测试点位置	母材	热影响区		焊缝		热影响区		母材
测试点	1	2	3	4	5	6	7	8
HV10 硬度值								
测试点	9	10	11	12	13	14	15	16
HV10 硬度值								

评定结论

本次试验按照____________________标准和业主相应的验收文件进行焊接、检验并测定性能，确定试验记录真实、正确，各项报告完整。

根据检验和试验结果，被评定的焊接工艺合格。

支持性附件：

1）预焊接工艺规程

2）管材材质单（××页）

3）焊接材料材质单（××页）

4）焊接工艺试验参数记录（××页）

5）外观检查报告（××页）

6）射线检测报告（××页）

7）破坏性报告试验报告（××页）

8）焊工资格证复印件（××页）

批　准	审　核	编　制	日　期

附录 B　焊接工艺规程参考范例

适用工程：××输气管线工程　　**适用场合：**主线路焊接

编制单位：

执行标准：SY/T 4103—2006

焊接工艺规程编号：WPS-××

支持的焊接工艺评定编号：PQR××　　**自动化等级：**手工+半自动

焊接工艺：焊条电弧焊向下根焊（SMAW）+自保护药芯焊丝电弧焊向下填充、盖面（FCAW-S）

适用母材

母材	母材类型 1	母材类型 2
钢级	L485MB	L485MB
规格/mm	ϕ914×11.3 ϕ914×13.5 ϕ914×16.2	ϕ914×11.3 ϕ914×13.5 ϕ914×16.2
执行标准	GB/T 9711—2011	GB/T 9711—2011

焊接材料

焊道	根焊	填充／盖面
牌号	BOHLER FOX CEL	HOBART 81N1
规格	ϕ4.0mm	ϕ2.0mm
执行标准	AWS A5.1 E6010	AWS A5.29 E71T8-Ni1J

接头设计（见图 B-1、图 B-2）

接头形式：管管对接　　坡口形式：V 形　　钝边：(1.6±0.4) mm

坡口角度：如图 B-1　　间隙：2.5~3.5mm　　错边：小于 2.0mm

盖面焊缝宽：两侧每边比外表面坡口宽 0.5~2.0mm　　垫板：无

余高：0~2.0mm，允许连续 50mm 的长度范围内局部余高不大于 3mm

焊道层示意图：如图 B-2　　每层焊缝金属厚度：约 3mm

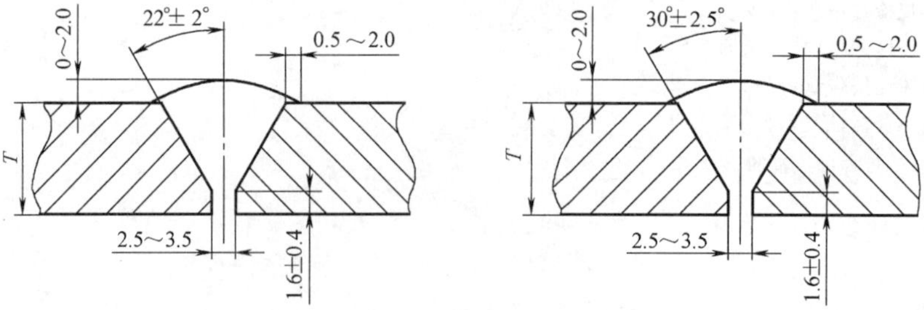

图 B-1　焊接接头示意图

（续）

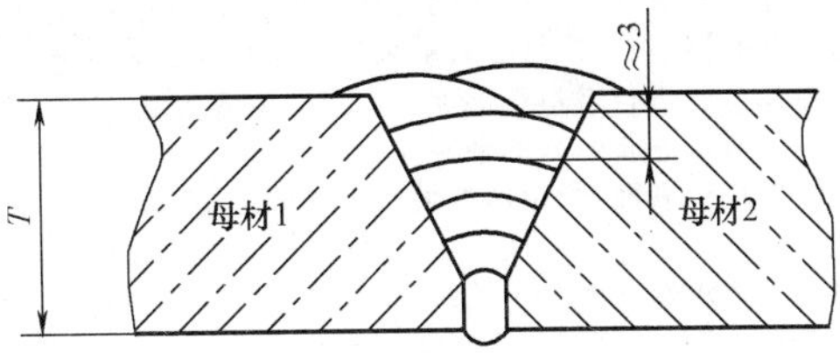

图 B-2 焊道层示意图

焊接位置与方向

对接焊缝的位置：管水平固定（5G）　　焊接方向：向下

预热与层温

预热温度：80～150℃　　层间温度：60～150℃

加热方法：中频感应加热、电加热或火焰加热　　加热宽度：坡口两侧各≥50mm

焊后热处理

加热方法：—　　加热速率：—

冷却要求：—　　保温方式：—

加热范围：—

保护气体

保护气体：—　　气体纯度：—

背面保护气：—

电源特性与熔滴过渡

电源种类：下降外特性直流电源（根焊）＋平外特性直流电源（填充、盖面焊）

熔滴过渡方式：细颗粒过渡（SMAW）和细颗粒或喷射过渡（FCAW-S）

焊接参数

焊接参数表

焊道	焊接材料牌号	直径/mm	极性	焊接电流/A	电弧电压/V	送丝速度/(m/min)	焊接速度/(cm/min)
根焊	BOHLER FOX CEL	4.0	正接	70～130	26～33	—	10～18
填充	HOBART 81N1	2.0	正接	170～240	18～20	2.032～2.413	18～30
盖面	HOBART 81N1	2.0	正接	160～240	18～20	2.032～2.413	18～25

注：正接表示焊条或焊丝与电源负输出端相关联。

技术措施要求

焊枪运行方式：锯齿形横摆　　焊条运行方式：锯齿形或月牙形横摆

打底焊道和层间焊道的清理：刷理或砂轮打磨　　背面清根方法：无

多道或单道焊（每层）：坡口宽≥12mm 时须采用双道焊

多丝或单丝填充：单丝　　收弧方法：建议划圈收弧或回焊收弧法

焊丝烘干：一般不要求，若受潮严重需进行 200℃×1h 烘干处理

焊条烘干：一般不要求，若受潮严重需进行 80℃×1h 烘干处理

焊枪/焊条与管切方向推荐夹角：70°～85°（5G）；特别地，仰脸位焊接时，为防止仰脸位余高过高和铁液下淌，建议焊枪后倾 20°～30°

焊枪/焊条与管件轴向方向推荐夹角：85°～90°（5G）

组对焊接作业程序

1	清　理	● 管子未防腐端内外表面的雪痕、泥土和其他污物必须进行清理
2	坡口加工	● 观测管道表面和坡口 ● 按相关规范规定处理管外表面上裸露的划痕、划伤

（续）

2	坡口加工	●　禁止采用焊接方式修复损坏的管体表面，不得压伤和划伤坡口。不允许修复管道上的小坑，损坏的管端坡口或现场管端坡口与本焊接工艺规程要求坡口不一致时，应用坡口机或其他专用工具进行坡口整形加工 ●　与坡口相邻的制管焊缝的余高应打磨至0.5～1.0mm，宽度不小于15mm ●　刷理干净坡口表面，管道内外坡口表面清理宽度离坡口边缘不小于15mm。检测管道表面和坡口 ●　坡口加工要求符合图B-1的规定
3	管子对口	●　用内对口器进行管子组对 ●　坡口的错边应平均分配在焊缝周围。分配后的错边不超过2mm，特殊情况下许可局部错边达3mm，但总长度不大于1/6焊缝周长 ●　在对口时，管道的制管焊缝应错开至少100mm；在对口时，对于制管直缝应置于类似时钟9:00～15:00之间，对于制管螺旋缝，坡口处螺旋缝应尽量置于管上半部分 ●　坡口间的间隙为2.5～3.5mm ●　内对口器撤离须在根焊道全部完成后。当根部焊道承受的铺设应力比正常情况下应力值高且有可能引发裂纹时，需完成第一遍填充焊后方可撤离内对口器
4	焊缝预热	●　组对前用火焰加热器或中频感应加热器或电加热装置进行预热，预热温度应高于本规程规定的最低预热温度至少20℃。预热应在进行根焊之前完成 ●　在进行焊缝根层焊接时，每完成接缝周长的1/4，应对预热温度是否符合要求进行一次检测。采用红外测温仪/接触式测温仪/测温笔距坡口10～15mm和60～75mm处在圆周方向上均匀测4点。预热完成后移走加热装置 ●　如果在组装和焊接过程中焊缝部分的温度低于本规程规定，必须进行伴随加热，使温度达到预热温度值 ●　如果在进行焊缝根层焊接前预热温度下降，对于规定最低预热温度下降不到20℃，准许使用烤把加热至需要的温度。如果温度下降且低于上述规定，应使用中频感应加热装置、电加热装置或外环形火焰加热器进行焊缝再次预热。当环境温度低于-10℃时，建议采用中频感应加热装置进行焊缝预热
5	焊　　接	●　每层焊接应同时由不少于2名焊工完成 ●　在进行焊接作业时严禁破坏防腐层 ●　禁止将电缆（接地）焊接在管子上 ●　根焊采用纤维素焊条电弧焊向下焊。根焊时，应避免焊渣进入并用砂轮打磨息弧处，然后再更换焊条 ●　根焊完成后，应进行仔细打磨，以消除夹渣并确保焊缝表面平滑 ●　焊接完成并对焊缝根层进行清理后，应用自保护药芯焊丝立即进行第一遍填充焊道（热焊）的焊接，焊接方向向下。此时，第一遍填充焊道焊接前的根层温度不应降至低于60℃。第一遍填充焊道焊接完后，必须用砂轮进行仔细打磨至出现洁净金属 ●　用自保护药芯焊丝进行其他填充焊道的焊接，焊接方向向下 ●　后续焊层起弧焊接地方相对于上道焊层应错开不小于30mm，同层相邻焊道收弧的位置应错开不小于70～100mm ●　焊接处坡口开口宽≥12mm时，2道排焊，开口宽≥20mm时，3道排焊 ●　每层焊接后，分层进行残渣和溅渣清理。用砂轮和钢丝刷进行清理 ●　允许用自保护药芯焊丝半自动焊在立焊位进行局部立填焊 ●　用自保护药芯焊丝半自动焊完成盖面焊。在坡口的宽度（需完成盖面焊之前确定）小于20mm时用2道盖面焊，在盖面焊层的坡口宽度大于20mm时用3道焊接（建议使用边缘-边缘-中心的顺序进行焊接） ●　盖面焊道比坡口每侧宽0.5～2.0mm，坡口不得出现严重咬边，并留有0～2mm的余高；余高超高时宜进行打磨，打磨后应与母材圆滑过渡，打磨时不得伤及母材 ●　对于排焊，后续焊道应覆盖上一焊道的宽度不小于1/3 ●　焊道间的槽沟深度（用焊道尺测量焊道最高点高度和相邻槽沟的焊道高度）应不超过1.0mm

（续）

5	焊　　接	● 焊道间槽沟周长方向的余高应不低于母材外表面 ● 每一个焊道中央轴线周长方向余高的高度不应超过2.0mm ● 打磨盖面焊层的表面不得伤及母材，不得打磨掉管道表面的伤痕和压痕 ● 用不易褪色的油漆笔在焊道上部距焊缝100～150mm处作标记 ● 为防止弧坑裂纹或起弧收弧时密集气孔的产生，起弧收弧时注意填满弧坑 ● 不允许出现未焊完的焊缝，如果生产条件不允许最终完成整口焊接作业的话，则应遵守下列要求： 1）已焊接的焊道至少为钢管壁厚的2/3 2）未完成的焊缝应盖上防水保温带 3）恢复焊接作业前，应对焊缝重新预热，且应达到最低预热温度 4）焊缝应在24h内全部焊接完成 如果未能遵守上述要求，该焊缝应当切割掉
6	无损检测	● 依据本工程采纳的相关标准进行外观检查和射线检测。特别地，应重点关注外表面未熔合、焊缝内部未熔合缺欠，无损检测评定时应对上述缺欠从严评定

施焊环境要求

环境温度：大于0℃，若环境温度低于0℃，应采取有效的措施防止焊缝快速冷却，否则严禁施焊

环境湿度：小于90% RH

焊接环境风速：小于8m/s

批　准	审　核	编　制	日　期

参考文献

[1] 李颂宏. 实用长输管道焊接技术 [M]. 北京：化学工业出版社，2008.
[2] 李建军. 管道焊接技术 [M]. 北京：石油工业出版社，2007.
[3] 姜焕中. 电弧焊及电渣焊 [M]. 2 版. 北京：机械工业出版社，1992.
[4] 张文钺. 焊接冶金学（基本原理）[M]. 北京：机械工业出版社，1996.
[5] 崔忠圻，覃耀春. 金属学与热处理 [M]. 2 版. 北京：机械工业出版社，2007.
[6] 郑宜庭，黄石生. 弧焊电源 [M]. 北京：机械工业出版社，2004.
[7] 田志凌，等. 药芯焊丝 [M]. 北京：冶金工业出版社，1999.
[8] 辛希贤，等. 管线钢与管线钢管 [M]. 北京：中国石化出版社，2012.
[9] 戈兆文. 承压设备焊接工程师培训教程 [M]. 昆明：云南科学技术出版社，2004.
[10] 张胜华. 管道工程施工与监理 [M]. 北京：化学工业出版社，2007.
[11] John Norrish. 先进焊接方法与技术 [M]. 史清宇，等译. 北京：机械工业出版社，2010
[12] 陈裕川. 焊接工艺评定手册 [M]. 北京：机械工业出版社，1999.
[13] 王立君. 焊接质量管理与检验 [M]. 北京：机械工业出版社，1997.
[14] 全国石油天然气标准化技术委员会. GB/T 9711—2011 石油天然气工业管线输送系统用钢管 [S]. 北京：中国标准出版社，2011.
[15] American Petroleum Institute. Specification for Line Pipe [S]. 45 Edition. Washington：API，2012.
[16] 全国焊接标准化技术委员会. GB/T 8110—2008. 气体保护电弧焊用碳钢、低合金钢焊丝 [S]. 北京：中国标准出版社，2008.
[17] 全国焊接标准化技术委员会. GB/T 5117—2012. 非合金钢及细晶粒钢焊条 [S]. 北京：中国标准出版社，2012.
[18] 全国焊接标准化技术委员会. GB/T 17493—2008. 低合金钢药芯焊丝 [S]. 北京：中国标准出版社，2008.
[19] 中华人民共和国住房和城乡建设部. GB 50369—2014. 油气长输管道工程施工及验收规范 [S]. 北京：中国计划出版社，2014.
[20] 中华人民共和国住房和城乡建设部. GB 50236—2011. 现场设备、工业管道焊接施工及验收规范 [S]. 北京：中国计划出版社，2011.
[21] American Welding Society. API 1104 Welding of Pipelines and Related Facilities [S]. Miami：American Welding Society Education Department，2013.
[22] 国家能源局. NB/T 47014—2011. 承压设备焊接工艺评定 [S]. 北京：原子能出版社，2011.
[23] 石油工程建设施工专标委. SY/T 4103—2006. 钢质管道的焊接与验收 [S]. 北京：石油工业出版社，2007.
[24] 石油工程建设施工专标委. SY/T 0452—2012. 石油天然气金属管道焊接工艺评定 [S]. 北京：石油工业出版社，2012.
[25] 国家能源局. SY/T 4109—2013. 石油天然气钢质管道无损检测 [S]. 北京：石油工业出版社，2014.
[26] 国家质量监督检验检疫总局. TSGZ 6002—2010. 特种设备焊接操作人员考核细则 [S]. 北京：新华出版社，2010.